最新科學抗癌 藥用植物圖鑑

Current Scientific Anticancer Medicinal Plants

劉景仁 / 張建國 / 劉大智 著
劉景仁 繪

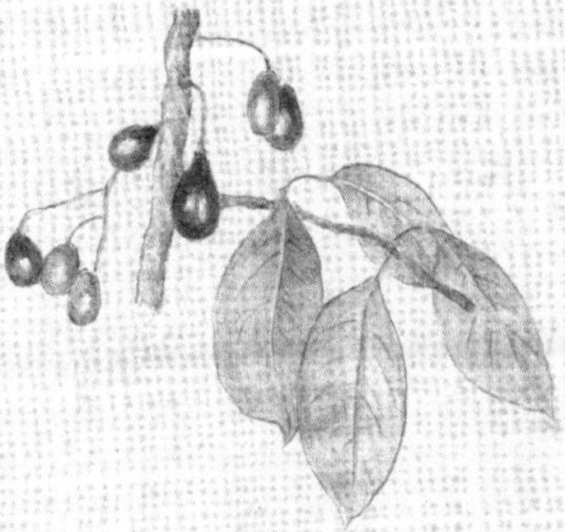

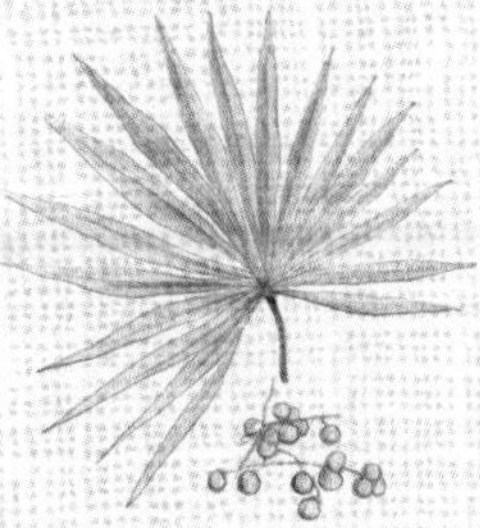

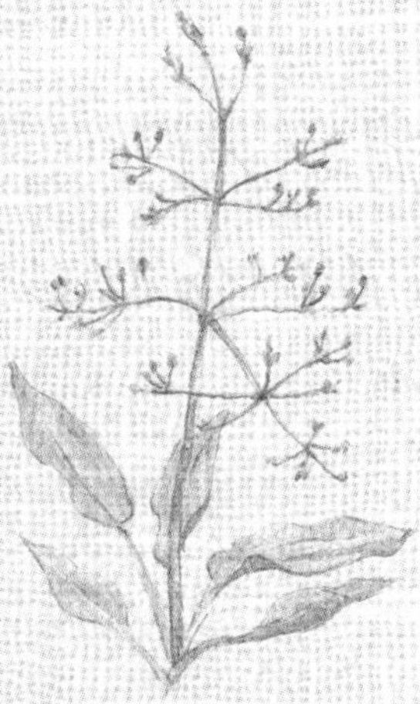

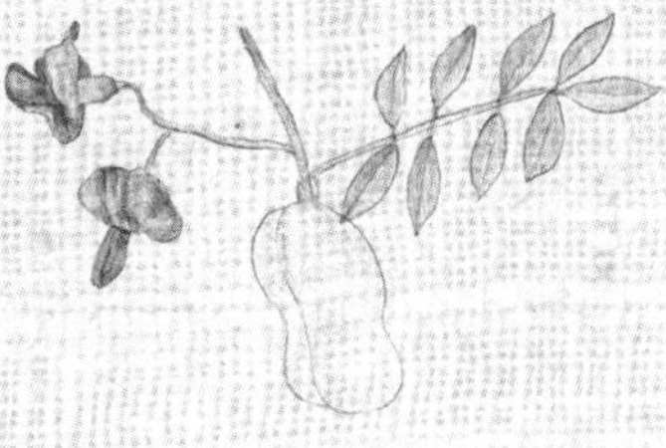

晨星出版

推薦序 <<

從神農嚐百草開始，中藥在中國一直是用來治療疾病的主要方法，至今已有數千年歷史，對維護百姓健康貢獻很大。中藥後來傳至韓國及日本，稱為漢方。

中藥典籍中，最為人所知的是明朝李時珍的《本草綱目》。近代本草著作，有的是集合學者全體之力編纂而成，如大陸的《全國中草藥彙編》；或是由個人撰寫，如台灣的《藥用植物學》。因為古時候沒有癌症一詞，所以本草書籍並未提到中藥的抗癌作用，直到二十世紀才開始有記載，但僅簡單描述為抗癌、抗腫瘤之用，並且缺乏科學證據。

自從網際網路建立之後，網上查詢資料變得相對容易，幾乎任何中藥條目都可以查到。除了一些權威機構的資訊較可靠外，其餘多為臆測、傳說，甚至不實。為了提供民眾最新且有科學驗證的抗癌藥用植物知識，劉景仁博士、張建國教授、劉大智教授經過三年籌劃及撰寫，終於完成這本《最新科學抗癌藥用植物圖鑑》。三位作者中，劉博士曾著述《癌症：分子機制與標靶治療》及《天然的小藥丸：抗癌食物及科學依據》等專門著作，其中標靶治療一書已成為國內多所醫學院教科書。張教授本身為西醫兼中醫，對中藥深有研究，而劉教授則是國內癌症治療權威。因此，我深深相信，集合三位作者多年累積之豐富經驗與知識，必然可充分裨益讀者。

書裡除了介紹410種抗癌植物，也解釋了現代科學研究方法、抗癌機制、癌症歷史和科學名詞，並簡述醫學家、藥學家、植物學家，還有與癌症研究相關的國際知名學者生平。最值得注意的是，本書收載了許多以前未曾出現於中藥典籍的抗癌植物，不但揭露植物的抗癌潛力，更可以啟發未來的抗癌藥物研發。

台聚．集團副研發長

張墨京 博士

作者序 <<

寫完《癌症：分子機制與標靶治療》與《天然的小藥丸：抗癌食物及科學依據》兩本書之後，抗癌三部曲中的第三部自然就是這本《最新科學抗癌藥用植物圖鑑》了。本書以三年多時間與張建國教授及劉大智教授共同構思、討論、撰寫，終於在2016年編著完成。內容包含410種中藥典籍有記載或沒列入的抗癌植物。

市面上抗癌中藥書籍一般只列出中藥名稱、癌症患者病歷，或敘述藥方等，並沒有提供抗癌中藥的研究來源，也缺乏準確的中藥學名資料。因此，作者撰寫此書時採用了不同方式及想法。本書主要整理自國際學術期刊上發表的抗癌植物實驗結果，涵蓋十年內最新研究資料，另外也述及其他藥理作用。

從列出的科學論文摘要中，可看出發展國家及研究單位，何時對某一特定植物做了哪種實驗，以及所得出的結論。有趣的是，有些國家幾乎沒有發表藥用植物抗癌報告，例如俄國、英國、非洲國家；而發表此類論文的國家，最主要的還是中國，其他為韓國、台灣、日本、美國、印度、伊朗、義大利和法國等。為了讓文句通順易讀，已將一些文獻中難懂的英文專有名詞盡量減少或翻譯成中文。

每種植物都附有作者的簡短補充或看法。它們的抗癌作用仍有許多未曾出現於中藥典籍中，因此更顯出本書的獨特參考價值，亦希望未來能將活性成分開發成抗癌藥物。書中也加入了癌症知識、人物介紹、科學名詞解釋、故事照片等，以讓讀者對癌症研究領域有一番認識，並從中獲取閱讀的樂趣，同時明智使用抗癌藥用植物。

非常感謝晨星出版社主編莊雅琦小姐與編輯張德芳小姐對本書付出的心力，也謝謝張墨京博士的推薦和阿草伯藥用植物園提供的57幅植物照片。最後，謹將這本書獻給我的太太、女兒，以及家人。

美國密西西比大學藥理學博士
亞洲大學助理教授、立景生技公司科技總監
劉景仁

作者序 <<

在學生時期，因對中國傳統醫學（中醫）的興趣，投入相當多的時間研讀中醫的典籍，並因此在醫科五年級時獲得中醫特考及格。後來因此資格，創立了台北市立仁愛醫院的中醫科，而在研究方面也與多位中草藥專家合作，如吳永昌教授、陳玉龍教授等，對於中醫藥或中草藥對癌症的作用，可說有相當的認識。

近年因藥理學博士劉景仁的邀請而參與《最新科學抗癌藥用植物圖鑑》的編著。劉博士是本書的最大功臣，他付出非常大的精力收集及評估四百多種中草藥的科學研究，共花費三年多的時間才完成。本書將提供各類讀者，有系統地了解中草藥的抗癌作用。

中國醫藥大學醫學院副院長、醫學系教授
中國附醫檢驗醫學部主任
張建國

作者序 <<

從事血液腫瘤科癌症病人照護逾25年，癌症病人治療方式從開刀切除、化學藥物治療、放射線治療、單株抗體免疫治療，到最近的標靶治療、免疫腫瘤治療，病人的治療效果及存活率一直在進步中。但也常見到病人治療效果不佳，藥石罔效，心中總是有些許遺憾。

因長期在南部地區照顧病人，常見病友因為疾病所苦，而尋求各種另類療法，其中包括各種中草藥，例如鹿角草，甚至一些成分不明的中草藥，導致疾病未能緩解，反受其各種毒性或副作用所苦。

雖然癌症治療的武器推陳出新，化學治療仍為不可或缺的角色。其實在化學治療的藥物當中，有很多是由自然界的植物所提煉出來的，例如長春花鹼、太平洋紫杉醇、喜樹鹼等等，它們用於癌症治療都是經由實證醫學的臨床試驗中所獲致之成果。

近期藥理學博士劉景仁邀請共同編著新書《最新科學抗癌藥用植物圖鑑》，劉博士旁徵博引，所列出四百多種植物，皆有現代科學之研究論文佐證其藥性，實為近代研究中草藥之專業人士或一般讀者之福。感念其誠，附驥幾筆，希冀錦上添花罷了。

身為醫者，最後仍需提醒讀者，本書所提及的藥草功能雖都依據科學論述，但有些只限於實驗室癌症細胞株的研究，在臨床使用上可能尚缺實證醫學、臨床研究的數據，如要使用仍需徵詢癌症治療專家的意見較為妥適。

高雄醫學大學醫學研究所博士
高醫大附設醫院癌症中心主任、血液腫瘤內科主任
高雄醫學大學臨床醫學研究所教授
劉大智

如何使用本書

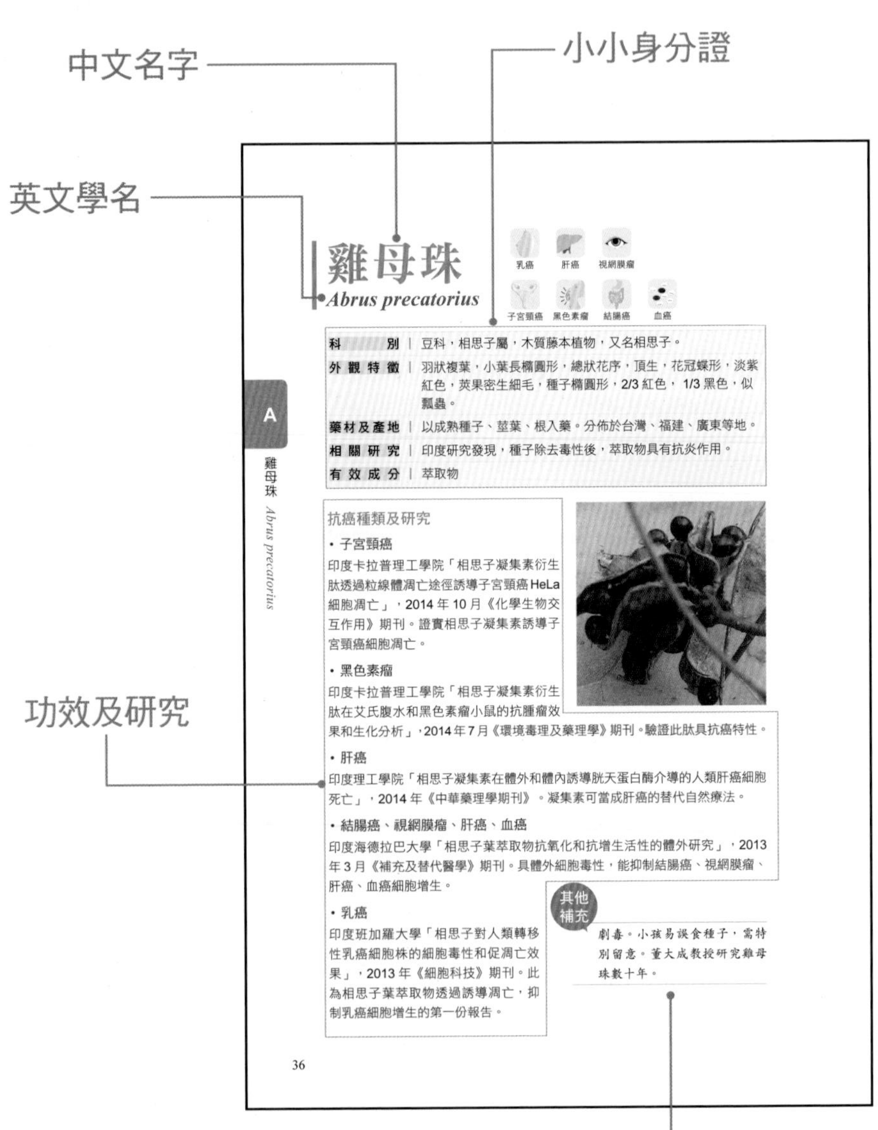

雞母珠

Abrus precatorius

科別	豆科，相思子屬，木質藤本植物，又名相思子。
外觀特徵	羽狀複葉，小葉長橢圓形，總狀花序，頂生，花冠蝶形，淡紫紅色，莢果密生細毛，種子橢圓形，2/3 紅色，1/3 黑色，似瓢蟲。
藥材及產地	以成熟種子、莖葉、根入藥。分佈於台灣、福建、廣東等地。
相關研究	印度研究發現，種子除去毒性後，萃取物具有抗炎作用。
有效成分	萃取物

A

雞母珠 *Abrus precatorius*

抗癌種類及研究

• 子宮頸癌

印度卡拉普理工學院「相思子凝集素衍生肽透過粒線體凋亡途徑誘導子宮頸癌 HeLa 細胞凋亡」，2014 年 10 月《化學生物交互作用》期刊。證實相思子凝集素誘導子宮頸癌細胞凋亡。

• 黑色素瘤

印度卡拉普理工學院「相思子凝集素衍生肽在艾氏腹水和黑色素瘤小鼠的抗腫瘤效果和生化分析」，2014 年 7 月《環境毒理及藥理學》期刊。驗證此肽具抗癌特性。

• 肝癌

印度理工學院「相思子凝集素在體外和體內誘導胱天蛋白酶介導的人類肝癌細胞死亡」，2014 年《中華藥理學期刊》。凝集素可當成肝癌的替代自然療法。

• 結腸癌、視網膜瘤、肝癌、血癌

印度海德拉巴大學「相思子葉萃取物抗氧化和抗增生活性的體外研究」，2013 年 3 月《補充及替代醫學》期刊。具體外細胞毒性，能抑制結腸癌、視網膜瘤、肝癌、血癌細胞增生。

• 乳癌

印度班加羅大學「相思子對人類轉移性乳癌細胞株的細胞毒性和促凋亡效果」，2013 年《細胞科技》期刊。此為相思子葉萃取物透過誘導凋亡，抑制乳癌細胞增生的第一份報告。

其他補充

劇毒。小孩易誤食種子，需特別留意。董大成教授研究雞母珠數十年。

36

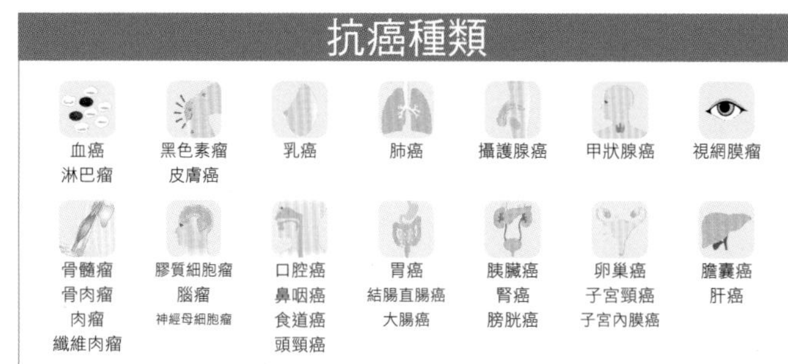

過山香
Clausena excavata

肝癌　乳癌　攝護腺癌

科　　別	芸香科，黃皮屬，落葉小喬木，又名假黃皮。
外觀特徵	高3至4公尺，枝葉有毛，單數羽狀複葉，互生，具透明油點，小花白色，漿果長卵形，黃綠色，種子多數。
藥材及產地	以根、葉、樹皮入藥。分佈在東南亞、印度、台灣及中國雲南、廣西等地。
相關研究	能抗愛滋病毒。
有效成分	齒葉黃皮素 dentatin，分子量 326.38 克 / 莫耳

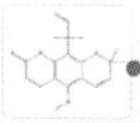

抗癌種類及研究

• 肝癌

馬來西亞普特拉大學「過山香齒葉黃皮素透過粒線體介導信號，誘導肝癌細胞凋亡」，2015 年《亞太癌症預防期刊》。顯著抑制肝癌細胞增生，且不影響正常肝細胞。

• 乳癌

馬來西亞普特拉大學「過山香齒葉黃皮素透過信號傳導和細胞週期停滯內在途徑，誘導 MCF-7 細胞凋亡：一個生物測定引導方法」，2013 年 1 月《民族藥理學期刊》。抑制乳癌細胞增生，導致細胞週期停滯和程序性細胞死亡。

• 攝護腺癌

馬來西亞普特拉大學「齒葉黃皮素透過特定蛋白下調，半胱天冬酶激活和 NFkB 抑制，誘導攝護腺癌細胞凋亡」，2012 年《依據證據的補充替代醫學》期刊。抗攝護腺癌增生，值得進一步發展為攝護腺癌治療劑。

其他補充

中藥典籍未發現記載過山香抗癌作用。在泰國東部作為治療癌症民間用藥。齒葉黃皮素有潛力進一步開發成抗癌藥物。

C　過山香 *Clausena excavata*

135

英文側欄

分子結構

圖片

目錄 Contents

總論

藥用植物

A

D

E

F

G

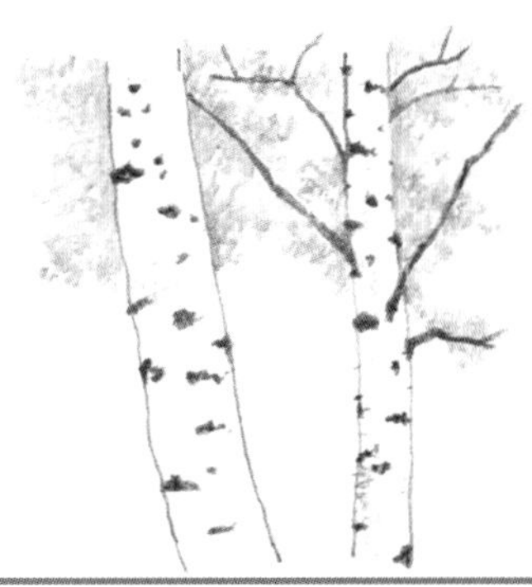

M

N

O

P

R

S

T

U

V

W

X

Z

工具與索引

總論

中藥與天然物

這本《最新科學抗癌藥用植物圖鑑》收錄超過四百種藥用植物，是現代本草的新例。植物分類以學名字母順序編排，並深入查閱國際科學期刊，將最近十年內的中藥與天然物抗癌研究做一番整理。

本書是以PubMed最新科學抗癌研究報告為主，並參考維基百科及百度百科的學名分類、植物形態描述，查詢癌症中心資料庫，對照香港浸會大學的植物和藥材圖片，以及台灣阿草伯藥用植物園裡的照片資料，整理出讀者需要的資訊，希望能將410種藥用植物以現代科學抗癌角度，做全新的呈現。

書中把各國科學家對這些藥用植物所進行的實驗及研究結果整理出來，並補充短評，希望改變傳統本草的面貌，同時幫助癌症病人。

自然界的化合物儲藏庫

地球上有超過四十萬種的植物，它們形成一個巨大的生物活性化合物儲藏庫。到目前為止，科學家只研究了一小部分。植物一直是抗癌藥物的重要來源，未來也將會是如此。全世界的科學家持續努力，希望能從植物中確認新的抗癌化合物。

世界衛生組織調查顯示，80%的世界人口仍依賴植物性藥物作為治療疾病的主要來源。西方國家中，約有1/4的處方藥有效成分最初發現於高等植物。治療癌症的化療藥物，超過60%源自天然物。

1978年，德國政府成立一個專家委員會（Commission E），評估在德國銷售的超過三百種草藥和草藥組合的安全性和有效性。此專家委員會將結果發表成專著，提供核准的使用法、禁忌、副作用、劑量和藥物相互作用等治療資訊，使民眾能安全使用草藥和植物藥品。

英文版《德國專家委員會專著全集：草藥治療指南》1998年出版。這是第一次所有專家委員會專著集合成套，翻譯成英語，給予醫師、藥師、衛生專業人員、研究人員、監管機構、消費者和草藥行業使用。

植物性藥物曾經是醫師使用的最普遍醫療用藥，今日也是替代醫療的一種，很受癌症患者歡迎。替代醫療在美國越來越流行，特別是在癌症治療方面，而且以中藥治療為主要模式。

本書僅整理具有抗癌作用的植物，並未涵蓋動物性及礦物性藥材。

中藥

傳統中醫學或漢醫學所用的藥物，稱為中藥（traditional chinese medicine; TCM），也稱漢藥。列入本草書的藥物，一般稱為中藥。中藥原名生藥，清朝末年，將生藥一詞改為中藥。

本草一詞最早見於《漢書》。西漢晚期以「本草」指稱藥學專著。中國現存最早的藥學書籍是《神農本草經》。明代醫藥學家李時珍花了27年編成《本草綱目》，全書52卷，約二百萬言，收載藥品1892種。

天然物

天然物（natural product）是自然界中由活的生物體產生的化學物質，有些具有藥理或生物活性。由於天然物的結構多樣性，其合成的類似物能改善效力和安全性，因此常被當成藥物設計的起點。

植物是不同化合物的主要來源，這些植物化學物質包括酚類、多酚類、單寧酸、萜類及生物鹼等。目前有許多天然物的藥理活性已被確定。

例如，抗癌藥紫杉醇（太平洋紫杉）、抗瘧藥青蒿素（青蒿）、用於治療阿茲海默症的乙醯膽鹼酯酶抑制劑加蘭他敏（雪花蓮），以及其他衍生自植物的藥如嗎啡、可卡因、奎寧、管箭毒鹼、毒蕈鹼和尼古丁。

中藥之外的藥用植物如風鈴木、東革阿里、巴婆樹、印度楝樹、大麻，以及木瓜（葉）、山竹（果皮）、火龍果（果皮）、荔枝（果皮、核）、枇杷（葉）等，都含有抗癌天然物。

植物是活性化合物寶庫（攝於成都春熙路樓頂花園）

科學家如何探索中藥與天然物

中藥是世界上最完整的民間植物用藥來源，近年已引起西方科學家的注意，也因為這樣，歐美研究單位發表的中藥抗癌研究論文逐年增多。

要如何選擇植物來測試新的活性化合物呢？一般有「隨機選擇」及「指引選擇」兩種方法。後者是以民間植物用藥所獲得的知識來指引選擇過程。這種方法與隨機選擇策略相比，通常會增加發現活性化合物的機率，因此常被採用。

例如加州大學舊金山分校在2002和2005年，分別發表了十幾種中藥抗乳癌及其他癌細胞株的科學論文。美國國家癌症研究所及紐約著名的史隆凱特琳癌症中心，其資料庫中亦列有抗癌中藥的詳細報告。此外，美國公司也針對乳癌和攝護腺癌，開發出中藥複方的保健產品。

研究中藥與天然物抗癌作用時，科學家多使用以下幾種標準方法。

二名法

俗話說「名不正，則言不順」，中藥書籍中的植物名一般採用俗名或土話，常造成名稱錯亂，如「滿山香」，它同時是白株樹、草珊瑚、月橘、威靈仙這些不同科屬植物的別名。另外，「散血草」也是日本蛇根草、長冠鼠尾草、薄葉變豆菜、散血芹、天藍變豆菜和金扭扣這六種植物的別名。

以科學方法研究中藥與其他植物，首先要知道它們的學名（scientific name），也就是科學名稱。植物的學名以拉丁文表示，每個物種由屬名（genus）和種小名（specific epithet）兩個字組成，稱為二名法（binomial nomenclature）。例如，黃芩（Scutellaria

總

論

baicalensis），其中Scutellaria中文為黃芩屬，拉丁文Scutella是「小盾、小皿」的意思，形容它的花萼，第一個字母需大寫，而baicalensis則為拉丁文形容詞，表示其蘇俄原產地貝加爾湖（Baikal）地區，需小寫。

動物和植物的學名目前使用二名法，由屬名、種小名、命名者以及命名時間組合而成，命名者和命名時間一般可省略不寫；屬名與種小名必須使用斜體。種小名又稱為種加詞，指二名法中物種學名的第二部分，另一部分為屬名。在植物命名法中，種名（species）指的是物種的完整學名。

二名法系統具備簡易性、清晰性和廣泛性，即任何一個物種名稱都可以明確無誤地由兩個單詞來確定，比起多名法系統更短，也更容易記住。在說英語的歐洲國家裡，所稱的知更鳥robin，學名為Erithacus rubecula，而在說英語的北美，所稱的知更鳥robin則是Turdus migratorius。因此，學名比俗語更為清晰，可用於世界各地，且在所有語言中通用，避免翻譯上的困擾。

物種的分類階層自種以下，又可分為亞種（subspecies）和變種（variety）、一個植物物種可能會有亞種（如Pinus nigra subsp. salzmannii），變種（如Pinus nigra var. caramanica），甚至是更為複雜的組合（如Pinus nigra subsp. salzmannii var. corsicana）。

在某些情況下，一個種移到了另一個屬中，原作者名字會用括號括起，修訂人名字則跟在括號後。例如，美國紅杉（Taxodium sempervirens D. Don）首先由英國植物學家David Don描述。後來，奧地利植物學家Stephan Endlicher指出它和其他落羽松屬（Taxodium）不相似，於是將它轉入新的紅杉屬（Sequoia），並發佈新組合的學名（Sequoia sempervirens（D. Don）Endl.）。

科學家在國際期刊上發表的抗癌實驗，所用的藥用植物皆採用二名法系統中的學名。以下列舉幾位各國代表性植物學家，有趣的巧合是其中四位皆名為卡爾（Carl）。外國學者因全名較長，僅翻譯其姓，中國及日本學者則列全名。

林奈（Carl von Linne，1707-1778）：瑞典植物學家，奠定了

二名法的基礎，並將它普及化，是現代生物分類學之父。在烏普薩拉大學擔任植物學教授。他發現花粉囊和雌蕊可作為植物分類的基礎，著有《植物種誌》及《自然系統》等書。植物學中，會用L.或Linn.來表示林奈的名字縮寫，例如，桑（Morus alba L.）。此二名法已於1753年在植物學中廣泛使用。

瑞典百元鈔票中有紀念林奈的圖像

通貝里（Carl Peter Thunberg，1743-1828）：瑞典植物學家，林奈的學生，1775年至日本採集植物，期間收集了八百多種植物，於1784年發表《日本植物誌》。其縮寫為Thunb.，例如，魚腥草（Houttuynia cordata Thunb.）。時鐘藤（Thunbergia mysorensis）的屬名Thunbergia，中文稱為鄧伯花屬，也以他的姓氏來紀念他，而種小名mysorensis則來自原產地印度城市麥索爾（Mysore）。

韋爾登諾（Carl Ludwig Willdenow，1765-1812）：德國植物學家，曾擔任柏林植物園園長。名字縮寫為Willd.，例如，遠志（Polygala tenuifolia Willd.）。

邊沁（George Bentham，1800-1884）：英國植物學家。他最有名的著作為《不列顛植物手冊》，1858年出版，被學生使用超過一個世紀。命名的例子有吳茱萸（Euodia ruticarpa (Juss.) Benth.）。

邦吉（Alexander Bunge，1803-1890），俄羅斯植物學家。最為人所知的事蹟是他在亞洲進行的科學考察，尤其是在西伯利亞。命名的例子有龍膽（Gentiana scabra Bunge）。

德凱納（Joseph Decaisne，1807-1882）：法國植物學家。曾擔任巴黎植物園園長。名字縮寫為Decne，命名例，五葉木通（Akebia quinata Decne.）

格雷（Asa Gray，1810-1888）：被認為是19世紀美國最重要的植物學家。他擔任哈佛大學植物學教授數十年，期間常與包括達爾文在內的知名學者通信。命名例，黃精（Polygonatum falcatum A. Gray）。

馬西莫維奇（Carl Johann Maximowicz，1827-1891）：俄羅斯植物

學家。他在遠東命名了許多新的物種，被稱為東亞植物之父。曾在聖彼得堡植物園擔任標本館館長。名字縮寫為Maxim.，命名例，延齡草（Trillium tschonoskii Maxim.）。

胡先驌（Hu Xiansu，1894-1968）：中國植物學家。中國植物分類學創始人，哈佛大學植物學博士，為國內現代植物學研究的先驅。命名例，水杉（Metasequoia glyptostroboides Hu & W.C.Cheng, 1948）。

鄭萬鈞（Wan Chun Cheng，1908-1987）：中國植物學家。編輯《中國植物誌》第7卷，與胡先驌共同發現並命名水杉。萬鈞柏（Juniperus chengii）即以他名字命名。

牧野富太郎（Tomitaro Makino，1862-1957）：日本植物學家。專於分類學研究，是日本第一位使用林奈分類系統分類日本植物的學者，被稱為「日本植物學之父」。命名例，日本黃連（Coptis japonica Makino）。著有《牧野日本植物圖鑑》，其生日在日本被訂為「植物學之日」。

臨床前實驗

• 癌細胞株

癌細胞株（cancer cell line）是在實驗室一定條件下，隨著時間推移不斷分裂並生長的癌細胞。癌細胞株用於研究癌症生物學和測試癌症治療。美國國家癌症研究所的60種癌細胞株（NCI60）被用於體外（in vitro）篩選抗癌藥物。

美國典型培養物保藏中心ATCC（American Type Culture Collection）是一個非營利組織，總部位於美國維吉尼亞州馬納薩斯，1925年由科學家成立，主要任務為採集、認證、生產、保存和分銷細胞株、微生物以及其他研發材料。其所授權的分銷商涵蓋歐洲、日本、澳大利亞、台灣等地。

以下列舉幾種常用的代表性癌細胞株。

HeLa子宮頸癌細胞株：海拉細胞是用於科學研究永生細胞株的

細胞類型。它是最古老和最常用的人類細胞株。該細胞株1951年取自Henrietta Lacks子宮頸癌細胞，由其名字縮寫所構成。

MCF-7乳癌細胞株：採用密西根癌症基金會（Michigan Cancer Foundation）的首字母縮寫，此細胞株於1973年建立，分離自一個69歲的白人女子。

HepG2肝癌細胞株：來自一位15歲的美國白人男性肝臟組織，染色體數目55個，在裸鼠中不會產生腫瘤。

PC-3攝護腺癌細胞株：1979年從一位62歲的白人男性攝護腺癌所建立，比起其他攝護腺癌細胞株，它有較高的轉移潛能。此細胞株具有62個染色體，不含Y染色體。

A549肺癌細胞株：1972年建立的人類肺泡基底上皮細胞株，得自一位58歲白人男性。

Caco-2結腸癌細胞株：由史隆凱特林癌症研究中心所開發的人類上皮大腸腺癌細胞。

HL-60血癌細胞株：源自美國國家癌症研究所一名36歲、患有急性早幼粒細胞白血病的女子身上。

• 動物模式

動物模式（animal model）是指帶有與人類相同或相似疾病的動物，可用於研究疾病的發生和發展，並測試新的治療方法，也稱為「在活體內」（in vivo）實驗，本書簡稱「體內」。它可由化學藥物引發、異種移植和基因改造三種方式形成。

化學藥物引發：以基因毒性化合物及促進劑來誘導肝癌或其他癌症發生。

異種移植：帶有人類移植腫瘤的動物稱為異種移植模式，這裡所說的異種是指移植到動物體內的癌細胞，不是由同種動物所產生的。例如，在免疫功能缺乏小鼠身上植入人類癌細胞株。

基因改造：用遺傳工程技術，例如嵌入病毒基因、致癌基因或敲除腫瘤抑制基因所產生的轉基因小鼠，為人類癌症提供了良好的模式，可檢驗癌症發生途徑及篩選抗癌藥物。

臨床試驗

在人體上測試新的醫療方式，是研究的一種類型。它能測試篩選、預防、診斷，或治療疾病的新方法，也叫臨床研究。臨床試驗（clinical trial）主要分三期，一期為觀察藥物對人體的安全性、副作用及最佳劑量；二期是看新藥物的有效性，測試是否適用於特定類型的癌症，例如，它是否可縮小腫瘤或改善血液檢查結果；三期則是以更多的病人，例如數百人，來偵測藥物的有效性和安全性，並比較此新藥是否比標準療法更好。

本書介紹的中藥與天然物大多仍在臨床前體外細胞株和體內動物模式階段，僅有少數進入臨床試驗。

實驗方法簡介

• 萃取（extraction）

可用水、酒精和甲醇等，對乾燥的植物不同部位進行萃取。例如，濱防風的根水萃取物是乾燥根研磨成粉末，然後把100公克粉末加入1000毫升蒸餾水，再將水加熱至90℃，煮四小時，接著過濾去殘渣，濾液經冷凍乾燥，最後獲得粉末狀水萃取物。

甲醇萃取以靈芝為例。每公克靈芝粉末混合100毫升甲醇，室溫下震盪24小時，經兩次抽氣過濾，去除不溶解顆粒，留下澄清濾液。再利用減壓濃縮原理，將濾液的溶媒蒸發掉，最後得到硬膠狀或塊狀的甲醇萃取物。如以酒精（乙醇）萃取，步驟則與甲醇萃取相同。

• 流氏細胞儀檢測分析（flow cytometry）

流氏細胞儀是腫瘤生物學研究的重要工具，利用儀器所激發的雷射光，可區分及定量細胞，並能快速分析細胞特徵，是篩選抗癌藥物的一大助手。例如，它可以檢測藥物對細胞週期阻滯（cell cycle arrest）及細胞存活率（cell viability）的影響，以評估其毒殺癌細胞或抑制癌細胞增生的功效。

細胞週期阻滯——可記錄藥物處理後癌細胞在G0/G1期，S期，G2/M期的比率變化，檢測藥物對癌細胞在某特定週期是否造成阻滯。

細胞存活率——利用核酸染劑來偵測藥物處理後癌細胞的存活率。當細胞死亡，細胞膜會失去完整性，使得染劑進入細胞內與核酸DNA結合。經雷射光激發後，散射出的螢光透過分析軟體可判定存活率。

• 西方墨點法（Western blotting）

又稱為蛋白免疫印跡法，用於檢測細胞中的特定蛋白，是廣泛使用的分析技術。它使用凝膠電泳並根據變性蛋白的多肽長度或3D結構來分離天然蛋白，然後將蛋白轉移到PVDF膜或硝化纖維素膜，接著以蛋白的特異抗體將之定量。此法能敏銳偵測特定蛋白的表達量，常用於觀察藥物造成的蛋白數量變化。

• MTT測定法

MTT是一種黃色染料（化學式名稱中含methylthiazol，故名），在活細胞的粒線體呼吸鏈中會被琥珀酸脫氫酶還原成紫色結晶。利用試劑將之溶解，再以吸光度測定法評估細胞存活（死細胞中的琥珀酸脫氫酶會消失，不能將MTT還原）。此法常被用於評估抗癌藥物對細胞增生或死亡的影響，為生長抑制分析法之一。

利平斯基 5 的法則（Lipinski's rule of five）

此法則在1997年由克里斯多福・利平斯基（Christopher A. Lipinski）根據觀察所制定，他發現大多數口服藥物是比較小的、適度的親脂性分子。

它用來評估類似藥，或決定一個具有某些藥理和生物活性的化學化合物是否能在人體成為口服活性藥物。符合此法則的候選藥物，往往在臨床試驗中會有較低的失敗率，從而增加進入市場的機會。

一般情況下，口服活性藥物必須符合以下幾項法則，不能違反一

總論

項以上：

1. 不超過5個氫鍵供應體（氮－氫和氧－氫鍵的總數）
2. 不超過10個氫鍵接受體（所有氮或氧原子）
3. 分子量小於500道耳吞
4. 辛醇/水分配係數log P不大於5

由於這些數字都是5的倍數，因此稱為5的法則。

本書介紹的410種藥用植物中，有許多抗癌活性化合物已確定其化學結構。初步審視它們的分子量，大多符合分子量小於500道耳吞這一法則。如果將這些化合物當成先導化合物（lead compound），經過化學修飾後，可開發成安全有效的抗癌藥物。因此，利平斯基5的法則也是科學家探索中藥與天然物時，藥物設計（drug design）的一個重要幫手。

中藥與天然物的抗癌機制

藥用植物含有各種活性成分，它們的抗癌作用機制可歸納為下列幾種：

1. 誘導細胞凋亡

細胞凋亡（apoptosis）是細胞死亡的一種，也稱為程序性細胞死亡。細胞經由一系列的分子步驟，最終導致死亡。這是身體用以去除不需要或不正常細胞的一種方法。在癌細胞中，細胞凋亡的過程可能被阻斷。

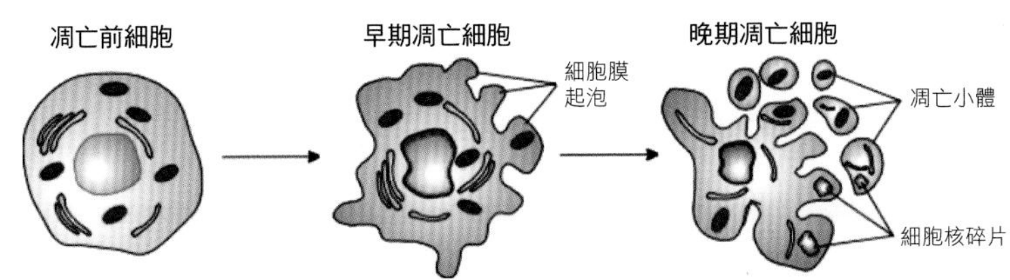

圖 1. 細胞凋亡（取自 Animated Cell Biology, Danton O'Day）

與細胞壞死（necrosis）不同，細胞凋亡會產生有細胞膜包住，稱為凋亡小體（apoptotic body）的細胞碎片，它們會被吞噬細胞吞噬並迅速清除，以避免內含物溢出到周圍細胞導致發炎或傷害。凋亡時形態的變化包括：起泡、細胞皺縮、核碎裂、染色質凝聚以及染色體片段化等。

細胞凋亡是一個高度調節的過程，可以透過外在、內在兩種途徑中的一種來啟動，接著激活半胱天冬酶（caspase）蛋白分解。本書描述的400多種藥用植物中，基本上都能誘導細胞凋亡。以下舉三例簡單敘述。

鐵莧菜	萃取物誘導人類口腔癌細胞凋亡，抑制癌細胞生長。
高良薑	高良薑素誘導結腸癌細胞凋亡。
益智仁	可誘導血癌細胞凋亡，具有潛在的化學預防和抗腫瘤活性。

2. 抑制細胞增生

細胞增生（cell proliferation）是細胞生長和分裂所導致的細胞數目增加。本書描述的400多種藥用植物，幾乎都能抑制細胞增生。以下僅舉三例。

無花果	其乳膠抑制胃癌細胞增生，對人體正常細胞則沒有任何細胞毒性作用。
細葉榕	所含的活性化合物誘導細胞週期停滯，抑制攝護腺癌細胞增生。
川貝母	抑制卵巢癌和子宮內膜癌細胞增生。

3. 抗血管新生

血管新生（angiogenesis），簡單說就是形成新血管。經由此生理過程，新的血管從原來已存在的血管長出來。腫瘤生長所需的新血管形成稱為腫瘤血管新生，是由腫瘤和腫瘤附近宿主細胞釋放的化學物質所引起。

1971年佛克曼（Judah Folkman）首次提出血管新生在腫瘤生長中的重要角色。他在《新英格蘭醫學期刊》報告說，實體腫瘤依賴血管新生。他推測腫瘤能分泌一種未知的「因子」以幫助它增加血液供應，而如果該因子可以被阻擋，腫瘤就會枯萎和死亡。

天下文化出版的《佛克曼醫師的戰爭》是一則傳奇的醫學研究故事，佛克曼最初的假說扭轉了人類在癌症戰爭中的劣勢。譯筆流暢，內容精彩有趣。

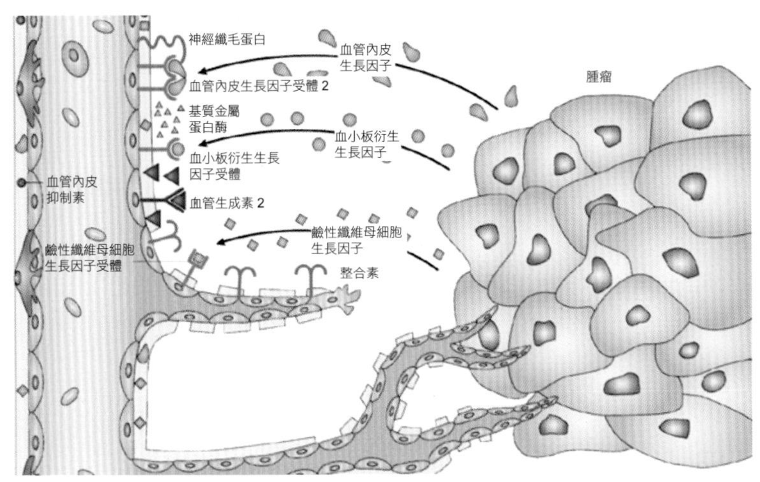

圖 2. 血管新生（取自 Nature Rev Drug Discov 2007; 6:273-286.）

以下是本書所提到，具有抗血管新生的藥用植物。

射干	根莖異黃酮的抗血管新生和抗腫瘤活性，對小鼠肺癌模式能顯著抑制腫瘤體積。
盾葉薯蕷	三角葉薯蕷苷透過誘導細胞凋亡和抗血管生成，在結腸癌小鼠模式可抗腫瘤並抑制血管新生。
草麻黃	萃取物具有抗侵入、抗血管新生和抗腫瘤活性，能抑制小鼠黑色素瘤生長。
甘草	甘草黃酮抑制人類乳癌細胞轉移、侵入和血管新生，能以此不同機制治療乳癌。
白花蛇舌草	萃取物抑制結腸直腸癌血管新生，在動物體內抑制腫瘤血管生成。

蒲葵	萃取物抑制血管新生和腫瘤生長，抑制小鼠纖維肉瘤和人類乳癌和結腸癌細胞增生。
木鱉果	水萃取物抑制腫瘤的生長和血管新生，顯著抑制結腸癌、肝癌細胞，具有潛在的抗腫瘤活性。
黑種草	百里醌在體外和體內能有效抑制骨肉瘤的生長和血管新生。
石見穿	萃取物對小鼠肝癌表現出抗癌作用，抑制腫瘤血管新生。
地榆	透過誘導細胞凋亡和抑制血管新生，可作為乳癌的預防和治療藥物。
苦參	氧化苦參鹼對胰臟癌具有抗血管新生作用，有潛在的抗腫瘤作用。
槐樹	氧化苦參鹼透過抑制血管新生，對胰臟癌有抗腫瘤作用。
垂盆草	萃取物具有抗血管新生活性。
娃兒藤	所含的娃兒藤鹼經調控信號傳遞路徑，能抗血管新生，可開發成抗癌藥物。
毛蕊花	其所含化學成分具抗血管新生和抗增生活性。
黃荊	牡荊素抑制肝癌細胞生長和血管新生，是潛在的肝癌治療候選藥物。

4. 細胞週期阻滯

細胞週期（cell cycle）是細胞每次分裂所經過的過程。它包括一系列步驟，在此期間染色體和其他細胞材料會複製，然後細胞分裂成兩個子細胞。當每個子細胞由它自己的外膜所包圍，細胞週期就完成了。也稱為有絲分裂週期。

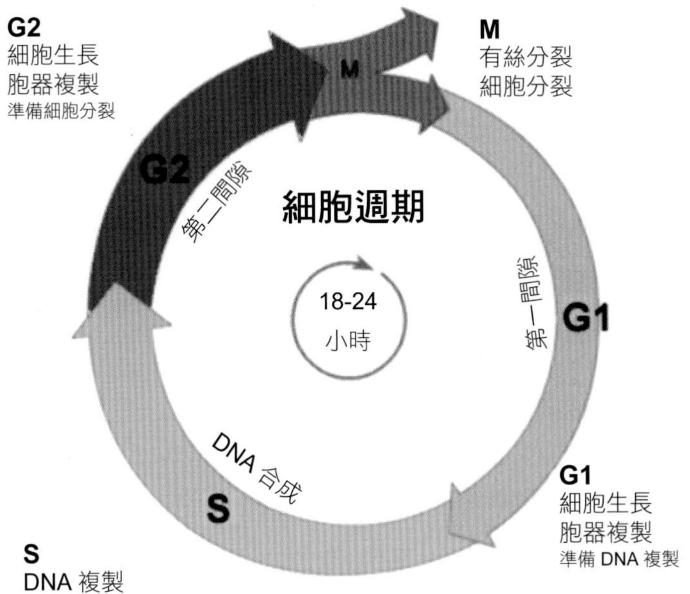

圖 3. 細胞週期（取自 LinkedIn Slide Share）

阻斷細胞分裂週期的物質稱為細胞週期抑制劑。它們有許多不同類型，有的作用在細胞週期中的特定步驟，有些則作用在細胞週期中的任何點。抑制細胞週期的某些藥物，正被用於癌症治療研究。

本書描述的藥用植物中，多數具有細胞週期阻滯作用，以下僅舉三例。

阿拉伯金合歡	谷甾醇透過生長抑制、細胞週期阻滯和細胞凋亡，對乳癌、肺癌細胞發揮抗癌活性。
五加皮	萃取物誘導細胞週期阻滯，顯著抑制淋巴瘤、血癌、胃癌、舌癌細胞增生。
益智仁	知母皂苷透過細胞週期阻滯，誘導細胞凋亡，可作為抗肝癌藥物。

5. 增強免疫力

增強免疫力能對抗癌症。以金線蓮為例，其萃取物可激活小鼠的免疫系統，刺激淋巴組織增生，激活巨噬細胞的吞噬功能。它的抗腫瘤活性可能與強大的免疫刺激作用有關。本書中能增強免疫力以對抗癌症的例子，整理如下。

野菰	種子萃取物中分離出一種蛋白，能誘發免疫細胞來對抗腫瘤，是有潛力的抗癌藥物來源。
金線蓮	阿拉伯半乳聚醣能顯著降低小鼠結腸癌腫瘤大小和重量，具強效先天免疫調節和抗腫瘤活性，可用於癌症免疫療法。
黃芪	多醣具抗腫瘤和免疫調節活性，抑制移植在小鼠的肝癌實體腫瘤生長。
木瓜葉	水萃取物具有抗腫瘤活性和免疫調節作用，對血癌細胞能誘導細胞凋亡。
雲芝	具有免疫增強和抗腫瘤特性，雲芝多醣在日本是專利產品，用於治療癌症。
甘草	萃取物調節免疫活性，抑制人類肝癌細胞。
天胡荽	萃取物能調節免疫功能，對小鼠肝癌、肉瘤、子宮頸癌的腫瘤抑制率均顯著。
通光散	多醣能增強細胞免疫和體液免疫。
桑黃	萃取物在小鼠結腸癌模式中，有效增強先天免疫反應。
車前草	對多種細胞增生有顯著抑制活性，也表現出免疫調節功能。
龍葵	水萃取物透過調節小鼠免疫反應和誘導腫瘤細胞凋亡，抑制子宮頸癌生長。

6. 誘導細胞分化

細胞分化（cell differentiation）是不成熟細胞達到其成熟形式和功能的過程。以下為本書中具有誘導癌細胞分化的例子。

乳香	乳香酸在高度轉移性黑色素瘤和纖維肉瘤細胞誘導分化和凋亡，預防原發腫瘤的侵入和轉移。
菊苣	所含的木蘭屬內酯誘導血癌細胞分化成單核細胞及巨噬細胞樣細胞。
平貝母	貝母酮對人類血癌細胞誘導分化，能抑制血癌細胞生長。
印度菝葜	誘導人類血癌細胞凋亡及分化，具強大的抗血癌活性。
前胡	白花前胡吡喃香豆素可抑制90％的血癌細胞生長，是細胞分化的強效誘導劑。
蘆薈	活性成分大黃素透過誘導分化和細胞週期阻斷，具有胃癌治療潛在價值。
飛龍掌血	飛龍掌血素誘導血癌細胞分化和凋亡，具有細胞分化和細胞凋亡雙重作用，可開發為新穎抗血癌藥。

7. 抑制基質金屬蛋白酶，防止癌細胞轉移

基質金屬蛋白酶（matrix metalloproteinase; MMP）存在於組織中細胞間的空隙（即細胞外基質），能分解蛋白質，例如膠原蛋白。由於這些酶需要鋅或鈣原子維持功能，所以稱為金屬蛋白酶。基質金屬蛋白酶參與腫瘤細胞轉移、傷口癒合、血管新生。

本書中具有抑制基質金屬蛋白酶的藥用植物整理如下。

總論

黃芩	黃芩素抑制卵巢癌細胞基質金屬蛋白酶2表達及侵入能力，有潛力作為卵巢癌治療藥物。
刺五加	刺五加異秦皮啶對人類肝癌細胞能抑制基質金屬蛋白酶7的表達，可抑制肝癌細胞的侵入。
青蒿	青蒿素透過降低基質金屬蛋白酶的量，顯著抑制肝癌細胞在動物活體內的轉移能力。
蛇床	蛇床子素在體外透過抑制基質金屬蛋白酶2及9，抑制人類肺癌細胞的轉移和侵入。
常山	常山酮透過下調基質金屬蛋白酶9，抑制乳癌細胞轉移，並誘導凋亡。
穿龍薯蕷	透過抑制基質金屬蛋白酶轉錄，抑制人類口腔癌細胞遷移與侵入。
山竹果皮	倒捻子素抑制基質金屬蛋白酶和鈣黏蛋白表達，抑制胰臟癌細胞的侵入和轉移。
桑黃	萃取物透過抑制基質金屬蛋白酶2及9，抑制肝癌細胞轉移，可作為抗轉移劑。
夏枯草	水萃取物透過減弱基質金屬蛋白酶，抑制人類肝癌細胞侵入和遷移。
葫蘆巴	所含的薯蕷皂苷透過降低基質金屬蛋白酶表達，抑制人類攝護腺癌細胞遷移和侵入。
雷公藤	雷公藤甲素透過壓制基質金屬蛋白酶7及19，抑制卵巢癌細胞侵入，是治療卵巢癌並減少轉移的候選藥物。

藥用植物

雞母珠
Abrus precatorius

乳癌　肝癌　視網膜瘤

子宮頸癌　黑色素瘤　結腸癌　血癌

科別	豆科，相思子屬，木質藤本植物，又名相思子。
外觀特徵	羽狀複葉，小葉長橢圓形，總狀花序，頂生，花冠蝶形，淡紫紅色，莢果密生細毛，種子橢圓形，2/3 紅色， 1/3 黑色，似瓢蟲。
藥材及產地	以成熟種子、莖葉、根入藥。分佈於台灣、福建、廣東等地。
相關研究	印度研究發現，種子除去毒性後，萃取物具有抗炎作用。
有效成分	萃取物

抗癌種類及研究

- 子宮頸癌

印度卡拉普理工學院「相思子凝集素衍生肽透過粒線體凋亡途徑誘導子宮頸癌 HeLa 細胞凋亡」，2014 年 10 月《化學生物交互作用》期刊。證實相思子凝集素誘導子宮頸癌細胞凋亡。

- 黑色素瘤

印度卡拉普理工學院「相思子凝集素衍生肽在艾氏腹水和黑色素瘤小鼠的抗腫瘤效果和生化分析」，2014 年 7 月《環境毒理及藥理學》期刊。驗證此肽具抗癌特性。

- 肝癌

印度理工學院「相思子凝集素在體外和體內誘導胱天蛋白酶介導的人類肝癌細胞死亡」，2014 年《中華藥理學期刊》。凝集素可當成肝癌的替代自然療法。

- 結腸癌、視網膜瘤、肝癌、血癌

印度海德拉巴大學「相思子葉萃取物抗氧化和抗增生活性的體外研究」，2013 年 3 月《補充及替代醫學》期刊。具體外細胞毒性，能抑制結腸癌、視網膜瘤、肝癌、血癌細胞增生。

- 乳癌

印度班加羅大學「相思子對人類轉移性乳癌細胞株的細胞毒性和促凋亡效果」，2013 年《細胞科技》期刊。此為相思子葉萃取物透過誘導凋亡，抑制乳癌細胞增生的第一份報告。

其他補充

劇毒。小孩易誤食種子，需特別留意。董大成教授研究雞母珠數十年。

磨盤草
Abutilon indicum

膠質細胞瘤

科　別	錦葵科，苘麻屬，一年生或多年生草本植物。
外觀特徵	高 1 至 2.5 公尺，被灰色柔毛，葉卵圓形，花黃色，5 花瓣，果黑色，似磨盤，直徑約 1.5 公分，種子腎形，被柔毛。
藥材及產地	以全草入藥。分佈於雲南、福建、台灣等地。
相關研究	有降血糖，抗氧化，止痛作用。
有效成分	咖啡酸甲酯 methyl caffeate，分子量 194.18 克 / 莫耳 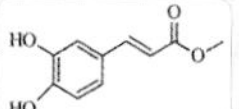

抗癌種類及研究

• 膠質細胞瘤

印度 BITS 藥學系「磨盤草葉對人類膠質細胞瘤的細胞毒性成分」，2015 年《天然物研究》期刊。咖啡酸甲酯對膠質細胞瘤毒性最強，但對正常人類細胞無毒。

阿草伯藥用植物園 提供

其他補充

中藥典籍未發現有記載磨盤草的抗癌作用。
咖啡酸甲酯有潛力開發成抗癌藥物。

兒茶
Acacia catechu

乳癌

肝癌

科　　別	豆科，金合歡屬，落葉小喬木。
外觀特徵	高6至13公尺，小枝有柔毛，羽狀複葉互生，托葉下有鉤狀刺，總狀花序腋生，開淡黃色花，莢果帶狀，種子多顆。
藥材及產地	心材和樹皮用於傳統醫藥。以去皮枝、幹的乾燥浸膏入藥。分佈在中國、台灣、印度和非洲等地。
相關研究	日本花王株式會社研究發現，攝取富含兒茶素的茶葉能降低男性體內脂肪。證實兒茶素可以預防和改善肥胖。
有效成分	兒茶素 catechin，分子量 290.27 克 / 莫耳

抗癌種類及研究

• 乳癌

印度傑匹資訊科技大學「兒茶心材對人類乳癌細胞毒性以及二甲基苯並蒽誘發乳癌小鼠的調節作用」，2013 年 7 月《整合癌症療法》期刊。對乳癌有抗腫瘤活性。

• 肝癌

印度傑匹資訊科技大學「富含兒茶素的兒茶心材水萃取物」二甲基苯並蒽在小鼠誘發肝癌的化學預防效力」，2012 年《環境病理學毒理學與腫瘤學期刊》。對肝癌發生過程具化學預防作用。

兒茶素有潛力開發成抗癌藥物。

阿拉伯金合歡
Acacia nilotica

淋巴瘤  乳癌 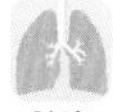 肺癌

科別	豆科，金合歡屬，小喬木或喬木。
外觀特徵	高5至20公尺，樹冠球形，莖和枝黑色，開黃色花，莢果帶狀，種子褐色。
藥材及產地	分佈於非洲、阿拉伯以及中國的海南、雲南等地。
相關研究	研究發現具有不孕，降血糖，抗病毒作用。
有效成分	谷甾醇 γ -sitosterol， 分子量 414.70 克 / 莫耳 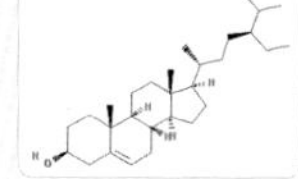

抗癌種類及研究

• 淋巴瘤

印度卡倫雅大學「阿拉伯金合歡對淋巴瘤誘導的固態和腹水腫瘤模式的抗癌活性」，2012 年《亞太癌症預防期刊》。評估在小鼠身上的效果，證明萃取物可作為天然抗癌藥物。

• 乳癌、肺癌

印度巴拉西亞大學「阿拉伯金合歡谷甾醇透過在MCF-7和A549細胞的c-Myc壓制，誘導細胞週期阻滯和凋亡」，2012 年 6 月 14 日《民族藥理學期刊》。谷甾醇透過生長抑制、細胞週期停滯和細胞凋亡，對乳癌、肺癌細胞發揮抗癌活性。

谷甾醇有潛力開發成抗癌藥物。中國科學院植物研究所在中國植物圖像庫裡，放了一張拍攝於海南省的阿拉伯金合歡照片，花色金黃。

鐵莧菜
Acalypha australis

口腔癌

科　　別	大戟科，鐵莧菜屬，一年生草本植物。
外觀特徵	高30至60公分，莖多分枝，葉互生，花序腋生，蒴果三棱形，種子黑色。
藥材及產地	以全草入藥。分佈於中國、朝鮮、日本、越南、菲律賓等地。
相關研究	所含的沒食子酸具有抗菌活性。
有效成分	萃取物

抗癌種類及研究

• 口腔癌

韓國全北國立大學「石竹和鐵莧菜甲醇萃取物針對特異性蛋白對人類口腔癌細胞的體外細胞凋亡作用」，2013年7月《頭與頸》期刊。抑制口腔癌細胞生長。

其他補充

此論文是由韓國全北國立大學的口腔生物科學研究所及牙醫學院所發表，到目前為止，全世界有關鐵莧菜的抗癌效果僅此一篇。值得進一步探討其有效抗癌活性化合物。

五加
Acanthopanax gracilistylus

淋巴瘤
血癌

胃癌

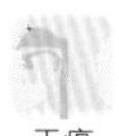
舌癌

科　　別	五加科，五加屬，落葉小灌木。
外觀特徵	小葉一般為 5 片，花黃綠色，結黑色球形核果，為中國特有植物。
藥材及產地	以根皮入藥，稱為五加皮。廣泛分佈於中國各地。
相關研究	日本報導其萃取物對人類淋巴細胞有免疫調節活性，臨床上可用於治療自體免疫和過敏性疾病。
有效成分	萃取物

抗癌種類及研究

- 淋巴瘤、血癌、胃癌、舌癌

日本職業及環境健康大學「中藥五加皮萃取物對人體腫瘤細胞在體外誘導細胞週期阻滯」，2000 年 4 月《日本癌症研究期刊》。顯著抑制淋巴瘤、血癌、胃癌、舌癌的細胞增生。

其他補充

在標題為「五加皮有望成為抗癌藥物」的網路文章中，中國河北醫科大學研究發現，中藥五加皮對癌細胞有非常強的抑制作用。需找出萃取物中的抗癌化合物。

刺五加
Acanthopanax senticosus

科　　　別	五加科，五加屬，落葉灌木。
外 觀 特 徵	高可達 2 公尺，莖密生細刺，掌狀複葉互生，傘形花序，頂生，黃紫色花，核果紫黑近球形，種子扁平，新月狀。
藥材及產地	以根、根莖或莖入藥。分佈於中國黑龍江、遼寧、河北等地。
相 關 研 究	刺五加萃取物具抗氧化及美白效果。
有 效 成 分	異秦皮啶 isofraxidin，分子量 222.19 克 / 莫耳 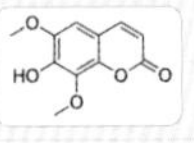 芝麻素 sesamin，分子量 354.35 克 / 莫耳 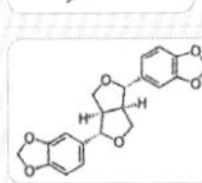

抗癌種類及研究

• 肝癌

日本河野臨床醫學研究所「刺五加香豆素成分異秦皮啶對人類肝癌細胞抑制基質金屬蛋白酶 7 的表達與細胞侵入」，2010 年《生物與醫藥通報》期刊。異秦皮啶可成為有效的藥劑，用於抑制肝癌細胞的侵入。

• 胃癌

日本三重大學「刺五加及其成分芝麻素在人類胃癌細胞誘導細胞凋亡」，2000 年 11 月《腫瘤學報告》期刊。芝麻素抑制胃癌細胞生長和誘導細胞凋亡。

異秦皮啶和芝麻素皆有潛力開發成抗癌藥物。

蓍

Achillea millefolium

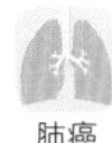
肺癌

科　　　別	菊科，蓍屬，多年生草本植物，又名千葉蓍、西洋蓍草。
外觀特徵	高 40 至 100 公分，根莖匍匐，莖有柔毛，葉邊緣有鋸齒，傘狀花序，瘦果有冠毛。
藥材及產地	以全草入藥。分佈在蒙古、歐洲、俄羅斯、非洲及中國等地。
相關研究	有輻射防護作用。
有效成分	倍半萜

抗癌種類及研究

• 肺癌

中國河北醫科大學「蓍草花中 Achillinin A 的細胞毒性」，2011 年《生物學生物工程與生物化學》期刊。對肺癌表現出潛在的抗增生活性。

其他補充

此大學的天然藥物化學教研室的網站上，列出此論文的專利申請，資訊如下：申請專利（實審中）「蓍草中半萜化合物 Achillinin A 的提純及其抗腫瘤細胞增殖活性」。

土牛膝
Achyranthes aspera

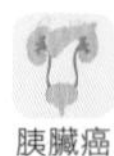

科　　別	莧科，牛膝屬，多年生草本植物。
外觀特徵	高 1 至 2 公尺，莖四方形，節膨大，葉對生，穗狀花序，腋生或頂生，花多數，胞果卵形。
藥材及產地	以根及根莖入藥。分佈於台灣、馬來西亞、菲律賓及中國等地。
相關研究	土牛膝種子皂苷在高膽固醇餵養大鼠有抗肥胖，降血脂，抗氧化及保肝作用。
有效成分	萃取物

抗癌種類及研究

- 胰臟癌

美國邁阿密米勒醫學院「土牛膝的抗增生和抗腫瘤性質：對胰臟癌細胞的特異抑制活性」，2010 年 8 月 19 日《民族藥理學期刊》。土牛膝葉萃取物含強效的抗增生化合物，具有抗胰臟癌的活性。

其他補充

本篇科學論文裡使用的是土牛膝葉的甲醇萃取物，跟一般中藥使用的根莖部位不同。邁阿密米勒醫學院的科學家後來於 2012 年更以小鼠實驗證實，土牛膝葉萃取物在動物體內能抑制人類胰臟癌腫瘤生長。

石菖蒲
Acorus gramineus

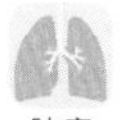
肺癌

大腸癌

卵巢癌

黑色素瘤

科　　別	菖蒲科，菖蒲屬，多年生草本植物。
外觀特徵	全株具香氣，葉線形，長 30 至 50 公分，花淡黃綠色，漿果卵形，種子數枚。
藥材及產地	以根莖入藥。分佈於印度、泰國、中國、韓國、日本等地。
相關研究	具有緩解憂鬱症，保護心臟，抑制過敏，減輕癲癇等作用。
有效成分	黃酮

抗癌種類及研究

• 肺癌、大腸癌、卵巢癌、黑色素瘤

韓國成均館大學「石菖蒲地下莖酚類成分的抗腫瘤和抗炎活性生物學評估」，2012 年 10 月 1 日《生物有機及藥物化學通訊》。對肺癌細胞表現出中度的抗增生活性，抗大腸癌、卵巢癌和黑色素瘤細胞。

阿草伯藥用植物園 提供

其他補充

石菖蒲又名菖蒲，因有香氣，民間常用來驅逐蚊蟲。端午節時也會掛在門上，認為可用來驅邪。現在科學證實，其所含的酚類成分可抗癌，確實能驅逐對人體有害的癌症邪魔。

山油柑
Acronychia pedunculata

攝護腺癌

黑色素瘤

科　　別	芸香科，山油柑屬，常綠喬木。
外觀特徵	高 5 至 15 公尺，樹皮灰白，平滑，剝開有柑橘香氣，葉對生，橢圓形，花黃白色，果近圓球形，種子黑褐色。
藥材及產地	以根、葉、果入藥。分佈於中國、台灣、印度、東南亞等地。
相關研究	具抗氧化，抗酪氨酸酶，抗微生物作用。
有效成分	包山油柑酚 acrovestone，分子量 554.67 克 / 莫耳 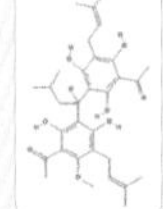

抗癌種類及研究

- 攝護腺癌、黑色素瘤

希臘雅典大學「山油柑的細胞毒性苯乙酮二聚體」，2012 年 7 月《天然物期刊》。包山油柑酚對攝護腺癌和黑色素瘤細胞具明顯的細胞毒性。

阿草伯藥用植物園 提供

1. 包山油柑酚有潛力開發成抗癌藥物。
2. 彰化二林的阿草伯藥用植物園不容易找。園長親自為我這個訪客詳細介紹植物。那天風大，天氣又冷，他太太拿帽子來要他戴上。買了一盆乳薊，也拍了金錢薄荷、葛、馬鞭草及金銀花的照片。

軟棗獼猴桃
Actinidia arguta

食道癌

科　　別	獼猴桃科，獼猴桃屬，藤本植物，又名軟棗子。
外觀特徵	長可達 30 公尺，枝灰色，老枝光滑。葉互生，無毛，花白色，漿果長圓形，光滑無斑點。
藥材及產地	根可入藥。分佈於中國、朝鮮、日本、俄羅斯等地。
相關研究	具有抗失憶，降血糖，抗氧化，抗炎作用。
有效成分	萃取物

抗癌種類及研究

• 食道癌

中國鄖陽醫學院「軟棗獼猴桃根萃取物對人類食道癌的抑制作用研究」，2007 年 5 月《中藥材》期刊。抑制食道癌細胞生長，最高抑制率約 90%，能顯著誘導食道癌細胞凋亡，但在正常細胞中沒有觀察到凋亡現象。

其他補充

需進一步探索軟棗獼猴桃根萃取物的抗癌活性化合物。網路上有「早市—您好！」一文。裡面放了好幾張軟棗子的照片，看起來似棗子，跟鵪鶉蛋大小差不多。作者也註明了其他名稱，如野生獼猴桃、狗棗獼猴桃、獼猴梨。

貓人參

Actinidia valvata

科別	獼猴桃科，獼猴桃屬，落葉木質藤本植物，又名葛獼猴桃。
外觀特徵	小枝有皮孔，單葉互生，花白色，漿果成熟時橙黃色。
藥材及產地	葛獼猴桃的根稱為貓人參，以根入藥。分佈於中國安徽、湖北、湖南等地，為中國特有植物。
相關研究	有保肝活性。
有效成分	皂苷

抗癌種類及研究

• 肝癌

中國上海第二軍醫大學「葛獼猴桃根的總皂苷可以防止人類肝癌細胞的轉移」，2012 年 3 月《中國整合醫學期刊》。在體外能抑制肝癌細胞的增生、黏附、侵入及遷移能力。

其他補充

1. 科學家發現葛獼猴桃在體內的小鼠肝癌模式中也有抗腫瘤作用，並且闡明了它影響細胞週期和細胞凋亡的機制。

2. 皂苷是許多植物中含量豐富的一類化合物，在水中會出現肥皂般的發泡現象。結構上它是由一個或多個親水糖苷與一個親脂性三萜衍生物結合而成。主要存在於陸地植物，也有少量可在海參和海星等海洋生物中發現。例如，絞股藍中的絞股藍皂苷，人參中的人參皂苷，海參中的海參皂苷。

野菰

Aeginetia indica

腎癌

科　別	列當科，野菰屬，一年生草本植物。
外觀特徵	高約25公分，花萼佛焰苞狀，莖從基部叢生，葉退化，鱗片狀，花冠筒淡紫紅色，蒴果卵球形，種子小。因為無葉，無法靠光合作用來獲得養分，只能寄生於芒草、蘆葦和甘蔗等植物根上。
藥材及產地	根及花可作藥用。分佈於熱帶及亞熱帶地區，包括台灣。
相關研究	免疫調節作用。
有效成分	萃取物

抗癌種類及研究

• 腎癌

台灣國立台灣大學「中草藥野菰對腎癌細胞生長和轉移的作用」，2012年《依據證據的補充及替代醫學》期刊。野菰萃取物可作為人類腎癌的新型替代治療劑。

阿草伯藥用植物園 提供

其他補充

目前最新的研究報告是由台灣大學醫學院所提出，提供腎癌病人一個輔助的治療選擇。日本德島大學也從野菰種子萃取物中分離出一種蛋白，能誘發免疫細胞來對抗腫瘤。因此，野菰不只是根及花可入藥，其種子也是有潛力的抗癌藥物來源。

藿香
Agastache rugosa

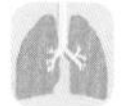

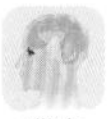

肺癌　卵巢癌　黑色素瘤　腦瘤　結腸癌

科　　別	唇形科，藿香屬，多年生草本植物。
外觀特徵	高 1 至 1.5 公尺，四棱形，葉長圓形，穗狀花序，頂生，花淡紫藍色，褐色小堅果長圓形，有棱，具短毛。
藥材及產地	以全草入藥。分佈於中國、蘇俄、朝鮮、日本及北美洲。
相關研究	抗氧化作用。
有效成分	藿香酮 agastaquinone，分子量 340.36 克 / 莫耳 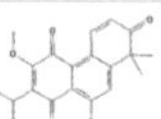

A

藿香 *Agastache rugosa*

抗癌種類及研究

- 肺癌、卵巢癌、黑色素瘤、腦瘤、結腸癌

韓國生物科學與生物技術研究院「藿香酮，藿香的新細胞毒性二萜醌」，1995 年 11 月《天然物期刊》。顯示出在體外幾種人類癌細胞株，如肺癌、卵巢癌、黑色素瘤、腦瘤、結腸癌有非特異性細胞毒性。

其他補充

有關藿香酮的抗癌研究報告僅有此篇，而且是二十年前的實驗，似乎已被學術界遺忘，值得更進一步探討其機制。

樹蘭
Aglaia odorata

乳癌 結腸癌

子宮頸癌

肺癌

胃癌

血癌

肝癌

科　　別	楝科，樹蘭屬，常綠小喬木，又名米蘭。
外觀特徵	高 4 至 7 公尺，多分枝，羽狀複葉互生，小葉厚紙質，花小，黃色，氣味淡雅芳香，漿果卵形。
藥材及產地	以根、枝葉、花入藥。原產中國福建、廣東，在東南亞、台灣也有分佈。
相關研究	抗炎，抗微生物。
有效成分	洛克米蘭醇 rocaglaol，分子量 434.48 克 / 莫耳
	洛克米蘭醯胺 rocaglamide，分子量 505.55 克 / 莫耳 

抗癌種類及研究

• 子宮頸癌、肺癌、胃癌

中國雲南農業大學「樹蘭樹枝的兩個新木脂素」，2016 年 2 月《亞洲天然物研究期刊》。顯示對人類子宮頸癌、肺癌、胃癌細胞株有細胞毒性。

• 血癌、肝癌、肺癌、乳癌、結腸癌

中國西雙版納熱帶植物園「樹蘭根成分的細胞毒性和協同作用」，2016 年 2 月《天然物研究》期刊。所含活性成分洛克米蘭醇，洛克米蘭醯胺對人類血癌、肝癌、肺癌、乳癌、結腸癌細胞株有顯著細胞毒性。

1. 中藥典籍未發現有記載樹蘭的抗癌作用。洛克米蘭醇，洛克米蘭醯胺有潛力開發成抗癌藥物。
2. 台灣一般住家庭院喜愛栽植樹蘭，夜裡走在巷弄常聞到它的香味。最新的樹蘭抗癌研究由中國雲南科學家所完成。

龍牙草
Agrimonia pilosa

肉瘤

科　　別	薔薇科，龍牙草屬，多年生草本植物，又名龍芽草。
外觀特徵	高 30 至 120 公分，莖有柔毛，羽狀複葉互生，花黃色，瘦果圓錐形，先端有鉤刺。
藥材及產地	以地上部分、根莖或根入藥。原產於美國、加拿大及歐洲，中國與台灣低海拔地區也有分佈。
相關研究	具有抗氧化，抗糖尿病，抗炎和抗過敏作用。
有效成分	萃取物

抗癌種類及研究

• 肉瘤

日本北陸大學「龍牙草根甲醇萃取物的抗腫瘤活性」，1985 年 5 月《日本藥理學期刊》。龍牙草的根部含有抗肉瘤的有效成分。

其他補充

需更深入探討龍牙草萃取物中的抗癌成分。台灣台東縣原生應用植物園有種植，並有簡要的介紹，屬藥用植物。

散血草
Ajuga bracteosa

乳癌

喉癌

科　　別	唇形科，筋骨草屬，多年生草本植物，又名地膽草、九味一枝蒿。
外觀特徵	高 10 至 30 公分，具匍匐莖，葉紙質，倒披針形，花筒狀，紫色或淡紫色，有深色斑點，小堅果橢圓狀。
藥材及產地	以根、葉、花入藥。分佈於印度、阿富汗、尼泊爾、台灣及中國四川、雲南等地。
相關研究	有免疫刺激作用，能抗糖尿病及關節炎等炎症。
有效成分	谷固醇 β-sitosterol，分子量 414.71 克 / 莫耳 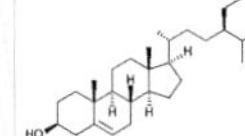

抗癌種類及研究

• 乳癌、喉癌

印度 VNS 研究院「散血草甲醇萃取物對乳癌 MCF-7 和喉癌 HEP-2 細胞株在體外的細胞毒性研究」，2014 年 1 月《生藥學研究》期刊。所含的谷固醇對乳癌、喉癌具細胞毒性，是抗癌化合物的潛在來源。

阿草伯藥用植物園 提供

其他補充

中藥典籍未發現有記載散血草的抗癌作用，目前僅此一篇關於它的癌症研究報告。活性成分谷固醇可進一步開發成抗癌藥物。

木通
Akebia quinata

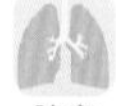
肺癌

卵巢癌

黑色素瘤

中樞神經瘤

結腸癌

科　　別	木通科，木通屬，落葉木質藤本植物，又名五葉木通。
外觀特徵	莖纖細，掌狀複葉，小葉 5 片，花紫褐及紅紫色，果實長橢圓形。
藥材及產地	以乾燥根、藤莖、果實入藥。分佈中國長江流域，日本和朝鮮。產於江蘇、浙江、安徽等地。
相關研究	減緩皮膚老化，具抗炎，抗肥胖和降血脂作用。
有效成分	刺楸皂苷 kalopanaxsaponin，分子量 883.07 克 / 莫耳 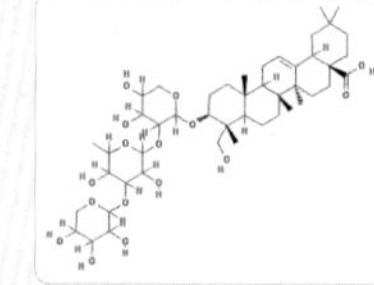

抗癌種類及研究

- 肺癌、卵巢癌、黑色素瘤、中樞神經瘤、結腸癌

韓國尚志大學「木通分離出的齊墩果烷二糖構效關係與抗腫瘤細胞毒性和一氧化氮抑制」，2004 年 5 月《生物醫藥通訊》期刊。所含的刺楸皂苷對所有測試癌細胞，即肺癌、卵巢癌、黑色素瘤、中樞神經瘤、結腸癌表現出明顯的細胞毒性。

其他補充

刺楸皂苷有潛力開發成抗癌藥物。木通的另一品種三葉木通 Akebia trifoliata，也具抗癌作用。

合歡
Albizia julibrissin

子宮頸癌

科　　別	豆科，合歡屬，落葉喬木。
外觀特徵	高可達 16 公尺，樹幹灰黑色，羽狀複葉互生，花粉紅色，莢果帶狀。
藥材及產地	以樹皮、花或花蕾入藥。分佈於中國東北、華東、中南及西南各地。
相關研究	具有抗焦慮活性。
有效成分	合歡皂苷 julibroside j1，分子量 2158.32 克 / 莫耳 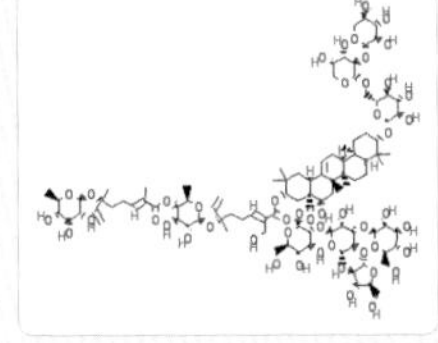

抗癌種類及研究

• 子宮頸癌

中國北京大學「合歡皂苷透過蛋白酶途徑誘導 HeLa 細胞凋亡」，2006 年 7 月《亞洲天然物研究期刊》。合歡皂苷透過半胱天冬酶途徑，誘導子宮頸癌細胞死亡。

北京大學藥學院天然藥物學系對合歡的抗癌研究有多篇報告，除了在國際期刊發表外，《北京大學學報》也刊登二篇，研究中藥合歡皮化學和活性成分，確定合歡皮的抗腫瘤作用。

澤瀉
Alisma orientalis

肝癌

乳癌

科　　別	澤瀉科，澤瀉屬，多年生沼生草本植物。
外觀特徵	根狀莖短，葉子長橢圓形，花白色，瘦果橢圓，種子紫褐色。
藥材及產地	以塊莖入藥。分佈於中國、日本和印度等地。
相關研究	抗氧化，對脂肪肝有保護作用。
有效成分	澤瀉醇 alisol B， 分子量 472.69 克 / 莫耳
	澤瀉醇乙酸酯 alisol B acetate， 分子量 514.73 克 / 莫耳 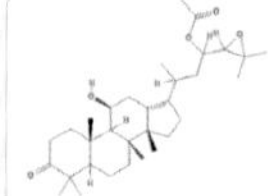

抗癌種類及研究

• 肝癌、乳癌

中國福建中醫藥大學「澤瀉萜類的抗增生活性結構活性關係」，2015 年《藥物化學抗癌劑》期刊。澤瀉醇與澤瀉醇乙酸酯誘導細胞凋亡，抑制肝癌和乳癌細胞，表現出最高抗癌潛力。

其他補充

全株有毒，對肝腎有害。百度百科引《本草綱目》記載：「神農書列澤瀉於上品，其繆可知。」澤瀉醇乙酸酯可開發成抗癌藥物。

尖尾姑婆芋
Alocasia cucullata

胃癌

子宮頸癌

科別	天南星科，姑婆芋屬，多年生大型草本植物，又名尖尾芋。
外觀特徵	莖高達 1 公尺多，具環形葉痕。
藥材及產地	全株藥用。分佈於緬甸、泰國、孟加拉及中國浙江、廣東、貴州等地。
相關研究	曾有果實攝入後導致致命中毒情況被報導。
有效成分	凝集素

抗癌種類及研究

- 胃癌

中國復旦大學「尖尾姑婆芋在體外和體內，人類胃癌細胞誘導凋亡及抗腫瘤作用」，2015 年 2 月《BMC 補充與替代醫學》期刊。萃取物對癌細胞具有毒性，是治療胃癌的新化合物潛在來源。

- 子宮頸癌

印度古魯大學「尖尾姑婆芋分離出新乙醯基乳糖氨特異性凝集素」，2005 年 11 月《生物技術通信》期刊。對人類子宮頸癌細胞有生長抑制作用。

其他補充

全株有毒，以根莖毒性較大。可進一步探尋萃取物中的抗癌成分。

高良薑

Alpinia officinarum

肝癌

結腸癌

血癌

黑色素瘤

科　別	薑科，山薑屬，多年生草本植物。
外觀特徵	高可達 1 公尺，根莖圓柱形，棕紅色，葉綫形，總狀花序頂生，蒴果球形，成熟時紅色，種子有鈍棱角。
藥材及產地	以乾燥根莖入藥。分佈於台灣、中國廣東、海南及廣西等地。
相關研究	化學防護作用（抗致畸、抗突變）、抗病毒、抗菌及止痙作用。
有效成分	高良薑素 galangin，分子量 270.24 克 / 莫耳 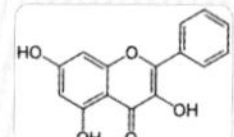

抗癌種類及研究

• 肝癌

中國廣東醫學院「高良薑素透過誘導內質網壓力，抑制肝癌細胞增生」，2013 年 12 月《食品與化學毒理學》期刊。高良薑素已被證明能抑制肝癌細胞增生，可當作潛在的抗癌劑。

• 結腸癌、黑色素瘤、肝癌、血癌

韓國仁濟大學「高良薑素透過粒線體功能失常和半光天冬酶依賴性途徑，誘導人類結腸癌細胞死亡」，2013 年 9 月《實驗生物學與醫學》期刊。之前的研究證實高良薑素對黑色素瘤、肝癌和血癌細胞有抗癌作用。本研究發現高良薑素誘導結腸癌細胞凋亡。

其他補充

高良薑素有潛力開發成抗癌藥物。其他研究發現高良薑素能抑制卵巢癌細胞血管新生，可能是安全有效的抗癌化合物。

益智

Alpinia oxyphylla

肝癌

皮膚癌

血癌

科　　別	薑科，山薑屬，多年生草本植物。
外觀特徵	高可達 3 公尺，花白色，蒴果球形，成熟時黃綠色。種子多數，扁圓形。
藥材及產地	以乾燥成熟果實、種子入藥，稱為益智仁。分佈於中國廣東、香港、海南、廣西等地。
相關研究	有止瀉，保護神經，抗氧化，改善記憶（益智）功效。
有效成分	萃取物

抗癌種類及研究

- 肝癌

中國瀋陽藥科大學「益智透過信號通路對肝癌 HepG2 細胞的抗增生和促凋亡活性」，2015 年 7 月《民族藥理學期刊》。誘導肝癌細胞凋亡。

- 皮膚癌、血癌

韓國首爾國立大學「益智仁抑制小鼠皮膚腫瘤促進和誘導 HL-60 細胞凋亡」，1998 年 8 月《致癌》期刊。對皮膚癌及血癌具有潛在的化學預防和抗腫瘤活性。

其他補充

中國熱帶農業科學院專家主編的《海南島天然抗癌本草圖鑒》，收錄了 200 種天然抗癌本草，其中益智、砂仁等，均為海南島重要的抗癌藥材資源。希望不久能從益智萃取物中找出抗癌成分。

草果

Amomum tsao-ko

神經母細胞瘤

科　　別	薑科，荳蔻屬，多年生草本植物。
外觀特徵	高2.5至3公尺，全株有辛香味，葉2列，穗狀花序，花紅色，螺旋狀排列。蒴果橢圓形，果實成熟時紫紅色，種子多角形。
藥材及產地	乾燥的果實可用作調味料和中草藥。分佈於中國雲南高海拔地區。
相關研究	具有抗氧化，抗真菌作用。
有效成分	雙環醛

抗癌種類及研究

• 神經母細胞瘤

瑞士巴塞爾大學「草果雙環醛和抗增生成分」，2009年4月《植物醫藥》期刊。對小鼠神經母細胞瘤細胞株具抗增生活性。

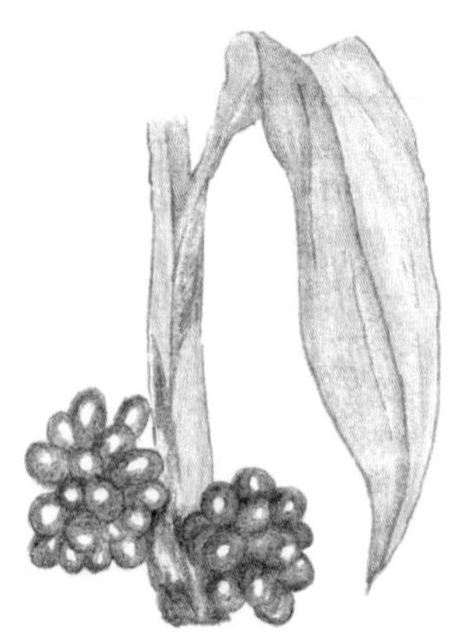

其他補充

1. 草果的抗癌報告只有這一篇，因此顯得珍貴，需要更多的研究來揭開它的抗癌效果。
2. 雲南藥用植物園創建於1959年，位於西雙版納景洪市，佔地320餘畝，隸屬中國醫學科學院藥用植物研究所雲南分所，引種栽培春砂仁、胖大海、白荳蔻、檀香、龍血樹、兒茶、肉桂、金雞納等30多種重要植物，現園內已有藥用植物800多種。出版《南藥栽培技術》、《西雙版納藥用植物名錄》等書。

白蘞
Ampelopsis japonica

科別	葡萄科，蛇葡萄屬，攀援藤本植物。
外觀特徵	長約1公尺，塊根粗壯，肉質，掌狀複葉，互生，花小，黃綠色，漿果球形，熟時呈白或藍色。
藥材及產地	以根入藥。分佈於華北、東北、華東及陝西、四川等地，日本也有栽種。
相關研究	具有抗炎活性。
有效成分	萃取物

抗癌種類及研究

• 乳癌

韓國東方醫學研究所「白蘞乙醇萃取物壓制人類乳癌細胞的遷移和侵入」，2015 年 5 月《分子醫學報告》期刊。萃取物能抑制金屬蛋白酶表達，顯著抑制乳癌細胞遷移和侵入。

其他補充

1. 截至 2016 年 2 月，白蘞抗癌論文僅此一篇，需進一步找出萃取物中的抗癌活性化合物。
2. 孫思邈（西元 581-682 年），唐朝名醫、道士，生於現今陝西省耀縣。著有《備急千金要方》，簡稱《千金要方》，為中國歷史上最初的臨床醫學百科全書。十八歲立志學醫，一生勤勉研究及實踐，是世界史上著名藥時學家，被尊稱為「藥王」。

穿心蓮
Andrographis paniculata

結腸癌　攝護腺癌

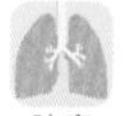

肺癌　肝癌　乳癌　腦膠質瘤

科　　別	爵床科，穿心蓮屬，一年生草本植物。
外觀特徵	高 30 至 90 公分，莖、葉味極苦，莖四稜形，葉對生，開白色或淡紫色花。
藥材及產地	葉和根作為藥用。原產於印度和斯里蘭卡，廣泛種植在南亞和東南亞。
相關研究	傳統上用於治療感染和其他疾病。
有效成分	穿心蓮內酯 andrographolide，分子量 350.45 克 / 莫耳 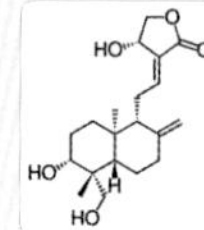

抗癌種類及研究

• 肺癌

台灣國立中興大學「穿心蓮葉中分離出穿心蓮內酯，具有治療肺腺癌的醫療潛力」，2013 年《依據證據的補充及替代醫學》期刊。穿心蓮內酯具抗血管生成和化療潛力，是治療肺癌的新選擇。

• 肝癌

中國食品科學與生物技術學院「穿心蓮內酯透過親環蛋白介導的粒線體通透性轉換孔，誘導人類肝癌細胞自噬性細胞死亡」，2012 年 11 月《致癌性》期刊。提出穿心蓮內酯的新作用機制，是有前景的肝癌新藥。

• 乳癌

印度國立細胞科學中心「穿心蓮內酯透過信號途徑下調，抑制骨橋蛋白表達與乳癌生長」，2012 年 9 月《現代分子醫學》期刊。抑制乳癌細胞的增生、遷移，抑制小鼠乳癌生長。為有效的抗腫瘤和抗血管生成劑。

• 腦膠質瘤

中國瀋陽藥科大學「透過信號介導的細胞增生抑制和週期阻滯，穿心蓮內酯誘導人類腦膠質瘤細胞失活」，2012 年 6 月 27 日《生命科學》期刊。穿心蓮內酯抑制人類腦膠質瘤細胞增生。

• 結腸癌

台灣國立陽明大學「穿心蓮內酯透過抑制 MMP2 活性對結腸癌細胞有抗侵入活性」，2010 年 11 月《植物醫藥》期刊。穿心蓮內酯能抗結腸癌細胞侵入。

• 攝護腺癌

美國加州大學戴維斯分校「穿心蓮內酯抑制介白素表達，抑制攝護腺癌細胞生長」，2010 年 8 月《基因與癌症》期刊。穿心蓮內酯對人類攝護腺癌細胞誘導細胞凋亡，顯著抑制小鼠的人類攝護腺腫瘤生長。

1 穿心蓮內酯有潛力開發成抗癌藥物。金門縣農業試驗所對此植物的介紹中，認為只要含一小片葉子，馬上可以感受到刻骨銘心的苦，像是直入心中，故名「穿心蓮」。在金門很容易種植，民眾自家零星栽培。

2 台灣肺腺癌患者有六成發生表皮生長因子受體基因突變。本書作者高醫檢驗醫學部主任劉大智領軍研發「液態生物檢體」檢測法，只需抽血 10 毫升，4 小時即可偵測此突變。此段電視訪問可見於公視中晝新聞。

點地梅
Androsace umbellata

乳癌

肝癌

科　　別	報春花科，點地梅屬，一年生或二年生草本植物。
外觀特徵	全株有細柔毛，花白色或淡紫白色，種子小，棕褐色。
藥材及產地	以全草入藥。分佈於中國、俄羅斯、朝鮮、日本等地。
相關研究	除抗癌外，無其他研究。
有效成分	皂苷

抗癌種類及研究

• 乳癌

中國暨南大學「百兩金素 D 透過活性氧依賴性內質網壓力，誘導乳癌細胞凋亡和自噬作用的交互作用」，2013 年 4 月 1 日《生化藥理學》期刊。抑制乳癌細胞生長，可成為治療乳癌的候選藥物。

• 肝癌

中國暨南大學「點地梅三萜皂苷對人類肝癌細胞的抗增生活性」，2008 年 8 月《植物醫藥》期刊。化合物顯示出對肝癌細胞有顯著細胞毒性。

其他補充

點地梅的抗癌研究，主要兩篇是暨南大學的科研項目，由國家自然科學基金資助。其他二篇則是香港中文大學與韓國成均館大學的研究成果。

知母
Anemarrhena asphodeloides

乳癌

胃癌

結腸癌

肝癌

科別	龍舌蘭科，知母屬，多年生草本植物。
外觀特徵	全株無毛，根莖橫生，葉線形，花黃白色，蒴果卵圓形，種子黑色。
藥材及產地	以乾燥根莖入藥。原產於中國、蒙古、韓國。
相關研究	抗糖尿病，抗炎。
有效成分	知母皂苷元 sarsasapogenin，分子量 416.64 克 / 莫耳 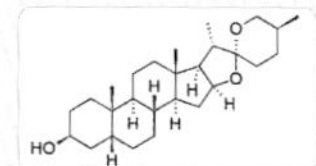

抗癌種類及研究

• 結腸癌

韓國梨花女子大學「知母皂苷對人類結腸癌細胞的細胞毒性和抗腫瘤活性」，2011 年 4 月 25 日《天然物期刊》。在人類大腸癌和小鼠異種移植模式抑制結腸癌細胞增生。

• 肝癌

中國浙江大學「知母皂苷元對人類肝癌 HepG2 細胞的凋亡作用」，2007 年 9 月《國際細胞生物學》期刊。知母皂苷誘導細胞凋亡是透過細胞週期阻滯，可作為抗肝癌藥物。

• 乳癌

美國加州大學舊金山分校「中國藥材對乳癌細胞在體外的抗增生活性」，2002 年 11 月《抗癌研究》期刊。知母在體外對乳癌細胞有顯著的增生抑制效果。

• 胃癌

日本山形大學「知母造成胃癌細胞株的生長抑制和凋亡」，2001 年 2 月《腸胃學期刊》。抑制胃癌細胞株增長、誘導凋亡。

其他補充

知母皂苷元有潛力開發成抗癌藥物。瀋陽藥科大學已對知母皂苷元（又名菝葜皂苷元）的製備及用途申請專利，發佈於 2013 年，專利名稱為「知母中菝葜皂苷元及其衍生物的製備方法及其醫藥新用途」。

白芷
Angelica dahurica

肝癌

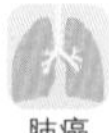
肺癌

科　　別	傘形科，當歸屬，多年生草本植物。
外觀特徵	莖具縱棱，中空，葉互生，複傘形花序，花黃綠色，雙懸果橢圓形，側棱成翅狀。
藥材及產地	以根、葉入藥。原產於西伯利亞、俄羅斯遠東地區、蒙古、中國東北、日本、韓國和台灣。
相關研究	白芷有美白功效，根含有呋喃香豆素，證實自古以來白芷在美白方面的益處。
有效成分	歐前胡素 imperatorin， 分子量 270.28 克 / 莫耳 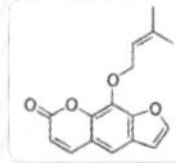

抗癌種類及研究

• 肝癌

中國浙江大學「白芷歐前胡素：透過死亡受體和粒線體介導途徑，誘導 HepG2 細胞凋亡的抗癌作用」，2011 年《化學治療》期刊。歐前胡素誘導肝癌細胞凋亡。在動物模式中，有效抑制腫瘤生長。

• 肺癌

泰國朱拉隆功大學「歐前胡素敏感化 anoikis，抑制錨定非依賴性肺癌細胞生長」，2013 年 7 月《天然藥物期刊》。歐前胡素防止肺癌細胞轉移。

其他補充

歐前胡素有潛力開發成抗癌藥物。香港浸會大學中醫藥學院提到其抗癌作用。

朝鮮當歸
Angelica gigas

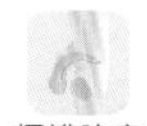
攝護腺癌

肉瘤

黑色素瘤
乳癌

膀胱癌

結腸癌

科　　別	傘形科，當歸屬，多年生草本植物，又名大獨活。
外觀特徵	高 1 至 2 公尺，莖粗壯，中空，紫色，有溝紋。葉羽狀分裂，花深紫色，果實卵圓形，紫紅色，成熟後黃褐色。
藥材及產地	以根入藥。分佈於朝鮮、日本及中國東北等地。
相關研究	改善記憶，抗過敏，抑制脂肪堆積，改善葡萄糖耐受性。
有效成分	前胡素 decursin，328.36 克 / 莫耳 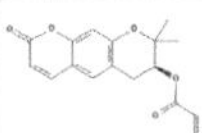

抗癌種類及研究

- 黑色素瘤

韓國慶北大學「朝鮮當歸前胡素透過誘導凋亡，抑制黑色素瘤生長」，2015 年 10 月《藥用食物期刊》。前胡素抑制黑色素瘤細胞增生，但對正常細胞無影響。

- 乳癌

韓國慶熙大學「前胡素對乳癌細胞的抗癌活性」，2014 年 2 月《植物療法研究》。前胡素為具潛力的乳癌治療劑。

- 膀胱癌、結腸癌

韓國忠北國立大學「前胡素抑制人類膀胱癌和結腸癌細胞生長」，2010 年 4 月《國際分子醫學期刊》。證實前胡素抗癌作用。

- 攝護腺癌

韓國忠南大學「前胡素抑制人類雄激素非依賴性攝護腺癌 PC3 細胞增生」，2007 年 12 月《分子藥理學》。抑制攝護腺癌細胞生長。

- 肉瘤

韓國首爾國立大學「朝鮮當歸前胡素和當歸酸的抗腫瘤活性」，2003 年 9 月《藥物研究檔案》。顯著增加接種肉瘤小鼠的壽命，腫瘤重量下降。

其他補充

前胡素能在體外和體內實驗抑制癌細胞增生，但對正常細胞無影響，因此有潛力開發成安全有效的抗癌藥物。

明日葉
Angelica keiskei

科　　別	傘形科，當歸屬，多年生草本植物，別名八丈草、明日草。
外觀特徵	高約 1 公尺，莖切開後，流出淺黃色汁液，繖形花序，小花多數，乳黃色，花瓣 5 片，果實長橢圓形，扁平。
藥材及產地	全草可供藥用。原產於日本太平洋沿岸，從房總半島到紀伊、伊豆半島。
相關研究	可防止肥胖，臨床試驗顯示有保肝作用。
有效成分	黃當歸醇 xanthoangelol，分子量 392.48 克 / 莫耳 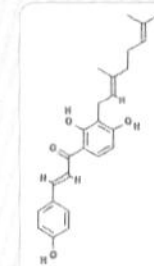

抗癌種類及研究

• 神經母細胞瘤、血癌

日本千葉縣日本大學「明日葉成分誘導神經母細胞瘤和血癌細胞凋亡」，2005 年 8 月《生物與醫藥通訊》期刊。黃當歸醇誘導神經母細胞瘤和血癌細胞凋亡，可作為有效的藥物。

其他補充

葉和莖可食，有獨特的味道，可做成天婦羅或以奶油拌炒。因葉子摘了後明日即會長出葉芽，此為日文明日葉的由來。明日葉在日本和台灣被製成保健食品。百度百科記載其抗癌功效。黃當歸醇有潛力開發成抗癌藥物。種小名 keiskei 是為了紀念日本明治時代植物學者伊藤圭介。

獨活
Angelica pubescens

胰臟癌

科　　別	傘形科，當歸屬，二年生或多年生草本植物。
外觀特徵	根和莖粗大，莖中空，羽狀複葉，複繖形花序，頂生。
藥材及產地	以根入藥。分佈於歐亞大陸、北美、北非，大約有 70 個品種，中國主產於四川、湖北等地，用作香料或草藥。
相關研究	抗心肌缺血，抗糖尿病。
有效成分	蛇床子素 osthole，分子量 244.28 克 / 莫耳
	安格馬林 angelmarin，分子量 392.40 克 / 莫耳 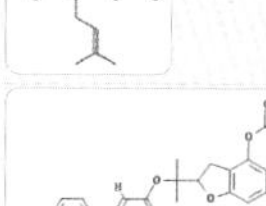

抗癌種類及研究

• 胰臟癌

日本富山醫藥大學「安格馬林，一種新型的抗腫瘤劑，能去除癌細胞對營養缺乏的耐受性」，2006 年 2 月《生物有機與藥物化學通信》期刊。獨活萃取物能殺死胰臟癌細胞，所含化合物對胰臟癌細胞具有細胞毒性。

其他補充

胰臟癌被發現時常常是癌症末期，因此很難治療。現在日本科學家發現獨活的抗癌成分蛇床子素及安格馬林（日文音譯），未來可以開發成抗癌新藥，而胰臟癌患者也可以將獨活當成輔助治療的中藥。

當歸
Angelica sinensis

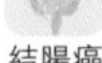
結腸癌

腦瘤

乳癌

肺癌

子宮頸癌

科　　別	傘形科，當歸屬，多年生草本植物。
外觀特徵	高 0.5 至 1 公尺，莖有縱槽，羽狀複葉，花白色，雙懸果有翅。
藥材及產地	以根入藥，是最常用的中藥之一。在中國分佈於甘肅、雲南、四川等地。
相關研究	抗炎，護肝，減緩記憶喪失。
有效成分	苯並呋喃酮 phthalide，分子量 134.13 克 / 莫耳 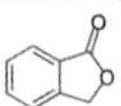

抗癌種類及研究

• 乳癌

中國河南大學「當歸多醣透過調節半胱天冬酶激活促進人類乳癌細胞凋亡」，2015 年 11 月《生物化學與生物物理學研究通訊》期刊。是有潛力的治療劑。

• 肺癌

中國武漢大學「當歸透過調節特定蛋白壓制人類肺癌 A549 細胞轉移」，2012 年 2 月《腫瘤學報告》期刊。降低肺癌細胞的侵入和遷移能力，能抑制裸鼠肺癌轉移。

• 子宮頸癌

中國第四軍醫大學「當歸新型多醣透過內在凋亡途徑，誘導子宮頸癌 HeLa 細胞凋亡」，2010 年 7 月《植物醫藥》期刊。能抑制子宮頸癌細胞增生及誘導凋亡。

• 結腸癌

中國香港中文大學「當歸苯酞對結腸癌細胞的抗增生作用和協同作用的研究」，2008 年 10 月 30 日《民族藥理學期刊》。具有抗癌潛力。

• 腦瘤

台灣慈濟大學「當歸對體外和體內惡性腦腫瘤的抗腫瘤作用」，2005 年 5 月 1 日《臨床癌症研究》。可發展為新的抗腦瘤藥物。

其他補充

苯並呋喃酮有潛力開發成抗癌藥物。「歸川掃地」，是回去四川掃地的意思，在中國醫藥學院唸書時學到的記憶四物湯藥材口訣。這些中藥為當歸、川芎、白芍、地黃。傳統上除了婦女調經補血外，現代科學證明這四種中藥都具有抗癌效果。

魚針草
Anisomeles indica

乳癌

科別	唇形科，金劍草屬，一或二年生草本植物，又名金劍草。
外觀特徵	高 1 至 1.7 公尺，葉對生，闊卵形，具鋸齒緣，花淡紫色，花冠唇形。
藥材及產地	以根入藥。分佈於台灣及亞熱帶地區。
相關研究	具有抗炎作用。
有效成分	魚針草內酯 ovatodiolide，分子量 328.40 克 / 莫耳 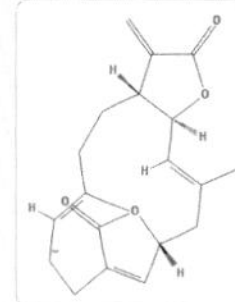

抗癌種類及研究

• 乳癌

台灣高雄醫學大學「魚針草內酯在人類乳癌細胞的抗轉移效果和機制」，2011 年 11 月《化學生物交互作用》期刊。能抑制癌細胞生長和增生，並透過抑制基質金屬蛋白酶 9，抑制乳癌細胞轉移。

1. 魚針草內酯有希望成為抗癌劑及抗轉移劑。
2. 台灣國家中醫藥研究所 1963 年成立，位於台北市北投區，是唯一國家級中醫藥研究公立機構，隸屬衛生福利部，負責中醫藥研究、實驗及發展等，有近 30 位中藥與天然物化學和藥理博士級研究人員，為台灣最具規模的中草藥研究單位，但附屬的國家藥用植物園，目前僅有 114 種植物種源，而且只能團體報名申請參觀。

番荔枝

Annona bullata

乳癌

結腸癌

科　　別	番荔枝科，番荔枝屬，灌木或喬木，又名釋迦。
外觀特徵	高達 8 公尺，樹皮灰白色，多分枝，葉互生，漿果長圓形，黃綠色。
藥材及產地	以果實、根、葉入藥。大部分產自南美、熱帶和亞熱帶地區，台灣台東盛產。
相關研究	具廣泛生物活性。
有效成分	番荔枝內酯 acetogenin，分子量 470.63 克 / 莫耳

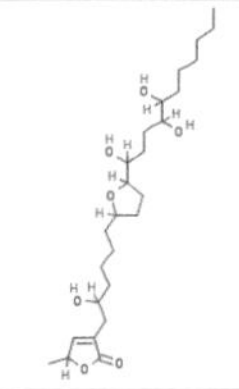

抗癌種類及研究

- 乳癌

美國普渡大學「番荔枝新的細胞毒性番荔枝內酯」，1994 年《天然毒素》期刊。表現出細胞毒性，特別是對乳癌細胞。

- 結腸癌

印度中央藥物研究院「源自植物的天然物抗癌藥劑」，2001 年 10 月《藥物新聞與前瞻》期刊。已知具抗癌活性的重要植物，包括如長春花、盾葉鬼臼、短葉紅豆杉、喜樹、三尖杉、槲寄生、古城玫瑰樹、番荔枝等。

阿草伯藥用植物園 提供

番荔枝內酯可開發成抗癌藥物。番荔枝的生物鹼有抗癌作用，許多產品已被開發。1993 年發現它能對抗結腸癌細胞。

金線蓮
Anoectochilus formosanus

結腸癌

乳癌

科別	蘭科，金線蓮屬植物。
外觀特徵	高 10 至 20 公分，葉卵圓形，互生，葉面墨綠色，有金色條紋，花頂生。
藥材及產地	以全草入藥。產於台灣、琉球等地。
相關研究	有抗炎，護肝，抗氧化作用。
有效成分	阿拉伯半乳聚醣

抗癌種類及研究

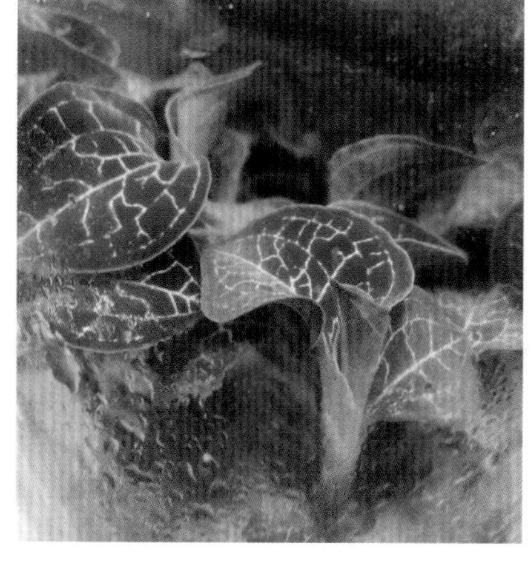

• 結腸癌

台灣國立台灣大學「金線蓮阿拉伯半乳聚醣的結構特徵及作為小鼠結腸癌的免疫調節劑」，2014 年 4 月《植物醫藥》期刊。顯著降低結腸癌腫瘤大小和重量，具強效先天免疫調節和抗腫瘤活性，可用於癌症免疫療法。

• 乳癌

台灣中央研究院「金線蓮植物化學物質誘導人類乳癌 MCF-7 細胞凋亡」，2004 年 11 月《生物醫學期刊》。經凋亡信號傳導途徑，誘導乳癌細胞凋亡。

市面上有台灣金線蓮養生茶包販售。希望能研究確認金線蓮的抗癌活性化合物。

土沉香

Aquilaria sinensis

乳癌

科　　別	瑞香科，沉香屬，常綠喬木，又名白木香、牙香樹、沉香。
外觀特徵	高約 10 公尺，樹皮灰暗，葉互生，花黃綠色，有微香，木質蒴果具灰色短毛，成熟時轉成黑色，種子黑褐色。
藥材及產地	以含有樹脂的木材入藥。分佈於中國廣東、廣西、台灣等地。
相關研究	有降血糖作用。
有效成分	揮發成分

抗癌種類及研究

• 乳癌

中國廣東藥科大學「土沉香果皮揮發成分及抗腫瘤活性研究」，2010 年 11 月《中藥材》期刊。當濃度為 500 微克 / 毫升，對人類乳癌細胞的抑制率達到 99.6%。

其他補充

從廣東藥科大學的研究可以看出，傳統的中藥必須隨著科技進步做調整，其研究所使用的是土沉香果皮，而非含有樹脂的木材。另外一篇報告則是從葉子分離出抗癌化合物。

硃砂根
Ardisia crenata

科　　別	紫金牛科，紫金牛屬，灌木。
外觀特徵	高 1 至 2 公尺。根粗壯，肉質，葉互生，花白色，盛開時反捲，核果球形，鮮紅色。
藥材及產地	以根入藥。分佈於中國湖北、海南、西藏、台灣等地。
相關研究	有抗凝血酶活性。
有效成分	百兩金素 ardisiacrispin，分子量 1061.21 克 / 莫耳

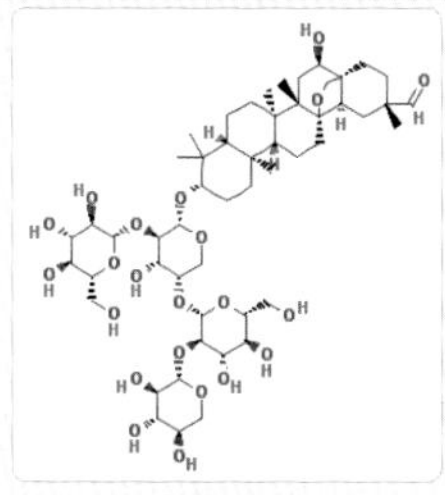

抗癌種類及研究

• 肝癌

中國北京大學「硃砂根三萜皂苷百兩金素對人類肝癌細胞的促凋亡和微管拆解作用」，2008 年 7 月《亞洲天然物研究期刊》。透過誘導細胞凋亡和拆解微管，抑制肝癌細胞增生。

其他補充

硃砂根在冬季時果實成熟，小紅果渾圓具光澤，是過年期間很受華人喜愛的植物。在日本稱為「萬兩」，有「黃金萬兩」的意味，而所含的成分當然是百兩金素了。

百兩金
Ardisia crispa

皮膚癌

科　　　別	紫金牛科，紫金牛屬，灌木。
外觀特徵	高 1 至 2 公尺，根莖匍匐，花白色或粉紅色，果球形，鮮紅色。
藥材及產地	以根及根莖入藥。分佈於中國西南及台灣、廣東、廣西等地。
相關研究	具有抗炎作用。
有效成分	萃取物

抗癌種類及研究

• 皮膚癌

馬來西亞博特拉大學「百兩金根的醌分餾部分對小鼠皮膚腫瘤發生的減輕效果」，2013 年《亞太癌症預防期刊》。顯著減少皮膚腫瘤體積和腫瘤發生率。

1. 明朝李時珍《本草綱目》引蘇頌曰：「百兩金生戎州雲安軍，苗高二三尺，有幹如木，葉似荔枝。凌冬不凋，初秋開花青碧色，結實大如豆，生青熟赤，採根入藥。」。現代科學則發現能抗癌。

2. 廣西藥用植物園位於南寧市東郊，創建於 1959 年，隸屬廣西壯族自治區衛生廳。土地面積 240 公頃，其中藥用植物栽培面積 27 公頃，年均溫 21.6 度。先後引種栽培藥用植物 2130 多種，是亞太地區面積最大、栽培品種最多的藥用植物園。出版《中國本草圖錄》、《南方中草藥栽培》等書。作者曾搭車經過，未進入參觀。

紫金牛
Ardisia japonica

肝癌

血癌
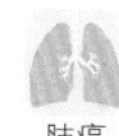
胃癌
肺癌

科　　別	紫金牛科，紫金牛屬，常綠小灌木，日文別名十兩。
外觀特徵	高 20 至 40 公分，葉子輪生，卵形，花白色至淺粉色，果實為核果，紅色，成熟轉為紫黑色。
藥材及產地	以全株及根入藥，50 個基本中藥之一。分佈在東亞，如中國、台灣、韓國及日本。
相關研究	能抑制愛滋病病毒。
有效成分	皂苷

抗癌種類及研究

• 肝癌

中國瀋陽中醫藥大學「紫金牛環氧三萜皂苷選擇性抑制肝癌細胞增生，但不影響正常肝細胞」，2012 年 10 月 1 日《生物有機與藥物化學通信》期刊。皂苷選擇性抑制肝癌細胞生長，對癌細胞有針對性。

• 血癌、胃癌、肺癌

日本東邦大學「具有生物活性的紫金牛三萜皂苷」，2007 年 2 月《天然物期刊》。對三種人類腫瘤細胞株，血癌、胃癌和肺癌細胞具細胞毒性。

其他補充

紫金牛皂苷有潛力開發成安全有效的抗癌化合物。台灣植物資訊整合查詢系統可查到紫金牛，內容包括特徵描述、生態照片、數位標本等。此網站由國立台灣大學生態學與演化生物學研究所創設，資訊豐富。紫金牛為日本古典園藝植物，明治年間很流行，每家都種有一盆，目前約有 40 個品種。

青蒿
Artemisia annua

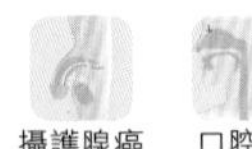
攝護腺癌　口腔癌

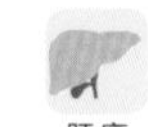
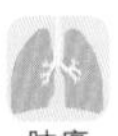
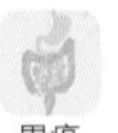
血癌　乳癌　肝癌　肺癌　胃癌

科　別	菊科，蒿屬，一年生草本植物，又名黃花蒿。
外觀特徵	高 40 至 150 公分，蕨狀葉，花色鮮黃，氣味如樟腦。
藥材及產地	以全草、果實、根入藥。分佈於中國、印度、日本、越南、朝鮮等地。
相關研究	含有青蒿素，主治瘧疾。
有效成分	青蒿素 artemisinin， 分子量 282.332 克 / 莫耳 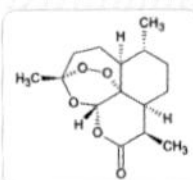

抗癌種類及研究

• 血癌

美國華盛頓大學「青蒿乙醇萃取物對人類血癌細胞的細胞毒性」，2011 年 11 月《植物醫藥》期刊。雙氫青蒿素和其他青蒿素衍生物對癌症治療具有潛力。

• 乳癌

美國加州大學柏克萊分校，「青蒿素對人類乳癌細胞的抗增生作用，需要下調轉錄因子和細胞週期基因的喪失」，2012 年 4 月《抗癌藥物》期刊。青蒿素能抑制人類乳癌細胞生長。

• 肝癌

中國第二軍醫大學「青蒿素在體外和體內抑制人類肝癌細胞侵入和轉移」，2011 年 1 月 15 日《植物醫藥》期刊。透過降低基質金屬蛋白酶的量，顯著抑制肝癌細胞在體內的轉移能力。

• 肺癌

中國華南師範大學「青蒿素誘導肺癌 A549 細胞凋亡，透過反應性氧物種介導的半胱天冬酶擴增激活迴路」，2013 年 10 月《細胞凋亡》期刊。青蒿素誘導非小細胞肺癌凋亡。

• 胃癌

中國鄭州大學「青蒿素透過 p53 上調，抑制胃癌細胞增生」，2013 年 9 月 28 日《腫瘤生物學》期刊。青蒿素對胃癌的預防和治療具有潛力。

• 攝護腺癌

美國加州大學柏克萊分校「青蒿素阻止攝護腺癌細胞生長和細胞週期的進程，透過破壞細胞週期蛋白依賴性激酶啟動子和抑制 CDK4 基因的表達」，2009 年 1 月 23 日《生物化學期刊》。青蒿素對攝護腺癌有抗增生作用。

• 口腔癌

韓國延世大學「青蒿素及其衍生物對口腔癌細胞的生長抑制和凋亡影響」，2007 年 4 月《頭與頸》期刊。青蒿素及其衍生物誘導細胞凋亡，是潛在的化療藥物。

其他補充

青蒿素可開發成抗癌藥物。越南戰爭時期，北越軍隊受到瘧疾困擾，因此向中國求援，毛澤東下令科學家研發抗瘧藥物。

屠呦呦是中國中醫科學院終身研究員，青蒿素研究開發中心主任，因此研究獲得 2011 年拉斯克獎和 2015 年諾貝爾生理醫學獎。

在中國晉代葛洪的《肘後備急方》中發現有「青蒿一握，以水二升漬，絞取汁，盡服之。」的治寒熱諸瘧方，並據此從青蒿中提取出青蒿素。

研究初期失敗，因為用熱水萃取，高溫破壞活性成分。後改為乙醚低溫萃取，終於發現其成分在感染瘧疾的小鼠與猴子有療效。「為全人類的健康而奮鬥，這是科學家的責任，」屠呦呦說。

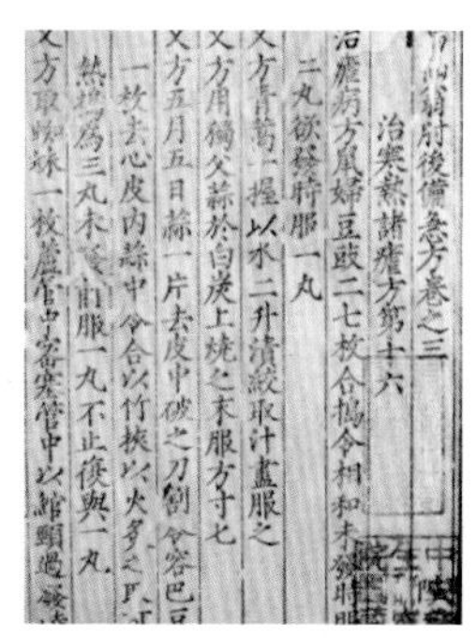
肘後備急方卷之三
治寒熱諸瘧方第十六
治瘧病方鼠婦豆豉二七枚合擣令相和
二丸欲發時服一丸
又方青蒿一握以水二升漬絞取汁盡服之
又方用獨父蒜於白炭上燒之末服方寸匕
又方五月五日蒜一片去皮中破之刀割令容巴豆
一枚去心皮內蒜中令合以竹挾以火炙之
然搗爲三丸未發前服一丸不止復與一丸
又方取蜘蛛一枚蘆管中密塞管中以綰頸過發

《肘後備急方》中的青蒿

艾草
Artemisia argyi

血癌

科　　別	菊科，蒿屬，多年生草本植物。
外觀特徵	葉子羽狀分裂，揉了有香氣，背面有白色絨毛。
藥材及產地	全草入藥。分佈於亞洲及歐洲地區。
相關研究	抗炎。
有效成分	棕矢車菊素 jaceosidin，分子量 330.28 克 / 莫耳 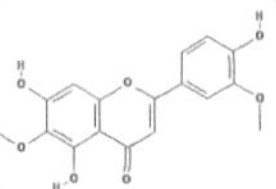 東莨菪素 scopoletin，分子量 192.16 克 / 莫耳 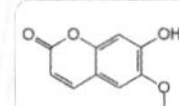

抗癌種類及研究

- 血癌

奧地利格拉茨大學「艾草分離出的東莨菪素和異東莨菪素對血癌細胞和多重耐藥細胞的抑制活性」，2006 年 7 月《植物醫藥》期刊。抑制血癌細胞增生。

其他補充

艾草中所含的棕矢車菊素被證實能誘導卵巢癌細胞凋亡，對乳癌細胞可能也有預防作用，有潛力開發成抗癌藥物。廣東人採鮮嫩的葉和芽，當成蔬菜食用。以艾草和糯米粉為原料製成的艾糍，是中國南方客家人的傳統小吃，也是清明節的必備食物。針灸術的「灸」，就是點燃艾草薰燙穴道。

茵陳蒿
Artemisia capillaris

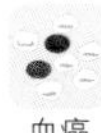

血癌　鼻咽癌　肝癌

科　　別｜菊科，蒿屬，多年生草本植物，又名茵陳。

外觀特徵｜半灌木狀，外形像松樹或木麻黃，莖呈圓柱形，花淺紫色。

藥材及產地｜全草可入藥。分佈於中國華東、台灣等地。

相關研究｜有抗糖尿病，鎮靜催眠，抗炎，抗菌作用。

有效成分｜茵陳精 capillin，分子量 168.19 克 / 莫耳

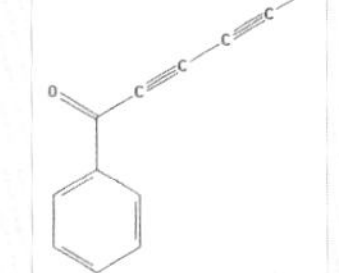

抗癌種類及研究

- 血癌

日本昭和藥科大學「茵陳的花精油主成分茵陳精透過粒線體通路，在人類血癌 HL-60 細胞誘導凋亡」，2015 年 5 月《植物醫藥》期刊。茵陳精是潛在的有效抗癌藥物，可增強治療效果。

- 鼻咽癌

中國北京解放軍總醫院「茵陳蒿多醣對人類鼻咽癌細胞的抗增生潛力」，2013 年 2 月 15 日《碳水聚合物》期刊。結果表明，茵陳蒿多醣在鼻咽癌的治療中具有抗癌潛力。

- 肝癌

中國南京大學「茵陳蒿水溶性大分子成分在人類肝癌細胞株誘導凋亡」，2000 年 1 月《日本癌症研究期刊》。引發細胞週期阻滯，誘導肝癌細胞凋亡。

茵陳精有潛力開發成抗癌藥物。在台灣，茵陳蒿和除蟲菊是最常見的驅蟲植物。除蟲菊含有除蟲菊素，花乾燥後研磨成粉末，可製造蚊香及除蟲粉。茵陳蒿全株有強烈香味，用以驅蚊蟲，被稱為「蚊仔煙草」。

牡蒿
Artemisia japonica

乳癌

科　　別	菊科，蒿屬，多年生草本植物。
外觀特徵	高 50 至 150 公分。根狀莖，頭狀花序近球形，瘦果卵形。
藥材及產地	以根、全草入藥。分佈於中國各地。
相關研究	具有抗炎，抗肥胖活性。
有效成分	萃取物

抗癌種類及研究

• 乳癌

韓國德成女子大學「蒿屬植物體外抗炎、抗癌、減肥活性」，2013 年《中醫雜誌》。牡蒿對乳癌細胞顯示出抗增生活性，可成為具生物活性的食品補充劑。

阿草伯藥用植物園 提供

其他補充

期待不久後能從牡蒿萃取物中分離出活性抗癌分子。可在阿草伯藥用植物園網站觀賞。園中有數百種稀有植物、藥用植物、水生植物，且附有照片。

巴婆樹
Asimina triloba

科　　別	番荔枝科，巴婆果屬，落葉喬木，又名泡泡樹。
外觀特徵	高可達 11 公尺，黃綠至棕色漿果，含數個棕黑色種子，果實可食用。
藥材及產地	樹皮可入藥。原產北美東部。
相關研究	含番荔枝內酯，可殺蟲。
有效成分	番荔素 asimin，分子量 622.91 克 / 莫耳 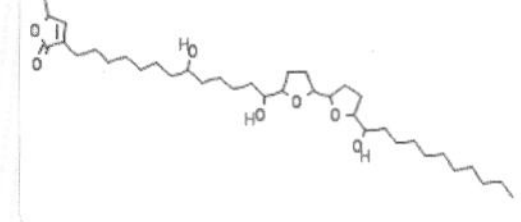

抗癌種類及研究

- 結腸癌

美國普渡大學「番荔素化合物：泡泡樹新的高度細胞毒性異構物」，1994 年 6 月 24 日《藥物化學期刊》。泡泡樹的樹皮萃取物具有顯著的結腸癌細胞毒性。

其他補充

番荔素可開發成抗癌藥物。1541 年西班牙探險隊發現美洲原住民在密西西比河以東有栽種巴婆樹。其冷凍果實是喬治華盛頓最喜歡的甜點，托馬斯傑佛遜在他維吉尼亞的家有種植，路易斯和克拉克遠征時也用來當食物。被指定為俄亥俄州原產水果。世界日報的世界部落格有篇「泡泡果，自種嚐鮮」文章，提到美國土產果樹 Paw paw，生長於美國東半部，但超市看不到這種水果，因為果肉太軟，難以運送和儲藏。

紫菀
Aster tataricus

神經膠質瘤　胃癌

科別	菊科，紫菀屬，多年生植物。
外觀特徵	高約 1.8 公尺，花期在秋季，開單一淡紫色花。
藥材及產地	根及莖晒乾後切片，是 50 種基本常用中藥之一。分佈於中國、朝鮮、俄羅斯、日本。
相關研究	具有祛痰，鎮咳，抗炎活性。
有效成分	多醣

抗癌種類及研究

- 神經膠質瘤

中國武漢大學「紫菀多醣經由激活半胱天冬酶及調節其他因子，延遲膠質瘤生長」，2014 年 3 月《腫瘤生物學》期刊。可當成神經膠質瘤的治療候選藥物。

- 胃癌

中國北京大學「紫菀多醣在體外抑制人類胃癌細胞生長」，2012 年 11 月《國際生物巨分子期刊》。可作為一種天然的抗癌劑。

其他補充

紫菀多醣可開發成抗癌藥物。紫菀的花語有「不會忘記你」、「思念遠方友人」之意。

落新婦
Astilbe chinensis

肝癌

子宮頸癌

結腸癌

科別	虎耳草科，落新婦屬，多年生草本植物。
外觀特徵	高 50 至 100 公分。根狀莖粗大，複葉，花紫色，蒴果含褐色種子。
藥材及產地	以根莖入藥。原產地中國，分佈於中國、朝鮮、日本、俄羅斯等地。
相關研究	有抗炎作用，防止紫外線誘導的炎症反應。
有效成分	落新婦三萜酸

抗癌種類及研究

• 肝癌

中國浙江大學「落新婦三萜化合物透過信號通路，對人類肝癌細胞生長及移動抑制作用」，2013 年《依據證據的補充與替代醫學》期刊。分離自落新婦的根莖抗腫瘤活性三萜，可能是有效的抗癌劑。

• 子宮頸癌

中國浙江大學「落新婦三萜酸透過粒線體相關途徑和活性氧的產生，誘導 HeLa 細胞生長抑制和凋亡」，2009 年 2 月《化學與生物多樣性》期刊。發現對子宮頸癌細胞的抗增生和凋亡機制。

• 結腸癌

中國浙江大學「烏蘇酸：細胞毒性，對結腸癌細胞凋亡誘導的天然藥物」，2006 年 1 月《化學與生物多樣性》期刊。對人類結腸癌具細胞毒性。

其他補充

落新婦三萜酸可開發成抗癌藥物。《本草拾遺》記載：「今人多呼小升麻落新婦，功用同於升麻，亦大小有殊」。適用於園林、盆栽、花壇、庭院栽培等，典雅純樸。

黃芪

Astragalus membranaceus

胃癌

肝癌

血癌

科　　別	豆科，黃耆屬，又稱黃耆。
外觀特徵	開花植物。
藥材及產地	根為常用中藥。主產於中國內蒙古、山西、黑龍江等地。
相關研究	美國紐約史隆凱特琳紀念癌症中心資料庫列有黃芪的簡介，認為可使用於心血管疾病、化療副作用、普通感冒、糖尿病、愛滋病毒和愛滋病、免疫刺激、微生物感染、力量和耐力等方面。
有效成分	萃取物

抗癌種類及研究

- 胃癌

中國研究單位「黃芪皂苷對胃癌細胞增生，侵入和凋亡的影響」，2013 年 10 月《診斷病理學》期刊。黃芪總皂苷抑制人類胃癌細胞生長，可發展為替代治療。

- 肝癌

中國中醫科學院「黃芪多醣在荷瘤小鼠的抗腫瘤和免疫調節活性」，2013年9月《國際生物大分子期刊》。抑制移植在小鼠的肝癌實體腫瘤生長。

阿草伯藥用植物園 提供

- 血癌

中國農業大學「黃芪凝集素誘導人類血癌細胞半胱天冬酶依賴性細胞凋亡」，2012 年 2 月《細胞增生》期刊。凝集素對血癌是個潛在的抗癌藥物。

其他補充

期待進一步確認分離黃芪抗癌活性化合物。目前尚未發現中藥典籍記載黃芪的抗癌功效。

蒼朮
Atractylodes lancea

胃癌

膽管癌

喉癌

科　　別	菊科，蒼朮屬，多年生草本植物。
外觀特徵	高 0.3 至 1 公尺，花白色至淡紅色，瘦果卵圓形，密生白色長毛。
藥材及產地	以根莖入藥。分佈在中國、朝鮮、俄羅斯等地。
相關研究	有殺蟲驅蚊活性。
有效成分	萃取物

抗癌種類及研究

• 胃癌

中國江蘇大學「蒼朮特定部分對人類胃癌細胞的生長抑制作用」，2013 年 4 月 7 日《細胞技術》期刊。蒼朮的成分能抑制胃癌細胞生長。

• 膽管癌、喉癌

泰國法政大學「泰國藥用植物在體外對人類膽管癌，喉癌和肝癌細胞的細胞毒性」，2010 年 9 月 28 日《BMC 補充與替代醫學》期刊。萃取物對膽管癌最有效和最具選擇性，也能抗喉癌細胞。

其他補充

1. 食品藥物研究年報刊登一篇「市售蒼朮藥材之鑑別及其化學成分含量之測定」，其中的蒼朮名稱拼法為 Aractylodes lancea，可能有兩種拼法。大陸《全國中草藥彙編》中介紹一個中藥植物，在文末提到另一本書的錯誤，直接說某某書「搞錯了」。
2. 最新的科學論文顯示蒼朮對血癌細胞也有抗癌效果。

白朮
Atractylodes macrocephala

黑色素瘤

科別	菊科，蒼朮屬，多年生植物。
外觀特徵	高 50 至 80 公分，葉狹長，花紫色。
藥材及產地	根莖肥厚，可入藥。中國浙江、安徽、湖南等地有栽培。
相關研究	有抗炎，降血糖作用。
有效成分	白朮內酯 atractylenolide II， 分子量 232.32 克 / 莫耳 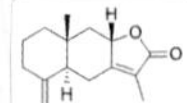

抗癌種類及研究

- 黑色素瘤

中國香港浸會大學「白朮內酯 II 誘導黑色素瘤 B16 細胞週期阻滯和凋亡」，2011 年 6 月 14 日《民族藥理學》期刊。提供黑色素瘤治療中，使用白朮的化學和藥理學理論基礎。

其他補充

1. 白朮內酯有潛力開發成抗癌藥物。四君子湯中的四種中藥材為人參、白朮、茯苓及甘草，根據科學報導，它們皆具有抗癌作用。四君子湯是傳統中醫流傳下來的藥方，最早出現於宋朝的「和劑局方」。

2. 華佗（西元 140-208 年）為東漢末年名醫，生於現今安徽省亳州市。《三國志》和《後漢書》記載他是外科手術過程中使用麻醉劑的第一人。全身麻醉結合了酒和「麻沸散」中藥處方，現已失傳。除了手術和麻醉技術精湛外，他在針灸、中藥方面也很有名。曾擔任曹操侍醫為其治頭風病，後被曹操所殺。

印度楝樹

Azadirachta indica

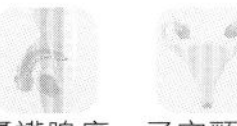

腎癌　乳癌　攝護腺癌　子宮頸癌

科　　別	楝科，蒜楝屬，又名印度紫丁香。
外觀特徵	高可達 15 至 20 公尺，花淡紫色，清香。
藥材及產地	花、葉可入藥。分佈於印度、馬來西亞、台灣等亞熱帶及熱帶地區。
相關研究	有抗糖尿病，抗炎，止痛作用。
有效成分	印苦楝內酯 nimbolide，分子量 466.19 克 / 莫耳 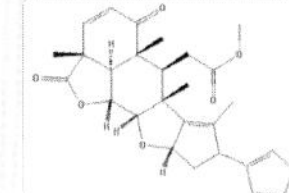

抗癌種類及研究

- **腎癌**

台灣中山醫學大學「印苦楝內酯在人類腎癌細胞誘導週期阻滯，DNA 損傷和細胞凋亡」，2015 年 4 月 28 日《腫瘤生物學》。是治療腎癌的潛在藥物。

- **乳癌**

印度馬德拉斯大學「印苦楝內酯在兩種乳癌細胞株抑制侵入和遷移，並下調趨化因子基因的表達」，2014 年 12 月《細胞增生》期刊。可治療乳癌。

- **攝護腺癌**

美國梅約診所「印度楝樹葉超臨界萃取物在體外和體內對抑制攝護腺癌腫瘤生長的臨床前評估」，2014 年 5 月《分子癌症療法》。證實可抑制攝護腺癌。

- **子宮頸癌**

印度尼赫魯醫學院「印度楝樹對子宮頸癌病例的抗氧化和凋亡作用研究」，2012 年 11 月《婦產科檔案》期刊。對子宮頸癌患者能誘導癌細胞凋亡。

又名苦楝，苦苓，遍布台灣全島，3 至 4 月開花，花淡紫色，芳香。常見於河堤及荒地，是台灣的鄉土樹種，可防蟲。2016 年研究發現，印苦楝內酯能誘導胰臟癌細胞死亡，抑制轉移，但不傷害健康細胞。

羊蹄甲
Bauhinia variegata

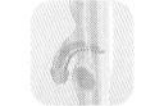
攝護腺癌
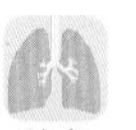
肺癌
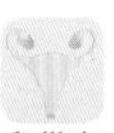
卵巢癌

乳癌

血癌

科　別	豆科，羊蹄甲屬，落葉小喬木，又名洋紫荊。
外觀特徵	高可達 7 公尺，單葉互生，腎形，葉面光滑，總狀花序頂生，花瓣 5 片，粉紅或淡紫色，具香氣。
藥材及產地	以葉、根、種子入藥。原產於中國南部、印度及馬來半島。
相關研究	止痛，解熱，抗炎，對潰瘍性結腸炎有保護作用。
有效成分	萃取物

抗癌種類及研究

• 攝護腺癌、肺癌、卵巢癌、乳癌、血癌

印度阿拉哈巴德大學「洋紫荊葉萃取物具有抗菌，抗氧化和抗癌活性」，2013 年《國際生物醫學研究》期刊。對攝護腺癌、肺癌、卵巢癌、乳癌、和血癌細胞具有 90-99%細胞生長抑制活性。

其他羊蹄甲品種，如 Bauhinia tomentosa，Bauhinia purpurea 等，也具抗癌效果。未發現中藥典籍有記載羊蹄甲的抗癌作用，其萃取物可分離出有效化合物，有潛力開發成抗癌藥物。

南投秋海棠
Begonia nantoensis

乳癌

肺癌

胃癌

鼻咽癌

科　　別	秋海棠科，秋海棠屬，多年生肉質草本植物。
外觀特徵	根莖短，葉卵形，兩面有柔毛，花淡粉色，蒴果具翅，種子多數。
藥材及產地	以根莖入藥。為台灣南投特有種。
相關研究	能抑制愛滋病病毒。
有效成分	葫蘆素 cucurbitacin B，分子量 558.70 克 / 莫耳

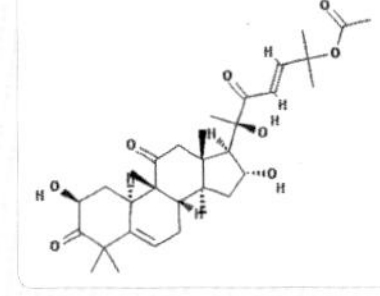

抗癌種類及研究

• 乳癌、肺癌、胃癌、鼻咽癌

台灣國立成功大學「南投秋海棠根莖的抗愛滋病毒和細胞毒性成分」，2004 年 3 月《化學與藥學通報》期刊。對乳癌、肺癌、胃癌、鼻咽癌細胞顯示細胞毒性。

其他補充

1. 葫蘆素可開發成抗癌藥物。目前只有此篇科學報告。
2. 台灣有幾本關於藥用植物的專業著作，其中甘偉松教授所著《藥用植物學》以及邱年永老師所著《原色台灣藥用植物圖鑑》，皆是學習、認識植物的重要書籍。前者為大學授課用書，後者則介紹台灣地區野生及栽培藥用植物，共 250 種。

射干
Belamcanda chinensis

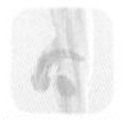
攝護腺癌
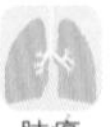
肺癌

科　　別	鳶尾科，射干屬，多年生草本植物。
外觀特徵	典型的花為橘色，具紅色斑點。果莢在秋天爆開，露出聚生的黑色種子，與黑莓相似，故又名黑莓百合。
藥材及產地	根狀莖入藥。分佈於東亞，中國主產於湖北、江蘇、河南等地。
相關研究	抗突變，抗氧化，抗炎活性。
有效成分	鳶尾黃素 tectorigenin，分子量 300.26 克 / 莫耳 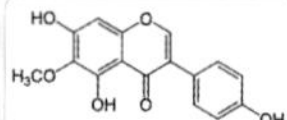

抗癌種類及研究

- 攝護腺癌

德國喬治奧古斯特大學「豹紋百合射干萃取的鳶尾黃素對攝護腺癌治療方法和新標靶的影響」，2005 年 8 月《致癌》期刊。證明從射干中萃取的抗癌成分，可用於人類攝護腺癌的預防或治療。

- 肺癌

韓國首爾國立大學「射干根莖異黃酮的抗血管新生和抗腫瘤活性」，2003 年 7 月《植物醫藥》期刊。對小鼠肺癌模式能顯著抑制腫瘤體積。

因花色美麗，是日本京都祇園祭時不可缺少的花。鳶尾黃素有潛力開發成抗癌藥物。

黃蘆木

Berberis amurensis

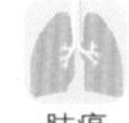
肺癌

肝癌

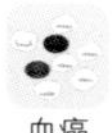
血癌

科　　別	小蘗科，小蘗屬，落葉灌木。
外觀特徵	枝灰黃，葉長橢圓形，花淡黃色，漿果橢圓形，長約 1 公分。
藥材及產地	以根、莖、枝入藥。分佈於日本、朝鮮、俄羅斯及中國。
相關研究	目前除了抗癌研究，並無其他功效報導。
有效成分	小蘗胺 berbamine， 分子量 608.7 克 / 莫耳 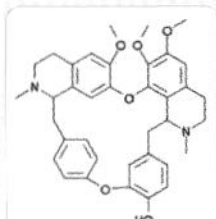

抗癌種類及研究

• 肺癌

中國煙台大學「小蘗胺抑制人類肺癌細胞生長和遷移」，2010 年 8 月《細胞技術》。可應用於非小細胞肺癌治療。

• 肝癌

中國浙江大學「小蘗胺誘導 Fas 介導的人類肝癌 HepG2 細胞凋亡並抑制其在裸鼠體內的腫瘤生長」，2009 年《亞洲天然物研究期刊》。在體內和體外對肝癌細胞有抗癌作用。

• 血癌

中國浙江大學「小蘗胺衍生物：新化合物的抗血癌活性」，2009 年 8 月《歐洲藥物化學期刊》。小蘗胺可能是抗血癌的新型先導化合物。

小蘗胺有潛力開發成抗癌藥物。

白樺

Betula platyphylla

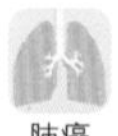
肺癌

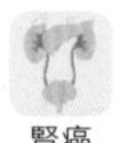
腎癌

結腸癌

骨肉瘤

科　　別	樺木科，樺木屬，喬木。
外觀特徵	高可達 25 公尺，樹皮白色，小堅果狹長，有翅。
藥材及產地	以樹皮及液汁入藥。分佈於中國東北、華北及北美等地。
相關研究	減輕肥大細胞介導的過敏性炎症，抗炎，抗氧化，止痛，減緩失憶。
有效成分	白樺酯醇 betulin，分子量 442.72 克 / 莫耳 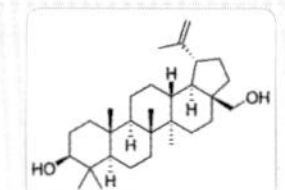

抗癌種類及研究

- 腎癌、結腸癌、骨肉瘤

韓國首爾國立大學「透過高速逆流色譜從白樺製備純化抗增生二芳基庚烷類」，2016 年 5 月 28 日《分子》期刊。二芳基庚烷類抑制腎癌、結腸癌、骨肉瘤細胞，是潛在的癌症多靶向治療劑。

- 肺癌

韓國首爾國立大學「白樺酯醇對人類肺癌細胞株的抗癌作用：使用結合納米高效液相色譜串聯質譜及藥理蛋白質體學方法」，2009 年 2 月《植物醫藥》期刊。對肺癌細胞具有細胞毒性。

其他補充

白樺酯醇可開發成抗癌藥物。第一次見到實際的白樺，是在美國麻州的夸濱水庫，當時剛到美國留學。白色樹幹上一個又一個睜大的眼睛，似乎在凝視著訪客。

鬼針草
Bidens pilosa

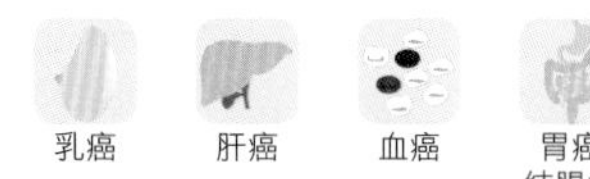

科　　別	菊科，鬼針草屬，一年生草本植物，又名西班牙針。
外觀特徵	高約 40 至 85 公分，莖直立，花白色，瘦果長線形。
藥材及產地	全草可入藥。原產於美洲，但在其他地區也廣泛生長。中國大部分地區有分佈。
相關研究	能止痛，消炎，抗單純皰疹病毒，抗糖尿病，抗瘧疾和抗菌。
有效成分	萃取物

抗癌種類及研究

- 乳癌、肝癌、胃癌、結腸癌

中國福建大學「鬼針草萃取物對人體腫瘤細胞抗氧化活性和細胞毒性調查」，2013 年 1 月《天然醫藥期刊》。對乳癌、肝癌、胃癌和結腸癌細胞有顯著的抗增生作用。

- 血癌

日本琉球大學「鬼針草抗成人 T 細胞血癌的效果」，2011 年 4 月《國際腫瘤學期刊》。鬼針草是具有潛力的血癌治療藥用植物。

其他補充

需確認鬼針草萃取物中的抗癌活性成分。在非洲撒哈拉以南，嫩苗和嫩葉可當蔬菜，尤其是食物缺乏時期。種子會黏到人的衣服、褲子，或是動物的毛皮或羽毛，因而帶至新的地方。

白芨
Bletilla striata

肝癌

科　　別	蘭科，白芨屬，草本球根植物，又名白及、連及草。
外觀特徵	高 15 至 70 公分，莖直立，葉長圓形，花淡紅或紫色，蒴果圓柱形，鱗莖球形，肉質肥厚。其中一個變種的花為白色，稱為白花白芨。
藥材及產地	以乾燥球莖入藥。主要分佈在中國、台灣、日本以及緬甸北部。
相關研究	抗炎，抗纖維化。
有效成分	萃取物

抗癌種類及研究

- 肝癌

中國華中科技大學「白芨聯合肝動脈栓塞化療和動脈給藥治療大鼠肝腫瘤」，2003 年 12 月《世界胃腸學期刊》。白芨結合動脈栓塞給藥，能更有效治療大鼠肝癌。

1. 白芨有潛力當成肝癌輔助治療劑。需要找出萃取物中的活性抗癌成分。
2. 董大成（1916-2008），台灣知名癌症研究學者，中華民國癌症學會創辦人。日本九州帝國大學醫學博士，擔任台灣大學醫學院生化學科主任 27 年。研究雞母珠蛋白、白鳳豆蛋白的抗癌作用，並提出黃麴毒素與肝癌間的關聯。

艾納香
Blumea balsamifera

肝癌

科別	菊科，艾納香屬，多年生草本或半灌木植物。
外觀特徵	多分枝，葉互生，有鋸齒，春末開黃色小花。
藥材及產地	以葉、嫩枝入藥。分佈於巴基斯坦、印度、緬甸、泰國、台灣及中國雲南、貴州等地。
相關研究	抗關節炎，抗氧化作用，抗菌，抗肥胖。
有效成分	萃取物

抗癌種類及研究

• 肝癌

日本大阪市立大學「艾納香萃取物對肝癌的生長抑制作用機制」，2008 年 5 月《生物生技生化》期刊。抑制肝癌細胞生長，有治療肝癌患者潛力。

阿草伯藥用植物園 提供

其他補充

1. 需進一步分離出艾納香萃取物中的活性抗癌成分。在東南亞地區視為雜草。
2. 貴陽藥用植物園 1984 年建立，位於貴陽市城南，佔地 64.5 公頃，年均溫 15 度，隸屬貴陽市科委。引種保護珙桐、石斛、頭花蓼、天麻、淫羊藿、杜仲、黃柏、黃連、八角蓮、寬葉水韭、蘇鐵蕨、喜樹、竹葉蘭、蝦脊蘭、蘆薈、紅豆杉、岩桂等藥用植物 2000 餘種，並進行了大馬士革玫瑰、西洋參馴化栽培，石斛、半夏組織培養，三尖杉、桔梗、金銀花等 100 多種中草藥引種栽培研究。

生毛將軍
Blumea lacera

胃癌
結腸癌

乳癌

血癌

科　別	菊科，艾納香屬，草本植物，又名見霜黃。
外觀特徵	高 18 至 100 公分，根粗壯，花黃色。
藥材及產地	以全草入藥。分佈於中國、台灣、澳洲、東南亞和非洲等地。
相關研究	能抗病毒。
有效成分	萃取物

抗癌種類及研究

- 胃癌、結腸癌、乳癌

澳洲格里菲斯大學「孟加拉藥用植物萃取物的細胞毒性作用」，2011 年《依據證據的補充與替代醫學》期刊。生毛將軍對所有測試的細胞株，即胃癌、結腸癌、乳癌表現出最高的細胞毒性。

- 血癌

台灣高雄醫學大學「台灣傳統使用的藥用植物在體外抗血癌和抗病毒活性」，2004 年《美國中醫藥期刊》。表現出不同程度的抗血癌和抗病毒效力。

其他補充

生毛將軍新的細胞毒性配糖生物鹼已於 2015 年被澳洲格里菲斯大學找到。可於台灣植物資訊整合查詢系統中查到，共有 93 份標本。

土貝母

Bolbostemma paniculatum

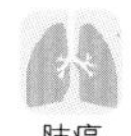
肺癌

子宮頸癌

鼻咽癌

胃癌

神經母細胞瘤

乳癌

肝癌

科　　別	葫蘆科，假貝母屬，多年生攀援草本植物。
外觀特徵	鱗莖肥厚，扁球形或不規則球形，葉互生，花萼淡綠色，蒴果圓筒狀，棕黑色種子。
藥材及產地	乾燥塊莖可入藥。原產於中國河北、山西、雲南等地。
相關研究	能抑制愛滋病毒。
有效成分	土貝母皂苷 tubeimoside I，分子量 1319.43 克 / 莫耳 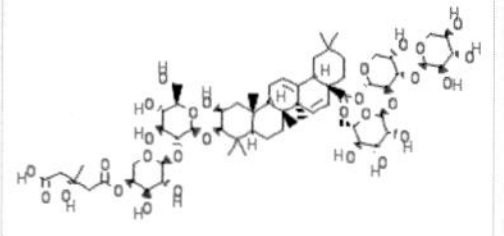

抗癌種類及研究

• 胃癌

中國瀋陽醫科大學「土貝母皂苷對胃癌細胞的體外增生和凋亡的影響」，2013 年 3 月《腫瘤學通信》期刊。土貝母皂苷可開發為胃癌治療劑。

• 神經膠質母細胞瘤

中國第四軍醫大學「土貝母塊莖的新環形雙糖鏈皂苷對人類膠質母細胞瘤細胞誘導細胞凋亡的功效」，2006 年 9 月 1 日《生物有機與藥物化學通訊》期刊。此環形雙糖鏈皂苷表現出多種生物活性，包括抗膠質母細胞瘤作用。

• 乳癌

中國北京中醫藥大學「中國傳統中草藥土貝母誘導人類乳癌細胞凋亡實時成像」，2012 年 7 月抗癌研究》期刊。本研究的結果表明土貝母在治療乳癌方面的潛力。

• 肝癌

中國武漢大學「信號傳導途徑參與土貝母皂苷誘導 HepG2 細胞凋亡與氧化壓力和細胞週期阻滯」，2011 年 12 月《食品與化學毒理學》期刊。土貝母皂苷 1 依劑量和時間依賴性方式，誘導肝癌細胞凋亡。

• 肺癌

中國遼寧醫科大學「土貝母皂苷 -1 抑制細胞增生和增加 Bax 蛋白與 Bcl-2 的比例，降低肺癌 A549 細胞的環氧酶表達，誘導細胞凋亡」，2011 年 1 月《分子醫學報告》期刊。證明土貝母對治療肺癌可能有用。

• 子宮頸癌

中國湛江海洋大學「土貝母粒線體和細胞色素 C 介導人類子宮頸癌 HeLa 細胞凋亡的作用」，2006 年 2 月《癌症化學療法與藥理學》期刊。證明土貝母經由這些分子機制，誘導人類子宮頸癌細胞凋亡。

• 鼻咽癌

中國湛江海洋大學「土貝母誘導人類鼻咽癌 CNE-2Z 細胞凋亡」，2003 年 8 月《癌症》期刊。土貝母能誘導鼻咽癌細胞的凋亡。

土貝母皂苷有潛力開發成抗癌藥物，治療多種癌症。

乳香樹

Boswellia carteri

膀胱癌

黑色素瘤

纖維肉瘤

神經母細胞瘤

科　　別	橄欖科，乳香屬，小灌木。
外觀特徵	高 4 至 5 公尺，樹皮光滑，羽狀複葉互生，花淡黃色，果實卵形，果皮肥厚。
藥材及產地	以樹脂、乳香油入藥。分佈於紅海沿岸至利比亞、蘇丹、土耳其等地。
相關研究	有抗炎作用。
有效成分	乳香酸 boswellic acid，分子量 456.70 克 / 莫耳 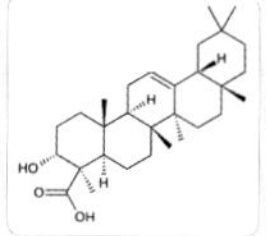

抗癌種類及研究

- 膀胱癌

美國奧克拉荷馬大學「乳香樹乳香油對腫瘤細胞的特異性細胞毒性」，2009 年 3 月 18 日《BMC 補充與替代醫學》期刊。乳香油可以輔助膀胱癌的治療。

- 黑色素瘤、纖維肉瘤

中國醫學科學院「乳香酸對高度轉移性黑色素瘤和纖維肉瘤細胞誘導分化和凋亡」，2003 年《癌症偵測與預防》期刊。可預防原發腫瘤的侵入和轉移，是很好的抗癌藥物候選者。

- 神經母細胞瘤

日本東京日本大學「乳香樹樹脂三萜酸的癌症化學預防作用與細胞毒性」，2006 年 9 月《生物學與醫藥通報》期刊。對人類神經母細胞瘤細胞顯示出強大的細胞毒性。

樹脂是經由樹幹切口流出的乳狀物質，與空氣接觸後凝結而成，以人工方式收集。乳香油是香和香水的成分，由芳香樹脂所製備。乳香酸有潛力開發成抗癌藥物。

鴉膽子
Brucea javanica

子宮頸癌

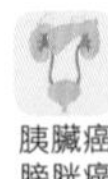
胰臟癌
膀胱癌

科　　　別	苦木科，鴉膽子屬，灌木或小喬木。
外觀特徵	全株被黃色柔毛，小枝具皮孔，羽狀複葉，互生，聚傘狀圓錐花序。
藥材及產地	以種子、果實、果油入藥。分佈於東半球熱帶地區，中國主產於廣西、廣東。
相關研究	能抗菌，抗炎。
有效成分	鴉膽子油

抗癌種類及研究

- 子宮頸癌

美國麻州大學「選擇性殺傷腫瘤細胞和誘導凋亡的中藥製劑鴉膽子」，2011 年 4 月 25 日《北美醫學與科學期刊》。對子宮頸癌有抗癌作用。

- 膀胱癌

中國浙江大學「鴉膽子油透過上調半胱天冬酶及抑制特定蛋白表達誘導膀胱癌 T24 細胞凋亡」，2010 年《美國中藥期刊》。鴉膽子油誘導膀胱癌細胞凋亡。

- 胰臟癌

中國香港中文大學「鴉膽子果實的細胞毒性及誘導胰臟癌細胞凋亡」，2008 年《植物治療研究》期刊。可作為胰臟癌替代療法。

其他補充

有小毒。廣西藥用植物園位於南寧，鴉膽子是園裡種植的中草藥之一。南寧是個迅速開發成長的都市，車站一排排車陣，直到凌晨還是燈火明亮。南邊的防城港離越南邊界四十公里，有自然生態紅樹林淨化海水，海風清新。

南寧市南湖公園

紅柴胡
Bupleurum scorzonerifolium

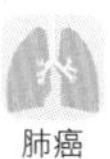
肺癌

科　　別	傘形科，柴胡屬，一年或多年生草本植物，又名南柴胡。
外觀特徵	全株無毛，莖分枝，單葉，葉脈平行，複繖形花序，花黃色、紅紫色或綠色。
藥材及產地	以根、全草入藥。分佈於北半球亞熱帶地區，已知有 190 個品種，日本種植 4 個歸化種。
相關研究	透過抗氧化機制，有抗衰老作用。
有效成分	異柴胡內酯 isochaihulactone，分子量 398.4 克 / 莫耳 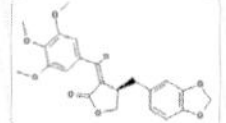

抗癌種類及研究

• 肺癌

台灣國軍花蓮總醫院「異柴胡內酯透過誘導細胞凋亡及信號對肺癌的潛在治療作用」，2012 年《依據證據的補充代替醫學》期刊。柴胡成分異柴胡內酯，誘導肺癌細胞凋亡。

阿草伯藥用植物園 提供

其他補充

異柴胡內酯有潛力開發成抗癌藥物。台灣慈濟大學於 2006 年，三軍總醫院於 2005 年皆發表紅柴胡抑制肺癌細胞的論文。因為抗癌種類相同，所以在此僅列出代表性的、最新的研究成果。中藥所稱的「柴胡」，是北柴胡及南柴胡的根或全草。

喙莢雲實
Caesalpinia minax

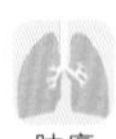

子宮頸癌 大腸癌 肝癌 乳癌 肺癌

科　　別	豆科，雲實屬，藤本植物。
外觀特徵	全株有柔毛，羽狀複葉，葉軸具鉤刺，花白色含紫色斑點，莢果長圓形，種子橢圓似蓮子。
藥材及產地	以種子入藥，名為石蓮子。分佈於印度、緬甸、越南、台灣及中國福建、雲南、廣西等地。
相關研究	能抗病毒，種子含有抗瘧疾的二萜生物鹼。
有效成分	卡山烷

抗癌種類及研究

• 子宮頸癌、大腸癌、肝癌、乳癌、肺癌

中國協和醫科大學「喙莢雲實種子卡山烷類雙萜及其抗腫瘤活性」，2012 年 8 月《植物醫藥》期刊。對子宮頸癌、大腸癌、肝癌、乳癌、肺癌細胞具有細胞毒性。

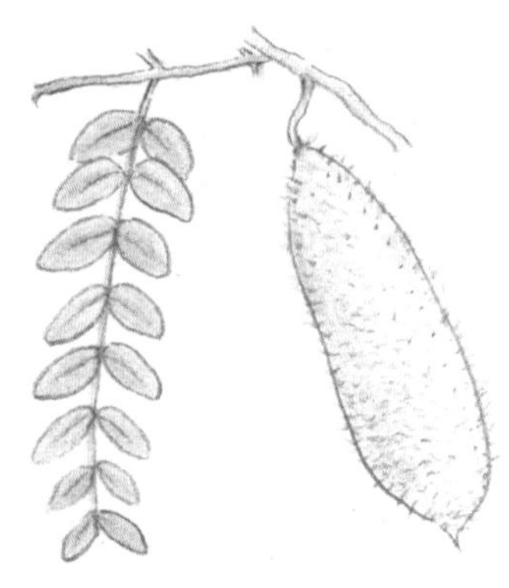

其他補充

1. 未發現中藥典籍有記載喙莢雲實的抗癌作用。目前有許多化合物從它的種子分離出來，需進一步探討並確認抗癌活性。

2. 書裡的植物照片拍攝於藥用植物園、公園，以及鄉間等處。有些台灣不易發現或不存在的植物，只能用手繪。這些植物參考圖像取自維基百科、百度百科，或是谷歌圖片。為了繪製彩色圖，到書局買了德國 STAEDTLER 牌子的 24 色彩色鉛筆及橡皮擦，並以上海中華牌 2B 鉛筆素描。每幅畫約花 1 小時完成。

蘇木
Caesalpinia sappan

乳癌

神經母細胞瘤

骨髓瘤

頭頸癌
口腔癌

科　　別	豆科，雲實屬，小喬木。
外觀特徵	高 5 至 10 公尺，樹幹上有刺，開黃色花，圓錐花序。
藥材及產地	以心材入藥。原產於印度、東南亞和馬來群島，主產於台灣、貴州、雲南、廣東等地。
相關研究	抑制類風濕關節炎，有抗氧化，抗菌，抗病毒和抗炎活性。
有效成分	蘇木素 brazilin，分子量 286.28 克 / 莫耳 蘇木查耳酮 sappanchalcone，分子量 286.28 克 / 莫耳

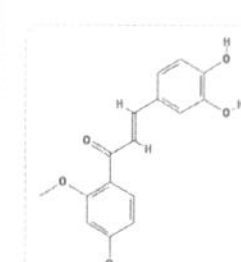

抗癌種類及研究

• 乳癌

中國廣州醫學院「蘇木分離的化合物經由信號途徑對乳癌細胞的生長抑制」，2013 年 10 月 25 日《化學生物交互作用》期刊。抑制乳癌細胞生長。

• 神經膠質母細胞瘤

韓國國立園藝及草本學研究院「巴西蘇木誘導人類腦膠質瘤細胞凋亡和抑制生長」，2013 年 2 月 21 日《分子》期刊。蘇木素誘導膠質瘤細胞凋亡。

• 骨髓瘤

韓國慶熙大學「巴西蘇木素在多發性骨髓瘤 U266 細胞透過滅活組蛋白去乙醯化酶，誘導細胞凋亡和週期停滯」，2012 年 10 月 3 日《農業食品化學期刊》。闡明巴西蘇木素對多發性骨髓瘤的抗癌作用機制。

• 口腔癌

韓國慶熙大學「蘇木查耳酮在人類口腔癌細胞的生長抑制和誘導凋亡的機制研究」，2011 年 12 月《體外毒理學》期刊。具有口腔癌化療劑的潛力。

• 頭頸癌

韓國圓光大學「蘇木增加頭頸癌細胞的 p53 和其他蛋白表達，誘導細胞死亡」，2005 年《美國中醫學期刊》。蘇木萃取物造成頭頸癌細胞死亡。

蘇木素與蘇木查耳酮皆有潛力開發成抗癌藥物。

金盞菊
Calendula officinalis

結腸癌

血癌

黑色素瘤

科別	菊科，金盞花屬，一年生草本植物，又名金盞花。
外觀特徵	高30至60公分，全株有短毛，莖有分枝，葉互生，花黃色或橘黃色，1至2層，瘦果具窄翅。
藥材及產地	以根、全草、花入藥。中國各地皆有栽培，分佈於廣東、廣西、貴州等地。
相關研究	改善心肌缺血，抗菌，有效減少牙菌斑和牙齦炎，抗炎，幫助傷口癒合，對杭廷頓氏症也有保護作用。
有效成分	萃取物

抗癌種類及研究

• 結腸癌、血癌、黑色素瘤

日本東京日本大學「金盞花的抗炎、抗腫瘤和細胞毒性」，2006年12月《天然物期刊》。表現出抗結腸癌、血癌和黑色素瘤細胞的細胞毒性作用。

1. 中藥典籍未發現有記載金盞花的抗癌作用，希望不久能從它的萃取物中分離出抗癌活性化合物。
2. 美國CRC出版社2011年第二版《植物藥：生物分子及臨床層面》一書提到，植物中含有豐富的各種化合物，目前在市場上或仍在測試的癌症治療藥有超過60%是基於天然物。全世界批准用於治療癌症的177藥物中，70%以上是基於天然物或其模擬物，包括從太平洋紫杉分離出的紫杉醇，源自中國喜樹的喜樹鹼和其衍生物伊立替康和托泊替康，以及南非柳樹的考布他汀等。

牛角瓜

Calotropis gigantea

乳癌

肺癌

血癌

胃癌

口腔癌

科別	夾竹桃科，牛角瓜屬，灌木。
外觀特徵	高可達 3 公尺，全株具乳汁，葉對生，葉片兩面有白色絨毛，花紫藍色，蓇葖果，種子寬卵形。果實狀似牛角，因而得名。
藥材及產地	以葉入藥。分佈於中國廣東、海南、四川、雲南等地。
相關研究	其乳汁在體外能抗流感病毒，葉和花有降血糖作用。有顯著的抗腹瀉作用。
有效成分	孕烷酮

抗癌種類及研究

• 血癌、胃癌

中國熱帶農業科學院「牛角瓜的新細胞毒性孕烷酮」，2008 年 12 月 4 日《分子》期刊。對血癌和胃癌細胞有抑制作用。

• 口腔癌、乳癌、肺癌

泰國蘭甘亨大學「牛角瓜葉子的化學成分」，2006 年 8 月《天然物期刊》。對口腔癌、乳癌和肺癌細胞具有細胞毒性。

1. 有毒。莖葉的乳汁含毒性物質。百度百科有記載牛角瓜的抗癌作用。一般夾竹桃科的植物都具有毒性。
2. 海南藥用植物園位於海南省萬寧市，佔地 200 畝，隸屬中國醫學科學院藥用植物研究所海南分所。年均溫 24.2 度。引種國外藥用植物品種 22 個，島外品種 150 個，島內品種 200 多個，進行春砂仁、白荳蔻、丁香引種栽培研究，並參與編寫《廣東中藥志》、《中國藥用植物栽培學》等書。

山茶花

Camellia japonica

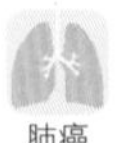
肺癌

血癌

科　　別	山茶科，山茶屬，灌木或小喬木。
外觀特徵	高 1 至 2 公尺，樹皮灰褐色，橢圓形葉互生，革質，花紅色，栽培品種有白、淡紅等色，且多重瓣，球形蒴果，種子有角棱。
藥材及產地	以花入藥。原產於中國，目前朝鮮、日本、台灣和印度等地普遍種植。
相關研究	山茶花抑制免疫球蛋白 E 介導的過敏性反應，也能抗菌。山茶花油具有抗炎活性。
有效成分	三萜類

抗癌種類及研究

• 肺癌、血癌

韓國大邱天主教大學「山茶花三萜類化合物及其細胞毒性」，2010 年 1 月《化學與醫藥通報》期刊。顯示對肺癌和血癌細胞具有細胞毒性。

其他補充

1 香港浸會大學中醫藥學院記載山茶花具有抗癌作用。希望能進一步確定有效成分的分子結構。

2 萜類是含有其他官能基的烯烴。萜類化合物總數已超過 22000 種，許多具有生理活性，是研究天然物和開發新藥的來源。可分為半萜（含 5 個碳），單萜（含 10 個碳，如檸檬烯、香茅醇），倍半萜（含 15 個碳，如金合歡醇），二萜（含 20 個碳，如咖啡豆醇、紫杉烯），二倍半萜（含 25 個碳，較稀少），三萜（含 30 個碳，如鯊烯），以此類推。

喜樹

Camptotheca acuminata

結腸癌

乳癌

科　　別	藍果樹科，喜樹屬，落葉喬木，又名旱蓮。
外觀特徵	高 20 至 25 公尺，樹皮灰色，枝平展，葉互生，橢圓形，夏天開白色花，瘦果窄長。
藥材及產地	以果實、根、葉入藥。原產地中國雲南，分佈於江蘇、廣西、台灣等地，是中國特有植物。
相關研究	具有抗真菌作用。
有效成分	喜樹鹼 camptothecin，分子量 348.35 克 / 莫耳

抗癌種類及研究

• 結腸癌

美國阿拉巴馬大學「口服給予水不溶性喜樹鹼，縮小人類異種移植結腸癌 SCID 小鼠腫瘤」，1997 年 5 月《國際腫瘤學期刊》。對結腸癌治療有潛在用途。

• 乳癌

同所大學研究團隊兩個月後在同一期刊上發表喜樹鹼能抑制乳癌腫瘤。

1. 有毒。英文稱為癌症之樹、生命之樹、快樂樹。根和果實含喜樹鹼，具抗癌作用。然而毒性強且副作用很大，臨床試驗因而被中止。

2. 喜樹鹼為具細胞毒性生物鹼，從喜樹樹皮和枝幹分離而得，能抑制 DNA 拓撲異構酶。1966 年由美國藥物化學家沃爾和沃尼透過系統篩選天然物所發現的抗癌藥物。現今有兩個喜樹鹼類似物「拓撲替康」和「伊立替康」被核准上市，為癌症化療藥劑。

大麻

Cannabis sativa

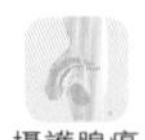
攝護腺癌

肝癌

結腸癌

科　　別	大麻科，大麻屬，一年生草本植物。
外觀特徵	莖中部呈方形，皮粗糙，有溝紋，掌狀複葉，邊緣有鋸齒，花白色，花柄細長，堅果有棱，種子深綠色。
藥材及產地	以葉、花、果實入藥。分佈於阿富汗、中國、印度、尼泊爾及歐洲等地。
相關研究	有迷幻效果。
有效成分	大麻二酚 cannabidiol，分子量 314.46 克 / 莫耳 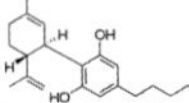

抗癌種類及研究

• 攝護腺癌

美國國家衛生研究院「對攝護腺癌使用非精神作用大麻素」，2013 年 1 月《英國藥理學期刊》。在體外和體內能抑制攝護腺癌細胞生長。

• 肝癌

西班牙阿爾卡拉大學「大麻素對肝癌的抗腫瘤作用：AMPK 依賴性激活的自噬作用」，2011 年 7 月《細胞死亡與分化》期刊。可能有助於肝癌的治療。

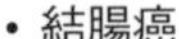

• 結腸癌

義大利那不勒斯大學「標準化的大麻高含量大麻二酚萃取物抑制結腸癌發生」，2013 年 12 月 24 日《植物醫藥》期刊。抑制大腸癌細胞的增生，減少結腸癌的發生。

其他補充

大麻二酚有潛力開發成抗癌藥物。吸食大麻在大多數國家仍屬違法，但在荷蘭及美國科羅拉多州和華盛頓州是合法的。讓男女上癮的東西一向不同，紐約公車裡，前座一位非裔胖女人右肩刺了一個中文簡體字「恋」。幾天後，在街上看到一個白人，男性，脖子上也有刺青，刺了「大麻」兩個中文字。

1890 年以後紐約全市電線地下化，街道更安全，市容也因而美化。市區行駛電動公車，馬車帶著遊客在中央公園及周邊呼吸乾淨的空氣，園內弓橋形態優雅。美國自然歷史博物館位於公園西側，中國展示區掛軸上寫著「勸君莫惜金縷衣，勸君惜取少年時」。實景透視圖（diorama）精細逼真。

紐約林肯中心鋼琴家王羽佳海報

公園東側紐約史隆凱特琳癌症中心是世界有名的癌症研究單位，網路資料庫收集許多抗癌中藥與複方。未來或許可以考慮給予癌症末期病患吸食大麻，當成非傳統醫療的一種選擇。

木瓜葉

Carica papaya

血癌

口腔癌

科　　別	番木瓜科，番木瓜屬，常綠小喬木，又名番木瓜。
外觀特徵	高 2 至 3 公尺，底層分枝較少，葉柄長，葉大，為掌狀葉，葉薄但柔韌，花長在葉子下側。
藥材及產地	葉及種子皆可入藥。原產於墨西哥，目前熱帶國家都有種植，如巴西、印度、菲律賓。在亞洲以中國廣東、台灣栽培最多。
相關研究	種子萃取物有抗潰瘍活性，未成熟木瓜萃取物能抗炎及抗氧化。葉子萃取物防止登革熱病毒。果肉萃取物可當抗焦慮藥物，也能抗高血脂。
有效成分	萃取物

抗癌種類及研究

- 血癌

日本東京大學「木瓜葉水萃取物具有抗腫瘤活性和免疫調節作用」，2010 年 2 月 17 日《民族藥理學期刊》。木瓜葉水萃取物對血癌細胞株能誘導腫瘤細胞凋亡。

- 口腔癌

澳洲昆士蘭大學「木瓜葉萃取物化學特徵及對鱗狀細胞癌的體外細胞毒性」，2015 年 12 月 24 日《毒素》期刊。所含的山奈酚和槲皮素對人類口腔鱗狀細胞癌有顯著毒性，證實木瓜葉是抗癌化合物的潛在來源。

其他補充

木瓜種子中分離出的類黃酮有癌症化學預防作用。台灣到處可見木瓜樹，木瓜牛奶是風味特佳的冷飲。木瓜葉很容易取得，或許可當作癌症常規療法外的輔助治療。

天名精
Carpesium abrotanoides

科　　別	菊科，天名精屬，多年生草本植物。
外觀特徵	高 50 至 100 公分。莖多分枝，密生短毛，葉互生，開黃色花，瘦果褐黑色。
藥材及產地	以全草和果實入藥。分佈於俄羅斯、朝鮮、日本及中國河南、山西等地。
相關研究	除抗癌作用外，無其他功效報導。
有效成分	萃取物

抗癌種類及研究

- 結腸癌

韓國江陵大學「天名精透過誘導 II 期解毒酶和細胞凋亡，對人類結腸癌細胞的化學預防作用」，2010 年 2 月《藥用食物期刊》。誘導結腸癌細胞凋亡。

1. 可發展為癌症化學預防劑，用於預防或治療結腸癌。
2. 張仲景（西元 150-219 年），東漢末年名醫，生於現今河南省鄧州市。他建立了用藥原則，並總結出當時的醫療經驗，為中國傳統醫藥做出巨大貢獻。當時疫病流行，家族二百人，十年間三分之二死於疫病，其中傷寒佔十分之七。因而撰《傷寒雜病論》。之後此書散失，經後人收集整理，成《傷寒論》、《金匱要略》二書。

金挖耳

Carpesium divaricatum

肝癌

子宮頸癌

科別	菊科，天名精屬，多年生草本植物。
外觀特徵	高50至100公分，全株有白毛，莖有槽，葉互生，邊緣有鋸齒，花黃色，瘦果細長。
藥材及產地	以乾燥全草入藥。分佈於日本、朝鮮以及中國華東、華中、東北等地。
相關研究	具有抗瘧原蟲活性。
有效成分	特勒內酯 telekin，分子量 248.31 克 / 莫耳 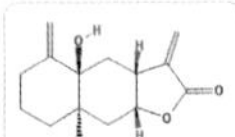

抗癌種類及研究

• 子宮頸癌

中國北京協和醫學院「金挖耳的新高含氧大根香葉內酯及其細胞毒性」，2016 年 6 月 6 日《科學報告》期刊。對人類子宮頸癌細胞有強大細胞毒性，勝過陽性對照抗癌藥物阿黴素。

• 肝癌

中國山東大學「特勒內酯經由粒線體介導途徑，誘導人類肝癌細胞凋亡」，2013 年《生物與醫藥通報》潛在的肝癌治療劑。

其他補充

未發現中藥典籍有記載金挖耳的抗癌作用。特勒內酯有潛力開發成抗癌藥物。

紅花

Carthamus tinctorius

血癌

乳癌

肉瘤

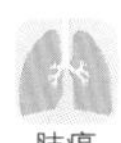
肺癌

科　　別	菊科，紅花屬，一年生草本植物。
外觀特徵	高 0.5 至 1 公尺。莖直立，葉互生，葉緣有針刺，花初為黃色，後轉橘紅。
藥材及產地	以花入藥。原產於埃及，廣泛栽培於中國東北、華北、西藏等地。
相關研究	具有鎮痛和抗炎活性。從紅花種子萃取的酚類成分，有抗脂肪形成和抗氧化的作用。
有效成分	多醣

抗癌種類及研究

• 血癌

中國濱州醫學院「紅花注射液對血癌 HEL 細胞增生和凋亡及相關分子機制的影響」，2015 年 9 月《中國當代兒科雜誌》。在體外能抑制細胞增生，誘導血癌細胞凋亡。

• 乳癌

中國南方醫科大學「紅花多醣抑制乳癌 MCF-7 細胞增生和轉移」，2015 年《分子醫學報告》期刊。紅花多醣抑制乳癌細胞轉移，誘導細胞凋亡。

• 肉瘤、肺癌

中國牡丹江醫學院「紅花多醣對小鼠肺癌 T739 細胞的抗腫瘤活性，經由細胞毒性 T 淋巴球和自然殺手細胞毒性作用」，2010 年 1 月《中國中藥雜誌》。抗肉瘤、肺癌的作用機制，可能經由增強細胞毒性 T 淋巴球和自然殺手細胞。

與鳶尾科番紅花不同。紅花多醣可提供癌症治療新策略。花經發酵、乾燥，成為染料和口紅原料。

薄葉嘉賜木
Casearia membranacea

口腔癌　結腸癌　攝護腺癌

科　　別	大風子科，大風子科，小喬木。
外觀特徵	葉二排互生，花兩性，常簇生，蒴果為橢圓狀。
藥材及產地	以枝、葉入藥。分佈於海南島及台灣。
相關研究	主要功效為抗癌，無其他效果報導。
有效成分	嘉賜木素 caseamembrin，分子量 562.69 克 / 莫耳

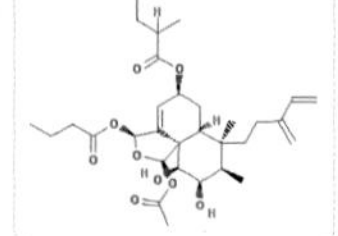

抗癌種類及研究

- 口腔癌、結腸癌

台灣國立中山大學「薄葉嘉賜木的細胞毒性二萜類化合物」，2005 年 11 月《天然物期刊》。葉和樹枝萃取物對口腔癌、結腸癌細胞具細胞毒性。

- 攝護腺癌

台灣國立台灣大學「新二萜類化合物對攝護腺癌 PC-3 細胞的外在和內在細胞凋亡途徑作用」，2004 年 10 月 25 日《歐洲藥理學期刊》。嘉賜木素對攝護腺癌細胞能抗增生，是很有效的化合物。

其他補充

期待嘉賜木素能進一步開發為抗癌藥物。國立中山大學海洋資源研究所一篇碩士論文也報導薄葉嘉賜木活性成分對胃癌及鼻咽癌細胞有細胞毒殺效果。

望江南

Cassia occidentalis

大腸癌

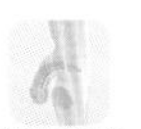
攝護腺癌

乳癌

卵巢癌
子宮頸癌

科　　別	豆科，決明屬，一年生草本植物，又名扁決明。
外觀特徵	高 60 至 120 公分，全草無毛。
藥材及產地	以莖、葉、種子入藥。原產於美國南部和美洲熱帶地區。分佈於河北、江蘇、浙江、江西、福建等地。
相關研究	具有抗過敏，消炎，抗菌作用。
有效成分	萃取物

抗癌種類及研究

- **大腸癌、攝護腺癌、乳癌、子宮頸癌、卵巢癌**

印度加母大學「望江南在體外對人類癌細胞株細胞毒性和抗菌活性評估」，2010 年 8 月《印度藥理學期刊》。萃取物對大腸癌、攝護腺癌、乳癌、子宮頸癌、卵巢癌有抑制潛力。

1. 未發現中藥典籍有記載望江南的抗癌作用。需進一步探尋所含的抗癌活性化合物。目前僅有印度的一篇抗癌研究報告，希望台灣及中國能多發表相關論文。

2. 扁鵲（西元前 401-310 年），本名秦緩，扁鵲為其尊稱，東周名醫，生於現今河北省任丘縣。他奠定了中醫學的切脈診斷方法，開啟中醫學大門。《史記》中有「扁鵲倉公列傳」。

長春花
Catharanthus roseus

神經母細胞瘤

肝癌

結腸癌

乳癌

科　　別｜夾竹桃科，長春花屬，一年生草本植物。

外觀特徵｜葉對生，花白色、粉紅、紅和紫紅色，從初夏至晚秋持續開放，故日文稱為日日草。

藥材及產地｜以全草入藥。原產於馬達加斯加，分佈在中國、熱帶爪哇、巴西以及非洲等地區。

相關研究｜長春花葉子粉末有降血糖活性。

有效成分｜長春新鹼 vincristine，分子量 824.95 克 / 莫耳

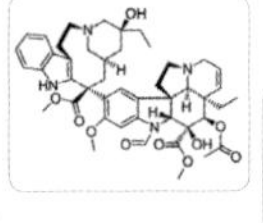

長春鹼 vinblastine，分子量 810.97 克 / 莫耳

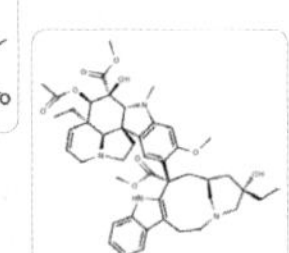

抗癌種類及研究

• 神經母細胞瘤

中國天津平津醫院「長春新鹼對人類神經母細胞瘤誘導細胞週期阻滯和凋亡」，2013 年 1 月《國際分子醫學期刊》。可成為神經母細胞瘤的化療之一。

• 肝癌、結腸癌、乳癌

中國北京中日友好醫院「長春花生物鹼的兩個新型長春鹼 N- 氧化物」，2013 年《天然物研究》期刊。對肝癌、結腸癌和乳癌細胞有增生抑制活性。

1. 全株有毒。長春鹼與長春新鹼皆是上市的抗癌化療藥物，以靜脈注射給藥。長春鹼於 1958 年分離而得，長春新鹼則於 1961 年分離出來，兩者皆列於世界衛生組織的基本藥物名單中。

2. 長春新鹼是從長春花分離出的一種生物鹼。該藥物最初由美國阿姆斯壯博士領導的研究小組發現。它透過結合微管蛋白，抑制有絲分裂，最後導致細胞凋亡。1963 年美國食品藥物管理局核准上市。

長春新鹼
(取自維基百科，作者 Fuse809)

烏蘞莓
Cayratia japonica

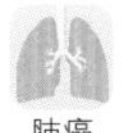
肺癌

乳癌

科　　別	葡萄科，烏蘞莓屬，多年生蔓生草本植物。
外觀特徵	莖紫綠色，幼枝有柔毛，掌狀複葉，花小，黃綠色，圓形漿果成熟後黑色。
藥材及產地	以全草入藥。分佈於印度、越南、菲律賓、日本、台灣及中國等地。
相關研究	能抑制單胺氧化酶。
有效成分	萃取物

抗癌種類及研究

• 肺癌、乳癌

英國倫敦國王學院「馬來西亞和泰國傳統癌症治療植物的毒性作用」，2005 年 9 月 14 日《民族藥理學期刊》。烏蘞莓對肺癌、乳癌細胞具有細胞毒性。

阿草伯藥用植物園 提供

其他補充

1. 未發現中藥典籍有記載烏蘞莓的抗癌作用，應進一步找出其活性化合物。目前烏蘞莓抗癌報告僅此來自英國的一篇研究。
2. 化療的歷史植根於二戰期間美國和英國進行的毒氣戰研究。那次經驗使一些研究人員認為，化學製劑可用於破壞或控制癌細胞生長，這也是化療的核心定義。戰爭結束後，便進行了使用氮芥對抗白血病的實驗。這項工作大部分是在紐約市史隆凱特林癌症研究院完成，有許多戰時服務於化學戰的科學家搬遷到這裡。

雷公根

Centella asiatica

結腸癌　乳癌　黑色素瘤

科　別	傘形科，積雪草屬，多年生草本植物，又名積雪草。
外觀特徵	開淡紅色小花，葉如缺口的碗，故也稱崩大碗。
藥材及產地	以全草入藥。原產於中國、台灣、印度、斯里蘭卡等地。
相關研究	減輕關節炎，降血脂，降血糖，抗氧化，抗炎。
有效成分	亞細亞酸 asiatic acid，分子量 488.7 克 / 莫耳 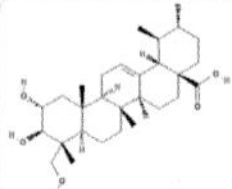

抗癌種類及研究

阿草伯藥用植物園 提供

• 結腸癌

韓國圓光大學醫學院「亞細亞酸誘導結腸癌細胞生長抑制和凋亡，透過粒線體的死亡途徑」，2009 年 8 月《生物與醫藥簡訊》期刊。對結腸癌細胞誘導凋亡。

• 乳癌

印度醫學與技術學院「積雪草誘導人類乳癌細胞凋亡」，2008 年 10 月 25 日《非洲傳統補充替代醫學》期刊。甲醇萃取物抑制乳癌細胞生長。

• 黑色素瘤

韓國嶺南大學「亞細亞酸誘導人類黑色素瘤細胞凋亡」，2005 年 1 月 31 日《癌症通信》期刊。亞細亞酸是積雪草中的一種五環三萜。可能是治療人類皮膚癌的候選藥物。

其他補充

中藥典籍未發現有記載雷公根的抗癌作用，所含的亞細亞酸有潛力開發成抗癌藥物。中國河南大學於 2016 年也報導亞細亞酸具有抗卵巢癌的潛力。馬來西亞普特拉大學於 2014 年發現雷公根汁能對抗肝癌細胞。或許肝癌患者能將雷公根榨汁來喝，當作輔助療法，但需諮詢醫師意見。

石胡荽

Centipeda minima

鼻咽癌

結腸癌

科別	菊科，石胡荽屬，一年生草本植物
外觀特徵	高 5 至 20 公分，莖多分枝，匍匐狀，橢圓形葉子互生，扁球形花序細小，生於葉腋，花黃綠色，瘦果圓柱形。
藥材及產地	以全草入藥。分佈於馬來西亞、日本、朝鮮及中國等地。
相關研究	具有抗氧化，抗炎，抗菌，抗過敏效果。
有效成分	揮發油，倍半萜內酯

抗癌種類及研究

- 結腸癌

日本北里大學「兩個天然倍半萜內酯對人類結腸癌 HT-29 細胞的細胞毒性」，2014 年《天然物研究》期刊。石胡荽所含的倍半萜內酯導致結腸癌細胞週期停滯和細胞凋亡。

- 鼻咽癌

中國香港中文大學「石胡荽揮發油對人類鼻咽癌 CNE 細胞增生的抑制作用」，2010 年 1 月《天然物通訊》期刊。抑制鼻咽癌細胞增生。

阿草伯藥用植物園 提供

其他補充

維基百科記載石胡荽有抗癌作用，需進一步探討揮發油中的活性化合物。其中一個化合物是山金畫內酯，另一個為異丁醯二氫堆心菊靈，名稱很難記住。

三尖杉

Cephalotaxus fortunei

血癌

腦瘤

科　　別	三尖杉科，三尖杉屬，常綠小喬木。
外觀特徵	高可達 20 公尺，樹幹直徑 20 公分，小枝對生，披針狀葉。
藥材及產地	以枝、葉、種子、根入藥。原產於緬甸北部和中國，分佈於陝西、甘肅、湖北、河南等地。
相關研究	除了抗癌及化學結構分析，其他研究報導不多。
有效成分	新三尖杉酯鹼 neoharringtonine，分子量 533.56 克 / 莫耳 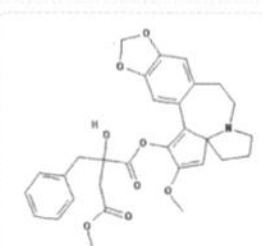

抗癌種類及研究

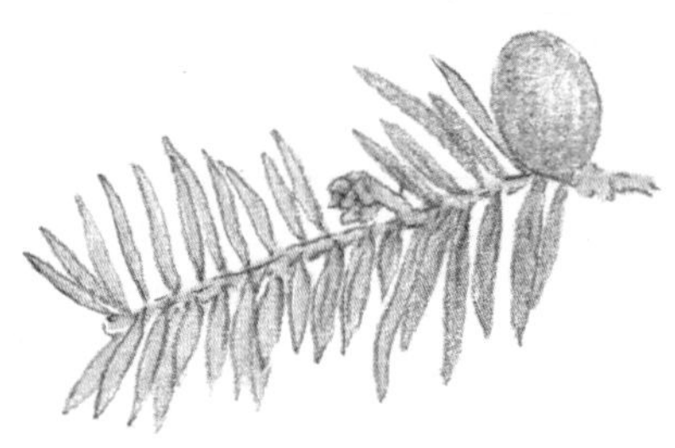

- 腦瘤

中國科學院昆明植物研究所「新型 Wnt 抑制劑銀杏雙黃酮壓制髓質母細胞瘤生長」，2015 年 3 月 29 日《天然物及生物勘察》期刊。三尖杉變種分離出的銀杏雙黃酮，有潛力成為抗腦瘤候選藥物。

- 血癌

中國中央研究院「三尖杉生物鹼結構和半合成的兩個抗癌三尖杉酯研究」，1992 年《藥學學報》期刊。分離出兩個新生物鹼，即新三尖杉酯鹼、去氫三尖杉酯鹼，具有顯著的抗血癌活性。

1. 枝葉有毒。新三尖杉酯鹼可開發成抗癌藥物。
2. 李時珍（西元 1518-1593 年），明朝著名醫學家、藥學家和博物學家。生於現今湖北省黃岡市。所著《本草綱目》集本草學大成，對醫學和博物學研究影響深遠。全 52 卷，共 190 萬餘字。去世後第三年，此書在南京正式刊行。

柱冠粗榧

Cephalotaxus harringtonia

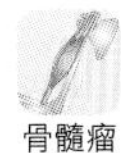
骨髓瘤

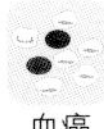
血癌

科別	三尖杉科，三尖杉屬，常綠針葉灌木，日文稱「犬榧」。
外觀特徵	高 6 至 10 公尺，枝條較短，直展或斜展，樹冠柱形。
藥材及產地	以根莖、種子入藥。原產於日本，分佈在北海道西南部、本州日本海側青森、山口和四國等地。
相關研究	三尖杉種子含抗菌二萜。
有效成分	高三尖杉酯鹼 homoharringtonine，分子量 545.62 克 / 莫耳

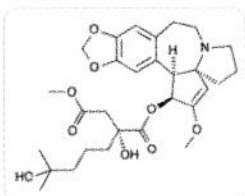

抗癌種類及研究

• 骨髓瘤

中國浙江大學「三尖杉酯鹼抑制 AKT 途徑並在體外和體內對人類多發性骨髓瘤細胞具細胞毒性」，2008 年 10 月《血癌與淋巴瘤》期刊。抗腫瘤活性表現在骨髓瘤異種移植動物模式。可成為一種新型抗骨髓瘤化療藥物。

• 血癌

法國巴黎伯納德研究所「高三尖杉酯鹼：癌症化療的有效新天然物」，1995 年 12 月《癌症通信》期刊。有效治療急性髓性白血病、慢性髓性白血病和骨髓增生異常綜合症。

高三尖杉酯鹼可開發成抗癌藥物。

海芒果
Cerbera manghas

乳癌

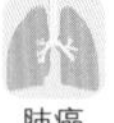
肺癌

肝癌

血癌　口腔癌

科　　別	夾竹桃科，海芒果屬，常綠小喬木，又名海檬果。
外觀特徵	高可達 8 公尺，單葉互生，長圓形，花白色 5 瓣，中心紫紅色，核果卵圓形，熟時紅色，種子 1 枚。
藥材及產地	以種仁入藥，中藥名「牛心茄」。原產於印度、緬甸、澳洲、台灣、中國等地。
相關研究	有降血糖作用。
有效成分	黃夾次苷乙 neriifolin，分子量 534.68 克 / 莫耳 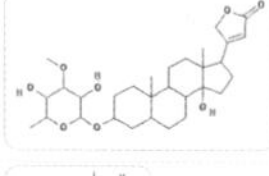
	海果素 tanghinin，分子量 590.70 克 / 莫耳 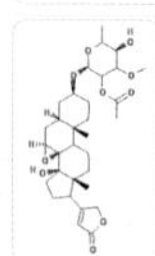

抗癌種類及研究

• 肝癌

中國第二軍醫大學「海芒果種子黃夾次苷乙在人類肝癌 HepG2 細胞誘導細胞週期阻滯和凋亡」，2011 年 7 月《植物治療》期刊。降低肝癌細胞存活，誘導細胞週期阻滯，並刺激肝癌細胞凋亡，是肝癌治療的候選藥物。

• 血癌

中國第二軍醫大學「海芒果種子唐吉苷元，誘導人類早幼粒血癌 HL-60 細胞凋亡」，2010 年 7 月《環境毒理學與藥理學》期刊。激活半胱天冬酶，有效誘導血癌細胞凋亡。

• 口腔癌、乳癌、肺癌

泰國宋卡王子大學「海芒果種子新的細胞毒性苷」，2004 年 8 月《化學醫藥通訊》期刊。海果素及其他活性成分對人類口腔癌、乳癌、小細胞肺癌具有細胞毒性。

全株有毒。海芒果也稱為自殺果，在南亞常被用於自殺。未發現中藥典籍有記載海芒果的抗癌作用。黃夾次苷乙與海果素有潛力開發成抗癌藥物。

白屈菜

Chelidonium majus

血癌

肝癌

科　　別	罌粟科，白屈菜屬，多年生草本植物。
外觀特徵	高 30 至 100 公分，莖直立，黃色花，植株有橙黃色乳液。
藥材及產地	以全草入藥。分佈於中國東北、內蒙古、河北等地。
相關研究	含抗菌生物鹼，在體外和體內具有抗反轉錄病毒活性。
有效成分	萃取物

抗癌種類及研究

阿草伯藥用植物園 提供

• 血癌

斯洛伐克誇美紐斯大學「白屈菜萃取物對血癌細胞的潛在抗氧化活性、細胞毒性和誘導凋亡作用」，2008 年 10 月《神經內分泌學通信》。白屈菜有抗氧化作用，並能在體外抑制血癌細胞增生和誘導凋亡。

• 肝癌

印度卡亞尼大學「白屈菜萃取物對抗小鼠誘發肝癌生成療效」，2008 年 5 月《食品與化學毒理學》期刊。萃取物具抗腫瘤，抗遺傳毒性和肝保護作用，顯示出肝癌治療潛力。

其他補充

有毒。百度百科記載白屈菜具有抗癌作用，但未提供資料來源。需進一步分析萃取物中的抗癌活性成分。

蝙蝠草
Christia vespertilionis

科別	豆科，蝙蝠草屬，多年生草本植物。
外觀特徵	高 60 至 120 公分，單小葉灰綠色，近革質，花黃白色，莢果橢圓形，成熟後黑褐色。
藥材及產地	全草可入藥。產於廣東、廣西、海南等地，全世界熱帶地區均有分佈。
相關研究	所含成分能對抗惡性瘧原蟲。
有效成分	萃取物

抗癌種類及研究

- 甲狀腺癌、神經內分泌腫瘤

奧地利格拉茲醫科大學「蝙蝠草萃取物是人類神經內分泌腫瘤細胞的新抗增生劑」，2013 年 3 月《腫瘤學報告》期刊。對髓樣甲狀腺癌與小腸神經內分泌腫瘤有抑制生長、抗增生和促凋亡作用，但對正常人類成纖維細胞無作用。

阿草伯藥用植物園 提供

其他補充

未發現中藥典籍有記載蝙蝠草的抗癌功效。國際論文僅有兩篇，需進一步探討萃取物中的抗癌活性化合物，可開發為癌症治療劑。

菊花

Chrysanthemum indicum

攝護腺癌　肝癌

科　　　別	菊科，菊屬，多年生草本植物。又稱野菊。
外 觀 特 徵	高 25 至 100 公分。根莖粗厚，分枝，葉卵形。舌狀花，黃色。
藥材及產地	以根、全草或花入藥。原產於亞洲及歐洲東北部。
相 關 研 究	花的化學成分具有抗骨質疏鬆和抗氧化活性，也能抗炎，護肝，止痛。
有 效 成 分	萃取物

抗癌種類及研究

- 攝護腺癌

韓國慶熙大學「菊花萃取物透過抑制 STAT3 激活，誘導人類攝護腺癌細胞凋亡」，2013 年 1 月《植物療法研究》期刊。具有抗炎和抗腫瘤活性，透過抑制信號傳導途徑，誘導細胞凋亡。

- 肝癌

中國西安交通大學「菊花萃取物對人類肝癌細胞誘導細胞凋亡和細胞週期阻滯」，2009 年 9 月 28 日《世界腸胃學期刊》。透過粒線體途徑，產生顯著的凋亡作用，但對正常細胞無影響。有希望成為新的人類肝癌治療藥物。

其他補充

需進一步探討菊花萃取物中的抗癌活性化合物，開發成癌症治療劑。大多數品種起源於東亞，以中國為中心，大約有 40 個品種。西元前 15 世紀即在中國栽培，是梅、蘭、竹、菊四君子之一。早期傳至日本後被日皇採用，作為皇室徽章。

菊苣
Cichorium intybus

黑色素瘤

血癌

科　　別	菊科，菊苣屬，多年生草本植物。
外觀特徵	高 40 至 100 公分，莖直立，葉互生，花小，藍色，有色斑，瘦果倒卵形。
藥材及產地	以葉、種子、根入藥。分佈於歐洲、亞洲、北非等地區。
相關研究	抗炎，抗氧化，降血糖，抑制脂肪生成，保護肝臟。
有效成分	木蘭屬內酯 magnolialide，分子量 248.31 克 / 莫耳

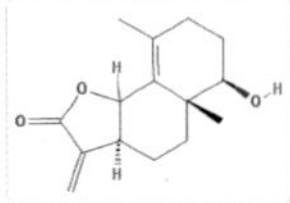

抗癌種類及研究

• 黑色素瘤

義大利卡拉布里亞大學「地中海飲食之植物對人類腫瘤細胞株的抗增生活性及毒性試驗」，2008 年 10 月《食品與化學毒理學》期刊。菊苣對黑色素瘤有顯著抗增生活性。

• 血癌

韓國慶熙大學「菊苣木蘭屬內酯對人類血癌細胞的分化誘導效果」，2000 年《生物與醫學簡訊》期刊。木蘭屬內酯抑制癌細胞生長，誘導血癌細胞分化成單核細胞及巨噬細胞樣細胞。

中藥典籍未發現有記載菊苣的抗癌作用。
木蘭屬內酯有潛力開發成抗癌藥物。

興安升麻

Cimicifuga dahurica

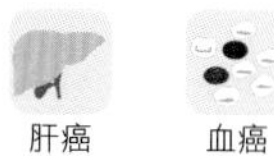

科　　別	毛茛科，升麻屬，多年生草本植物。
外觀特徵	莖高 1 公尺，有柔毛，複葉，葉片三角形，總狀花序，種子橢圓形，褐色。
藥材及產地	以根或根莖入藥。主產於中國黑龍江、河北、山西、內蒙古。
相關研究	從興安升麻根莖萃取的異阿魏酸，對自發性糖尿病大鼠有降血糖作用。
有效成分	三萜皂苷

抗癌種類及研究

• 肝癌

美國哈佛醫學院「興安升麻地上部分總苷抗腫瘤活性和針對肝癌的作用機制」，2007 年 12 月 31 日《BMC 癌症》期刊。三萜皂苷對肝癌具有抗增生活性，因此對肝癌的預防或治療可能有用。

• 血癌、肝癌

中國北京協和醫學院「興安升麻 3 個環艾烷三萜類化合物的細胞毒性」，2005 年 8 月 8 日《癌症通信》期刊。對血癌、肝癌、抗藥性肝癌細胞有選擇性細胞毒性。

其他補充

中藥典籍未發現有興安升麻抗癌的記載。發表興安升麻抗肝癌的第一作者，任職於哈佛醫學院代納法伯癌症中心。過去曾在那裡從事博士後研究，格外有親切感。

升麻

Cimicifuga foetida

肝癌

乳癌

科　　別	毛茛科，升麻屬，多年生草本植物。
外觀特徵	根莖粗大，莖高 1 至 2 公尺，葉互生，花小，黃白色，果實密生短毛。
藥材及產地	以乾燥根莖入藥。主產於中國遼寧、黑龍江、湖南等地。
相關研究	升麻萃取物對於停經症候群的治療安全有效。可能有抗憂鬱效果。
有效成分	環阿屯烷 cycloartane，分子量 412.73 克 / 莫耳 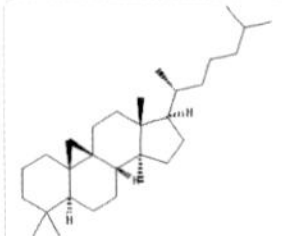

抗癌種類及研究

• 肝癌

中國北京協和醫學院「升麻萃取物透過誘導細胞週期阻滯和凋亡，抑制肝癌細胞增生」，2007 年 11 月 1 日《民族藥理學期刊》。萃取物對肝癌具有抗腫瘤作用，可作為治療肝癌的新療法。

• 乳癌

中國科學院昆明植物研究所「升麻根莖兩種細胞毒性環阿屯烷的三萜皂苷 A 和 B 抑制癌細胞增生」，2007 年 1 月 31 日《貝爾斯坦有機化學期刊》。化合物對大鼠艾氏腹水癌和人類乳癌細胞具細胞毒性，有潛力作為抗癌藥物。

中藥典籍未發現有升麻抗癌的記載。
環阿屯烷有潛力開發成抗癌藥物。

肉桂

Cinnamomum cassia

黑色素瘤　淋巴瘤　子宮頸癌　結腸直腸癌

科別	樟科，樟屬，常綠喬木。
外觀特徵	高 5 至 10 公尺，樹皮灰褐色，具強烈芳香味，葉子長橢圓形。
藥材及產地	以幹皮及枝皮入藥，是 50 種基本中藥之一。原產於中國，在東南亞也有種植。
相關研究	對糖尿病、胃潰瘍、發炎、關節炎等也具作用。
有效成分	肉桂醛 cinnamaldehyde，分子量 132.16 克 / 莫耳 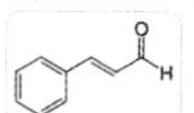

抗癌種類及研究

- 黑色素瘤、淋巴瘤、子宮頸癌、結腸直腸癌

韓國光州科學研究所「肉桂萃取物透過抑制 NFkB 和 AP1 誘導腫瘤細胞死亡」，2010 年 07 月 24 日《BMC 癌症》期刊。在體外對黑色素瘤、淋巴瘤、子宮頸癌、結腸直腸癌細胞有抗癌作用，可增強促凋亡活性，對小鼠黑色素瘤也具抗癌效果。

其他補充

肉桂醛有潛力開發成抗癌藥物。肉桂皮可當香料。美國史隆凱特琳癌症中心資料庫描述了十全大補湯，肉桂是其中一個藥材。

大薊
Cirsium japonicum

乳癌

肉瘤

肝癌

科　　別	菊科，薊屬，多年生草本植物。
外觀特徵	根圓錐形，肉質，全株有硬刺，密生白色軟毛，葉互生，具淺裂和刺，初夏開紫紅色花，瘦果橢圓形。
藥材及產地	地上部分或根可入藥，分佈於中國、朝鮮、日本及台灣。
相關研究	大薊在糖尿病大鼠有抗糖尿病效果。所含的木犀草素具有類似抗抑鬱的作用。
有效成分	黃酮

抗癌種類及研究

• 乳癌

韓國京畿大學「大薊萃取物誘導人類乳癌 MCF-7 細胞凋亡和抗細胞增生」，2010 年 5 月《分子醫學報告》期刊。抑制乳癌細胞增生。

• 肉瘤、肝癌

中國樂山師範學院「大薊黃酮的定量分析和抗癌活性」，2007 年 8 月《天然物研究》期刊。對肉瘤和肝癌小鼠具有抗腫瘤活性，抑制癌細胞生長。

應找出萃取物中的活性化合物。

錫生藤

Cissampelos pareira

血癌

口腔癌

子宮頸癌

科　　別	防己科，錫生藤屬，木質藤本植物。
外觀特徵	枝有柔毛，葉近圓形，果實紅色。
藥材及產地	乾燥全株為傣族習用藥材。分佈於中國雲南、廣西、貴州等地，亞洲熱帶地區也有生長。
相關研究	對所有四種登革熱病毒有抗病毒活性。能保肝，也能治療疼痛和關節炎。葉子萃取物有抗生育的效果，可用於人口控制。
有效成分	美洲錫生藤鹼 pareirubrine A，分子量 367.35 克 / 莫耳 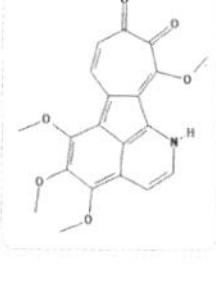

抗癌種類及研究

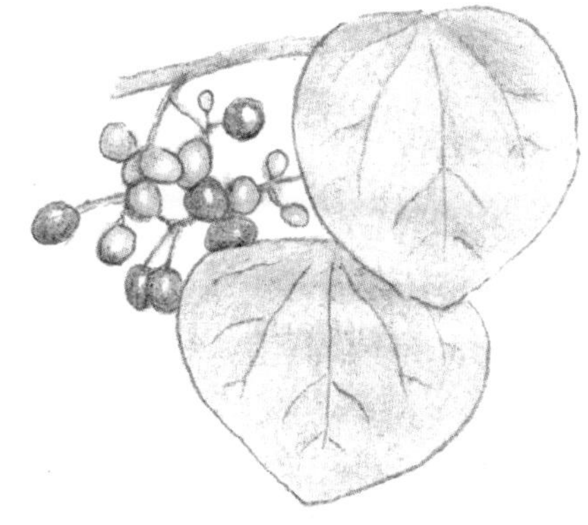

- 口腔癌、子宮頸癌

印度科學與創新研究院「錫生藤正己烷分餾化學組成及對 KB 和 SiHa 細胞的細胞毒性成分」，2015 年《天然物研究》期刊。所含的齊墩果酸和油酸是潛在的抗癌活性分子，能抗口腔癌和子宮頸癌細胞。

- 血癌

日本東京大學「錫生藤兩種新型抗血癌生物鹼，美洲錫生藤鹼 A 和 B 結構和固態異構形式」，1993 年 8 月《化學與藥物通報》期刊。含有抗血癌化合物。

其他補充

美洲錫生藤鹼有潛力開發成抗癌藥物。可用來治療登革熱病患。

苦橙
Citrus aurantium

血癌

胃癌

肺癌
乳癌

結腸癌

科　　別	芸香科，柑橘屬，小喬木或灌木，又名酸橙。
外觀特徵	葉片互生，橢圓形，花大而芳香，乳白色。
藥材及產地	以乾燥未成熟果實入藥，稱為枳殼。源於地中海地區。
相關研究	苦橙精油具有類似抗焦慮的活性，而且多次口服後，膽固醇會降低。具抗微生物和抗氧化活性。
有效成分	黃酮

抗癌種類及研究

阿草伯藥用植物園 提供

- 肺癌

韓國國立慶尚大學「韓國苦橙黃酮類化合物誘導非小細胞肺癌細胞週期阻滯和凋亡」，2012 年 12 月 15 日《食品化學》期刊。有效抑制肺癌細胞。

- 乳癌、結腸癌

伊朗伊斯蘭阿薩德大學「苦橙酚類化合物的表徵和生物活性」，2012 年 1 月 30 日《分子》期刊。有潛力成為乳癌、結腸癌治療劑。

- 血癌

韓國東貴大學「苦橙透過抑制特定蛋白對人類血癌 U937 細胞的凋亡作用」，2012 年 6 月《國際腫瘤學期刊》。對血癌細胞具有抗癌活性。

- 胃癌

韓國國立慶尚大學「苦橙黃酮在人類胃癌 AGS 細胞誘導細胞週期阻滯和凋亡」，2012 年《依據證據的補充與替代醫學》期刊。可成為有用的胃癌化學預防劑。

需探索苦橙抗癌活性化合物。法國、義大利等地用來提煉精油，生產香水。

過山香

Clausena excavata

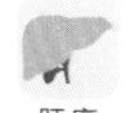
肝癌

乳癌

攝護腺癌

科　　別	芸香科，黃皮屬，落葉小喬木，又名假黃皮。
外觀特徵	高 3 至 4 公尺，枝葉有毛，單數羽狀複葉，互生，具透明油點，小花白色，漿果長卵形，黃綠色，種子多數。
藥材及產地	以根、葉、樹皮入藥。分佈在東南亞、印度、台灣及中國雲南、廣西等地。
相關研究	能抗愛滋病毒。
有效成分	齒葉黃皮素 dentatin，分子量 326.38 克 / 莫耳

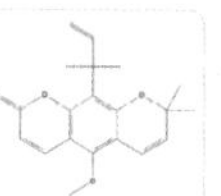

抗癌種類及研究

• 肝癌

馬來西亞普特拉大學「過山香齒葉黃皮素透過粒線體介導信號，誘導肝癌細胞凋亡」，2015 年《亞太癌症預防期刊》。顯著抑制肝癌細胞增生，且不影響正常肝細胞。

• 乳癌

馬來西亞普特拉大學「過山香齒葉黃皮素透過信號傳導和細胞週期停滯內在途徑，誘導 MCF-7 細胞凋亡：一個生物測定引導方法」，2013 年 1 月《民族藥理學期刊》。抑制乳癌細胞增生，導致細胞週期停滯和程序性細胞死亡。

• 攝護腺癌

馬來西亞普特拉大學「齒葉黃皮素透過特定蛋白下調，半胱天冬酶激活和 NFkB 抑制，誘導攝護腺癌細胞凋亡」，2012 年《依據證據的補充替代醫學》期刊。抗攝護腺癌增生，值得進一步發展為攝護腺癌治療劑。

中藥典籍未發現記載過山香抗癌作用。在泰國東部作為治療癌症民間用藥。齒葉黃皮素有潛力進一步開發成抗癌藥物。

黃皮

Clausena lansium

胃癌

肝癌

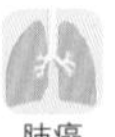
肺癌

科　　別	芸香科，黃皮屬，常綠小喬木。
外觀特徵	高 5 至 10 公尺，羽狀複葉互生，花黃白色，芳香，果橢圓形，成熟時淡黃色。
藥材及產地	以樹皮、葉、果、果核入藥。原產於中國，分佈於福建、廣東、海南及台灣等地。
相關研究	樹皮萃取物及分離出的化合物，具有抗滴蟲、抗糖尿病、抗炎、保肝和抗氧化作用。
有效成分	萃取物

抗癌種類及研究

• 肺癌、肝癌

中國遼寧中醫藥大學「黃皮莖的細胞毒性成分」，2013 年 9 月 3 日《分子》期刊。化合物顯示對非小細胞肺癌和肝癌具有細胞毒性。

• 胃癌、肝癌、肺癌

中國南方植物園「黃皮果皮的抗氧化和抗癌活性」，2009 年《生物醫學與生物技術期刊》。對胃癌、肝癌、肺癌細胞有強烈抗癌活性。

阿草伯藥用植物園 提供

黃皮莖及果皮含抗癌成分，有潛力開發成藥物。在非洲奈及利亞又稱為愚人咖哩葉。中興新村親戚家院子種了一棵黃皮樹，成熟時採收，酸且溜滑。

威靈仙
Clematis chinensis

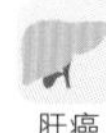
肝癌

科　　別	毛茛科，鐵線蓮屬，多年生木質藤本植物。
外觀特徵	長 3 至 10 公尺，羽狀複葉對生，花白色，瘦果扁形。
藥材及產地	以根及根莖入藥。分佈於中國、台灣、越南、日本琉球群島等地。
相關研究	在中國被廣泛用於治療類風濕關節炎。分離出的三萜皂苷，能抗類風濕性關節炎，也能降血壓。
有效成分	皂苷

抗癌種類及研究

• 肝癌

中國廣東省本草研究所「威靈仙總皂苷的抗腫瘤活性」，1999 年 7 月《中藥材》期刊。對肝癌細胞具毒殺效果，在體內能抑制小鼠腫瘤的生長。

其他補充

《本草綱目》描述「威言其性猛，靈仙言其功神也」。威靈仙抗癌研究僅此一篇，希望未來有更多的實驗來探討其抗癌機制。

柱果鐵線蓮

Clematis uncinata

科　　　別	毛茛科，鐵線蓮屬，藤本植物。
外觀特徵	羽狀複葉，對生，花序圓錐狀，白色，瘦果圓柱形。
藥材及產地	以根及葉入藥。分佈於中國華南、長江中、下游各省區。
相關研究	國際期刊上只有兩篇關於柱果鐵線蓮的報導，皆與抗子宮頸癌有關。未有其他功效記載。
有效成分	三萜皂苷

抗癌種類及研究

- 子宮頸癌

中國南京中國藥科大學「柱果鐵線蓮三萜皂苷」，2014 年 1 月《化學與醫藥通報》期刊。表現出對子宮頸癌細胞的抑制效果。

其他補充

值得深入探討其抗癌機制。台灣大學植物標本館藏有柱果鐵線蓮標本，採集者福山司、三浦重道。地點為台北觀音山。學名後來由清水建美於 1962 年訂正。

臭牡丹

Clerodendrum bungei

肝癌

肉瘤

科　　別	馬鞭草科，大青屬，灌木。
外觀特徵	高1至2公尺，葉對生，花淡紅色、紅色或紫紅色，核果球形，成熟時藍紫色，全株有臭味。
藥材及產地	以莖葉和根入藥。分佈於中國華北、西北、西南等地。
相關研究	對血管張力素轉換酶有抑制作用。
有效成分	萃取物

抗癌種類及研究

• 肝癌、肉瘤

中國四川中藥研究院「臭牡丹的抗腫瘤作用研究」，1993年11月《中國中藥雜誌》。在體內對小鼠肝癌和肉瘤有抗腫瘤效果。

其他補充

清朝吳其濬《植物名實圖考》：「臭牡丹，江西、湖南田野廢圃皆有之。一名臭楓根、一名大紅袍。」網路上有篇植物記，描述在杭州西湖花港觀魚處的臭牡丹，似仙丹花與繡球花的綜合。一位朋友記錄杭州的有趣經驗，「放下行李直奔西湖，在路邊租三輛自行車開始環湖遊。技術欠佳的我第一次騎上公路，心驚膽顫，最後還摔了一大跤，因為當地人帶的路不對，原本我期待的環湖變成了環公路。」

西湖雨

海州常山
Clerodendrum trichotomum

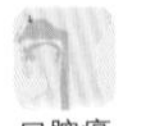

口腔癌　淋巴瘤　子宮頸癌　胃癌　肝癌

科別	馬鞭草科，大青屬，灌木或小喬木，又名臭梧桐。
外觀特徵	高 2 至 10 公尺。葉橢圓形，花白色或粉紅色，核果近球形，成熟時外果皮藍紫色。
藥材及產地	以根、枝葉、花、果實、種子入藥。分佈於中國華北、華東、中南、西南等地。
相關研究	沒有其他功效的報導。
有效成分	二萜類

抗癌種類及研究

• 子宮頸癌

中國蘭州化學物理研究所「海州常山葉子的新細胞毒性類固醇」，2013 年 7 月《類固醇》期刊。在體外對子宮頸癌細胞表現出中等毒性。

• 胃癌、肝癌、口腔癌、淋巴瘤

中國上海復旦大學。「海州常山根的松香烷二萜類化合物對人類腫瘤細胞的細胞毒性」，2013 年 5 月《植物化學》期刊。對胃癌、肝癌、口腔癌、淋巴瘤有顯著的細胞毒性作用。

目前僅有兩篇國際期刊關於海州常山的抗癌研究報告。期待未來有更多的研究。

蔓遁草
Clinacanthus nutans

子宮頸癌
血癌

肝癌
神經母細胞瘤
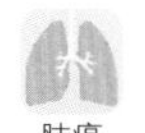
肺癌
胃癌
結腸癌

科　　別	爵床科，鱷嘴花屬，多年生草本植物，別名鱷嘴花、沙巴蛇草。
外觀特徵	高約 1 至 1.5 公尺，葉長 15 公分，葉緣波浪狀，嫩葉可食用。
藥材及產地	全年採收枝葉，可鮮用或曬乾當成藥材。原產於中國大陸，台灣也有栽培。
相關研究	泰國對蔓遁草有較多的研究與報導，包括具有抗單純皰疹病毒以及抗發炎活性。
有效成分	萃取物

抗癌種類及研究

- 肝癌、神經母細胞瘤、肺癌、胃癌、結腸癌、子宮頸癌、血癌

馬來西亞普特拉大學「蔓遁草萃取物對體外培養的人類腫瘤細胞株抗氧化及抗細胞增生的影響」，2013 年《依據證據的補充與替代醫學》期刊。對肝癌、神經母細胞瘤、肺癌、胃癌、結腸癌、子宮頸癌、血癌具抗增生作用。

1. 需確認蔓遁草萃取物中的活性成分。台灣屏東縣政府農業處表示，九如鄉藥草植物園區有栽種，園區負責人將它當食用蔬菜推廣，口感清脆。
2. 中國江蘇大學 2015 年在《分子》期刊報導，蔓遁草對小鼠肝癌實體腫瘤有減少體積及重量的作用。

蛇床
Cnidium monnieri

乳癌

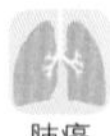
肺癌

科　　別	傘形科，蛇床屬，一年生草本植物。
外觀特徵	高 30 至 80 公分，莖直立多分枝，葉羽狀，夏季開白花。
藥材及產地	以成熟果實入藥，名為蛇床子。分佈於中國、朝鮮、越南、俄羅斯、歐洲、北美等地。
相關研究	蛇床子素能減輕高血糖症，用於治療糖尿病。也可以改善脂肪肝及動脈粥樣硬化的現象。
有效成分	蛇床子素 osthol，分子量 244.28 克 / 莫耳 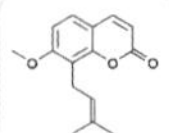

C

蛇床 *Cnidium monnieri*

抗癌種類及研究

• 乳癌

中國南京中醫藥大學「蛇床子素對乳癌細胞遷移和侵入的影響」，2010 年《生物生技與生化學》期刊。有效抑制乳癌細胞的遷移和侵入，需進一步評估蛇床子素在乳癌化療和化學預防上的效果。

• 肺癌

中國瀋陽醫科大學「蛇床子素在體外透過抑制基質金屬蛋白酶，抑制人類肺癌 A549 細胞的轉移和侵入」，2012 年 11 月《分子醫學報告》期刊。蛇床子素可抑制肺癌轉移。

1 蛇床子素有潛力開發成抗癌藥物。百度百科記載其抗癌功效。

2 「三稜草、蛇床子、苔、龍膽草，在殘雪間露出的青青嫩草、木蚋、酢漿草，以其常做為綾緞的圖案，故而較諸他草又趣高一等。」此段文字是日本平安時代女作家清少納言《枕草子》中之「草」章節所描述的。她接著又說，「蓬草，可愛。茅花，可愛。而濱茅之葉，則更可愛。」因此後人將她的人生態度歸類為「欣賞派」。

四葉參

Codonopsis lanceolata

口腔癌

結腸癌

血癌

科　　別	桔梗科，黨參屬，多年生草本植物，又名山海螺、羊乳。
外觀特徵	全株有乳汁，具特異氣味。莖無毛，短枝上的葉 4 片簇生，橢圓形，鐘狀花黃綠色，有紫色斑點，蒴果，種子有翅。
藥材及產地	以根入藥。主產於中國東北、華北、華東等地。
相關研究	具有抗肥胖作用，有潛力作為功能性食品。能抗發炎，有保護肝臟之益處。
有效成分	萃取物

抗癌種類及研究

• 口腔癌

韓國全北國立大學「四葉參和松茸甲醇萃取物在人類口腔癌 HSC-2 細胞誘導細胞凋亡的關鍵分子 Bak」，2012 年 12 月《腫瘤學通信》期刊。是潛在的口腔癌候選藥物。

• 結腸癌

韓國江原國立大學「四葉參萃取物對結腸癌 HT-29 細胞誘導細胞週期阻滯和凋亡的影響：活性氧的產生和多胺耗竭」，2011 年 1 月《食品與化學毒理學》期刊。顯著抑制人類結腸癌細胞生長。

• 血癌

韓國慶熙大學「四葉參根分離的吡喃木糖基吡喃葡糖醛刺囊酸誘導人類急性早幼粒血癌 HL-60 細胞半光天冬酶依賴性的細胞凋亡」，2005 年 5 月《生物與醫藥通報》期刊。是細胞凋亡的誘導劑。

需進一步從萃取物中分離出活性化合物。

黨參
Codonopsis pilosula

卵巢癌

科　　別	桔梗科，黨參屬，多年生草本植物。
外觀特徵	根圓柱形，葉子對生或互生，鐘形花黃綠帶紫斑點。
藥材及產地	以乾燥根入藥。分佈於中國黑龍江、吉林、內蒙古等地。
相關研究	能改善糖尿病及糖尿病併發症。抑制胃腸運動是它能抗潰瘍作用的機制。
有效成分	多醣、黨參內酯 codonolactone， 分子量 248.32 克 / 莫耳

抗癌種類及研究

- 卵巢癌

中國哈爾濱醫科大學「黨參多醣在體外對腫瘤生長和轉移的抑制作用」，2012 年 12 月《國際生物巨分子期刊》。透過抑制卵巢癌細胞侵入、遷移和腫瘤細胞的黏附性，可用於預防腫瘤轉移。

其他補充

百度百科記載黨參有抗癌作用，期待更多的研究出現。中國江西中醫藥大學 2014 年在《國際腫瘤學期刊》發表黨參內酯抗乳癌侵入與轉移的論文。

毛喉鞘蕊花
Coleus forskohlii

胃癌

骨肉瘤

科　　別	唇形科，鞘蕊花屬，草本植物。
外觀特徵	莖直立，高約 40 公分。葉卵圓形，花藍紫色、小堅果圓形。
藥材及產地	以根、莖入藥。產於中國雲南東北部。尼泊爾、印度、斯里蘭卡及熱帶非洲東部均有分佈。
相關研究	其他可能用途包括：過敏、哮喘、充血性心臟衰竭、青光眼、高血壓、減肥。毛喉鞘蕊花的功效，在美國史隆凱特琳癌症中心資料庫中有詳細的記載。
有效成分	毛喉素 forskolin，分子量 410.50 克 / 莫耳 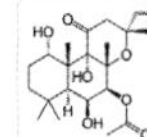

抗癌種類及研究

阿草伯藥用植物園 提供

• 骨肉瘤

中國首都師範大學「新穎的抗癌二萜透過誘導骨形態發生蛋白分化，抑制骨肉瘤生長」，2014 年 6 月《分子癌症療法》期刊。毛喉鞘蕊花根分離出的二萜類化合物抑制骨肉瘤細胞生長，經由誘導細胞分化，而不是透過細胞凋亡。

• 胃癌

中國科學院「毛喉素衍生物誘導人類胃癌細胞凋亡，透過激活半光天冬酶及調節 Bcl-2 家族基因表達，耗散粒線體膜電位和細胞色素 C 釋放」，2006 年 11 月《國際細胞生物學》期刊。以劑量和時間依賴性方式，誘導人類胃癌細胞凋亡。

其他補充

中藥典籍未發現有記載毛喉鞘蕊花的抗癌作用。毛喉素有潛力開發成抗癌藥物。

二蕊紫蘇
Collinsonia canadensis

乳癌

科　　別	唇形科，二蕊紫蘇屬，多年生草本植物。
外觀特徵	香味強烈，葉卵形，花黃色，總狀花序。
藥材及產地	以葉入藥。原產於北美洲東部。
相關研究	德國曾對它的成分及結構分析做了研究，但除了美國佛羅里達農工大學所做的抗乳癌天然物篩選外，目前並無太多的研究報告出現。
有效成分	萃取物

抗癌種類及研究

• 乳癌

美國佛羅里達農工大學「天然物在人類乳癌細胞抗有絲分裂作用的高通量篩選」，2014年6月《植物療法研究》期刊。二蕊紫蘇抗乳癌細胞有絲分裂很有效。

1. 希望從萃取物中分離出活性化合物。
2. 東京新宿四谷杉大門通，在丸信肉匠酒場初食馬肉，而且是生的，吃完續點一盤，配朝日生啤。日文叫做馬刺，波浪形瓷碟裡盛著5片生馬肉，底下襯有1片綠紫蘇葉，碟子角落還放了細切洋蔥，以及山葵、生薑、蒜末泥等。

沒藥
Commiphora myrrha

乳癌

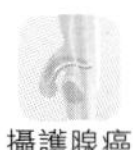
攝護腺癌

科別	橄欖科，沒藥屬，常綠喬木。
外觀特徵	樹枝帶刺，羽狀複葉，互生，花小，核果。
藥材及產地	沒藥為其樹脂。原產於古代阿拉伯及東非一帶。
相關研究	具抗高血糖的效果，高劑量時對山羊會造成毒害。
有效成分	樹脂

抗癌種類及研究

- **攝護腺癌**

中國哈爾濱醫科大學「沒藥樹樹脂滲出物環艾烷型三萜誘導人類攝護腺癌 PC-3 細胞凋亡」，2015 年 3 月《腫瘤學報告》期刊。可作為潛在的抗攝護腺癌藥物。

- **乳癌**

美國羅格斯大學「沒藥的成分」，2001 年 11 月《天然物期刊》。一個化合物對乳癌細胞表現出弱的細胞毒性，而其他五種化合物在該試驗中無活性。

其他補充

應更深入探討沒藥的抗癌成分。在《聖經》中，沒藥是東方三哲人帶給初生基督的禮物之一，其餘兩樣為黃金和乳香。

黃連
Coptis chinensis

肝癌

乳癌

血癌

科　　別	毛茛科，黃連屬，多年生草本植物。
外觀特徵	根莖黃色，密生鬚根，葉基生，花單朵。根莖色黃呈連珠狀，所以稱為黃連。
藥材及產地	以根莖入藥。主產於中國四川、雲南、湖北等地。
相關研究	治療腹瀉、耳部感染、高血壓、微生物感染。黃連素和它的類似化合物是黃連的主要活性成分。
有效成分	黃連素 berberine， 分子量 336.36 克 / 莫耳 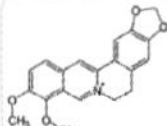

抗癌種類及研究

• 肝癌

中國香港中文大學「黃連素在肝癌細胞透過粒線體途徑誘導細胞凋亡」，2013 年 9 月《腫瘤學報告》期刊。研究結果表明，黃連對肝癌細胞能誘導凋亡。

• 乳癌

韓國首爾國立大學「生物鹼黃連素透過細胞週期阻滯，抑制乳癌細胞株生長」，2010 年 5 月《植物醫藥》期刊。黃連素能有效抑制乳癌細胞生長。

• 血癌

台灣北台灣科學技術學院「黃連萃取物對 U937 細胞的生長抑制和誘導凋亡」，2008 年 8 月《食品科學期刊》。表現抗血癌增生效應和誘導細胞凋亡。

1. 俗語說「啞巴吃黃連，有苦說不出」，味極苦。黃連素具很強的染色力，傳統被用作染料，特別是在羊毛及其他纖維上。黃連素有潛力開發成抗癌藥物。

2. 黃連與黃連木不同。黃連是毛茛科黃連屬多年生草本植物，根莖極苦。黃連木為漆樹科黃連木屬落葉喬木，又名楷樹，樹高 20 至 30 公尺，嫩葉有獨特香氣，秋天則變成美麗的紅葉，有人會把它跟當成中藥使用的黃連搞混。

三葉黃連

Coptis groenlandica

科　別	毛茛科，黃連屬，常綠多年生草本植物。
外觀特徵	根莖細長，有三片常綠葉子從根長出，花白色，果實卵形。
藥材及產地	以根或全草入藥。廣泛分佈於北半球寒帶與亞寒帶地區。在日本，由本州向北分佈到北海道，生長於高寒地帶針葉林中。
相關研究	目前為止國際期刊只有三篇報告，其中兩篇沒有摘要。
有效成分	萃取物

抗癌種類及研究

• 肝癌

加拿大麥吉爾大學「加拿大 15 種天然藥物的體外抗肝癌活性」，2002 年 8 月《植物療法研究》期刊。對 5 個人類肝癌細胞株，三葉黃連最有效。

其他補充

有很好的抗肝癌活性，對肝癌患者是個好消息，很好奇為何亞洲國家沒有進一步研究。又名 Coptis trifolia，其中 trifolia 是三葉的意思。它的名稱來自長的金黃色地下莖，美國土著咀嚼此部份以緩解口腔潰瘍，因此俗稱「潰瘍根」。

冬蟲夏草

Cordyceps sinensis

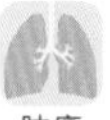

科別	麥角菌科，蟲草屬，簡稱蟲草。
外觀特徵	冬蟲夏草菌寄生在高山草地中的蝠蛾幼蟲，夏季由蟲體頭端長出棒狀的子座而形成。幼蟲的軀殼與黴菌菌絲共同組成了「冬蟲夏草」。蟲體似蠶，長 3 至 5 公分，外表黃棕色，頭部長有子座。
藥材及產地	以子座及幼蟲屍體的複合體入藥。主產於中國西藏、青海、四川、雲南等寒冷地帶。
相關研究	潛在用途包括慢性阻塞性肺病、咳嗽、疲勞、腎病、糖尿病、免疫刺激、性功能障礙、力量和耐力等。
有效成分	蟲草素 cordycepin，分子量 251.24 克 / 莫耳 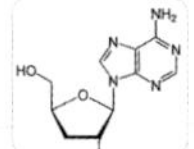

抗癌種類及研究

• 結腸癌

韓國建國大學「蟲草素透過信號途徑對人類結腸癌 HT-29 細胞防癌及誘導細胞凋亡作用」，2013 年 10 月《食品與化學毒理學》期刊。蟲草素誘導結腸癌細胞凋亡，未來可進一步研發成結腸癌治療劑。

• 乳癌、黑色素瘤、血癌、肝癌

中國香港理工大學「乙酸乙酯萃取冬蟲夏草菌絲體對各種培養癌細胞和小鼠 B16 黑色素瘤的抑制作用」，2007 年 1 月《植物醫藥》期刊。萃取物顯著抑制 4 個癌細胞株——乳癌、黑色素瘤、血癌和肝癌的增生。顯著抑制小鼠黑色素瘤，腫瘤體積減少 60%左右。

• 肺癌

中國西安交通大學「冬蟲夏草萃取物對人類肺癌 A549 細胞在體外的促凋亡作用」，2011 年 10 月《癌症研究與治療藥物期刊》。對肺癌細胞誘導細胞凋亡及細胞週期阻滯，可作為肺癌療法。

蟲草素有潛力開發成抗癌藥物。此藥材也列入美國史隆凱特琳癌症中心資料庫中。

雲芝
Coriolus versicolor

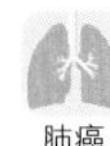

攝護腺癌

科　　別	多孔菌科，栓菌屬。
外觀特徵	菌蓋半圓形或貝殼狀，體積小，無柄，呈蓮座狀。
藥材及產地	以子實體入藥。源自中國原始森林，全國皆有分佈，寄生於高海拔的闊葉樹和朽木上。
相關研究	肝炎、疱疹、免疫刺激、感染、放射治療的副作用、力量和耐力。
有效成分	萃取物

抗癌種類及研究

- **乳癌、胃癌、大腸癌**

中國香港大學「雲芝對癌症患者生存的系統回顧和統合分析」，2012 年 1 月《發炎過敏藥物發現的最新型態》期刊。對癌症患者的生存提供了有力的證據，特別是乳癌、胃癌、大腸癌。

- **攝護腺癌**

中國香港大學「雲芝萃取物對攝護腺癌幹細胞的化學預防作用」，2011 年《公共科學圖書館一》期刊。可以完全抑制老鼠攝護腺癌的形成。

- **食道癌**

中國華南腫瘤學國家重點實驗室「雲芝多醣 B 對人類食道癌細胞株的生物學特性及效果」，2012 年 9 月《癌症生物學與醫學》期刊。可以提高食道癌細胞凋亡，抑制細胞增生。

• 肝癌

中國香港大學「雲芝多醣肽的抗腫瘤作用：體外和體內研究」，1996 年 5 月《分子病理與藥理學研究通訊》期刊。在體外和體內直接抑制肝癌細胞生長，也可透過免疫調節作用。

• 肺癌

中國香港大學「雲芝多醣肽減緩晚期非小細胞肺癌的進展」，2003 年 6 月《呼吸醫學》期刊。晚期非小細胞肺癌患者減緩惡化。

1. 多醣主要透過增強免疫力來對抗癌症。雲芝具有免疫增強和抗腫瘤特性，在日本，雲芝衍生的多醣是專利產品，被用來治療癌症。

2. 美國國家天然物研究中心，附屬於密西西比大學藥學院，研發人員約 125 名，主要研究抗癌及抗感染天然物。作者當年通過博士口試，即在此新建大樓一樓，圓弧狀綠格子窗內。常說「人生短促（life is short）」的生理學瓦特茲教授曾帶我們研究生到校內藥用植物園參觀種植的大麻，當時崗哨有 24 小時持槍警衛。目前種植 1500 種世界各地藥用植物，種子銀行裡有超過 1000 種不同植物的種子。20 年後編著這本書，不禁憶起母校。終身感念恩師普林斯頓大學博士法勒（Stephen C. Fowler）教授，口試後他帶了一瓶香檳到我住的宿舍慶祝。作者是他指導過的 39 個博士生之一。

延胡索
Corydalis yanhusuo

乳癌

科　　別	罌粟科，紫堇屬，多年生草本植物，又名元胡。
外觀特徵	高 10 至 20 公分，葉互生，花瓣邊緣粉紅，中間青紫，蒴果條形。
藥材及產地	以塊莖入藥。分佈於中國河北、山東、江蘇等地。
相關研究	對三叉神經痛有止痛作用，此效果在老鼠實驗中證實。也發現具有解除焦慮的功效。
有效成分	萃取物

抗癌種類及研究

• 乳癌

中國澳門大學「延胡索萃取物透過誘導細胞週期阻滯，抑制 MCF-7 細胞增生」，2011 年《美國中醫期刊》。顯著抑制乳癌細胞增生。

1. 應進一步從萃取物中找出活性化合物，幫助乳癌患者。
2. 日本本草學家岩崎常正編著的《本草圖譜》於 1828 年出版，全書 96 卷，約記載 2000 種植物，每幅植物圖為作者親自實物描繪，再以精細木刻彩色套版印刷而成。維基百科上列出他的罌粟圖和山葵圖，用色濃淡有致，筆觸熟練。比中國明朝李時珍 1596 年出版的《本草綱目》晚了 232 年。

山楂
Crataegus pinnatifida

腦癌

結腸癌
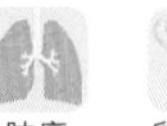
血癌　肺癌

卵巢癌

黑色素瘤

科　　別	薔薇科，山楂屬，常綠喬木。
外觀特徵	高可達數公尺，枝上有刺，一般開白花，少數則開紅花，花味濃，果實多為紅色。
藥材及產地	以成熟果實、葉入藥。分佈中國東北、華北、江蘇等地。
相關研究	山楂能抗氧化，抗炎，預防動脈粥樣硬化，改善血脂異常及肥胖。
有效成分	科羅索酸 corosolic acid，分子量 472.70 克 / 莫耳 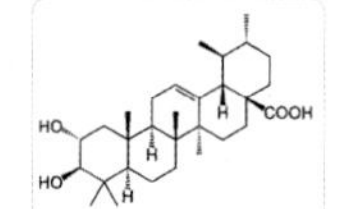

抗癌種類及研究

• 血癌

韓國生物科學與生技研究所「山楂果實分離出的科羅索酸是蛋白激酶 C 抑制劑及細胞毒性劑」，1998 年《植物醫藥》期刊。科羅索酸顯示細胞毒性，能抗血癌細胞。

• 肺癌、卵巢癌、黑色素瘤、腦癌、結腸癌

韓國忠南大學「山楂三萜類化合物的細胞毒性」，2000 年 4 月《藥學研究檔案》期刊。在小鼠和人類腫瘤細胞株，肺癌、卵巢癌、黑色素瘤、腦癌和結腸癌，顯示出強效的細胞毒性。

科羅索酸有潛力開發成抗癌藥物。山楂樹生長在農田邊緣、灌木或闊葉林中，山楂果用於製造糖葫蘆、山楂餅、山楂糕等。張藝謀《山楂樹之戀》電影 2010 年在上海浦東陸家嘴正大廣場電影院首映。故事敘述老三喜歡靜秋，盼望她畢業、工作、轉正，最後他卻得了白血病去世。夜裡靜秋坐在醫院門外台階的背影，單薄卻又堅強。看完電影，趕 11 點最後一班 2 號線地鐵回廣蘭站紫薇路。地鐵站有一行廣告：「搭地鐵，轉眼就到。」

上海浦東

厚殼桂

Cryptocarya chinensis

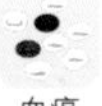
血癌

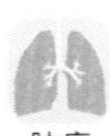
肺癌

大腸癌

科　　別	樟科，厚殼桂屬，喬木。
外觀特徵	高可達 20 公尺，葉互生或對生，長橢圓形，花淡黃色，果實球形，成熟後紫黑色。
藥材及產地	以葉入藥。產於台灣及中國四川、廣西、福建等地。
相關研究	厚殼桂葉分離出的化合物，在體外有抗結核桿菌活性。
有效成分	生物鹼

抗癌種類及研究

- 血癌、肺癌、大腸癌

台灣國立成功大學「厚殼桂細胞毒性和抗愛滋病毒生物鹼」，2012 年 6 月《天然物通訊》期刊。對血癌、肺癌、大腸癌表現出細胞毒性。

其他補充

1. 未發現中藥典籍有記載厚殼桂的抗癌作用。值得深入研究抗癌成分及機制。
2. 生物鹼是一類包含鹼性氮原子的天然化合物。它們可以透過酸鹼萃取方法，從生物體粗萃取物中純化而得。它的命名一般在屬名或種小名後添加 -ine 而形成。例如，阿托品（atropine）源自顛茄（Atropa belladonna），馬錢子鹼（strychnine）源自馬錢子（Strychnos nux-vomica），古柯鹼（cocaine）源自古柯（Erythroxylum coca）。

構棘

Cudrania cochinchinensis

結腸癌

科別	桑科，拓屬，直立或攀援灌木。
外觀特徵	枝無毛，具腋生刺，刺長約 1 公分，葉革質。
藥材及產地	莖皮、根皮藥用。中藥穿破石的藥材來源。產於中國東南及西南地區，斯里蘭卡、印度、中南半島、日本及澳洲也有分佈。
相關研究	構棘可能可以治療老年癡呆症。
有效成分	isoalvaxanthone， 分子量 396.43 克 / 莫耳 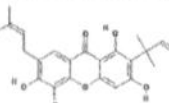

抗癌種類及研究

- 結腸癌

中國華東師範大學「Isoalvaxanthone 透過滅活 Rac1 和 AP-1，抑制結腸癌細胞增生、遷移和侵入」，2010 年 9 月 1 日《國際癌症期刊》。構棘萃取物具抗癌作用，是有潛力的抗轉移劑。

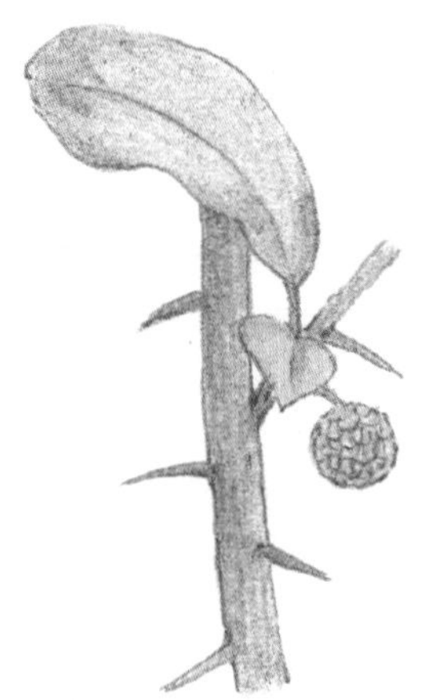

其他補充

未發現中藥典籍有記載構棘的抗癌作用，活性成分 Isoalvaxanthone 有潛力開發成抗癌藥物。

巒大杉
Cunninghamia konishii

肺癌

肝癌

口腔癌

科　　別	柏科，杉木屬，常綠大喬木，又名台灣杉木、香杉。
外觀特徵	樹高可達 50 公尺，樹皮淡紅褐色，線形葉，毬果圓形，果鱗三角形，內含具薄翅扁圓種子，黑褐色。
藥材及產地	心材精油入藥。台灣特有種，分佈地除南投縣巒大山外，還有宜蘭縣太平山、棲蘭山等地。
相關研究	具有殺蟲、抗炎、抗微生物、防黴菌等用途。
有效成分	精油

抗癌種類及研究

• 肺癌、肝癌、口腔癌

台灣國立中興大學「巒大杉心材精油的體外抗菌、抗癌活性」，2012 年 9 月《天然物通訊》期刊。對人類肺癌、肝癌和口腔癌細胞具有細胞毒性。

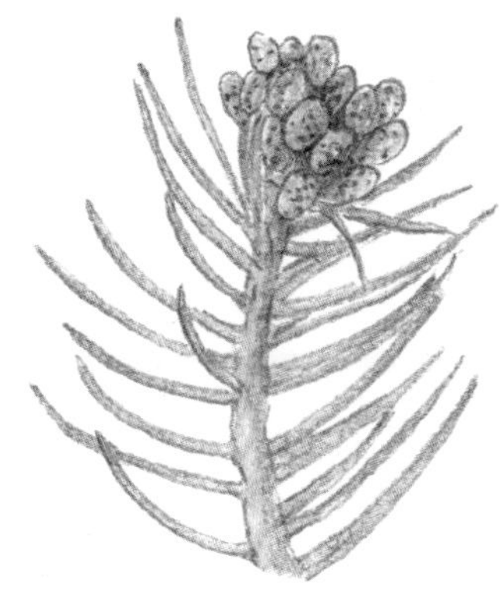

1. 目前僅有一篇抗癌報告，值得進一步探索巒大杉抗癌活性化合物。
2. 此樹種於 1907 年由日本學者小西成章（Nariaki Konishi）在南投縣信義鄉巒大山發現並命名，因此學名中的種小名即採用他的姓「小西」。為台灣特有種，主要分佈於台灣中部、北部及東北部海拔 1300 至 2800 公尺山區。

地中海柏木
Cupressus sempervirens

黑色素瘤

科　　別	柏科，柏木屬，常綠喬木，又名絲柏。
外觀特徵	高可達25公尺，樹皮灰褐色，鱗葉交叉對生，呈四列狀，毬果橢圓形，種子具窄翅。
藥材及產地	以葉，果實入藥。原產於地中海東部地區。
相關研究	地中海柏木毬果萃取物，對大鼠有降血脂作用。它也具有保肝活性。
有效成分	精油

抗癌種類及研究

- 黑色素瘤

義大利卡拉布里亞大學「精油及其主要成分在人類腎癌和無色素性黑色素瘤細胞的抗增生作用」，2008年12月《細胞增生》期刊。其葉子精油對黑色素瘤有最高的細胞毒性。

其他補充

需進一步探討地中海柏木抗癌活性分子。中國南京及廬山等地引種栽培，生長良好。其種小名 sempervirens 是「常綠」的意思。

仙茅
Curculigo orchioides

血癌

黑色素瘤

科　　別	石蒜科，仙茅屬，多年生草本植物。
外觀特徵	高 15 至 40 公分，葉根生，花黃色。
藥材及產地	以根莖入藥。分佈於印尼、日本、東南亞、台灣及中國等地，為中國原產植物。
相關研究	所含的仙茅苷對高齡大鼠學習記憶有改善作用，未來可用於治療阿茲海默症。
有效成分	仙茅苷 curculigoside，分子量 466.43 克 / 莫耳 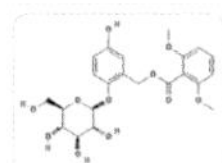

抗癌種類及研究

• 黑色素瘤

印度阿瑪拉癌症研究中心「仙茅在帶有轉移性腫瘤動物中增強細胞介導的免疫反應」，2016 年 8 月《免疫藥理學與免疫毒理學》期刊。仙茅苷增強自然殺手細胞活性，對黑色素瘤有細胞毒性，且能延長小鼠壽命。

• 血癌

日本東京大學「仙茅三萜苷及其細胞毒性」，2010 年 6 月 25 日《天然物期刊》。對血癌細胞有細胞毒性。

1. 仙茅苷有潛力開發成抗癌藥物。
2. 美國藥物化學家利平斯基博士在輝瑞藥廠工作超過 34 年。他提出「5 的法則」，能預測藥物化合物的口服活性。他曾表示，人需要有多餘的時間來胡思亂想。他發明的法則正是此情況下的產物。其中一項法則是分子量要小於 500 克 / 莫耳。仙茅苷分子量符合此一要求。

鬱金

Curcuma aromatica

肝癌

結腸癌

食道癌

科　　　別	薑科，薑黃屬，多年生草本植物。
外 觀 特 徵	根莖肥大，黃色，葉基生，花冠白色帶粉紅，蒴果。
藥材及產地	以乾燥塊根入藥。分佈於南亞地區，主要在喜馬拉雅山脈東部和印度森林。
相 關 研 究	具抗菌活性。
有 效 成 分	欖香烯 β-elemene，分子量 204.35 克 / 莫耳 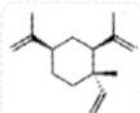

抗癌種類及研究

• 肝癌

中國西安交通大學「欖香烯對人類肝癌 HepG2 細胞凋亡和抗增生作用」，2013 年 3 月 14 日《國際癌細胞》期刊。欖香烯能有效抑制細胞增生，誘導肝癌細胞凋亡。

• 結腸癌

中國上海中醫藥大學「鬱金水萃取物在人類結腸癌細胞誘導細胞凋亡和細胞週期阻滯，與 p53 無關」，2011 年 2 月《癌症生物療法與放射性藥劑》期刊。可有效對抗結腸癌增生，抗腫瘤活性可能同時涉及外在和內在的凋亡途徑。

• 食道癌

美國路易斯維爾大學「鬱金對食道癌的化學保護作用」，2009 年 2 月《外科腫瘤學年報》期刊。對食道上皮癌化具潛在的保護作用。

欖香烯是揮發性萜烯，在植物如芹菜、薄荷，以及傳統醫學所使用的許多藥草中可發現。純化的欖香烯一般不作為膳食補充劑，因為人體對它吸收不良。欖香烯可開發成抗癌藥物。

薑黃

Curcuma longa

乳癌

肝癌

結腸癌

胰臟癌

血癌

科　　　別｜薑科，薑黃屬，多年生草本植物。

外觀特徵｜高可達 1.5 公尺，根莖圓柱形，橙黃色，具香味，花淡黃色。

藥材及產地｜以根莖入藥。原產於印度，分佈在中國及東南亞等地。

相關研究｜臨床用途包括感染、發炎、腎結石、胃和腸脹氣等。日本研究發現，阿茲海默症病患服用薑黃 1 年以上，能顯著改善行為症狀。

有效成分｜薑黃素 curcumin，分子量 368.38 克 / 莫耳

抗癌種類及研究

• 乳癌

中國山東大學「薑黃素對乳癌細胞的作用」，2013 年 6 月《乳癌期刊》。能抗乳癌細胞。

• 肝癌

中國中科院大學「薑黃素透過抑制脂肪酸合成酶誘導 HepG2 細胞凋亡的作用」，2013 年 7 月 3 日《標靶腫瘤學》期刊。可用於預防或治療肝癌。

• 結腸癌

美國威斯康辛大學「薑黃素對結腸癌的化學預防」，2007 年 10 月 8 日《癌症通信》期刊。臨床試驗顯示薑黃素在結腸癌患者的安全性和有效性。

• 胰臟癌

德國癌症研究中心「薑黃素上調外源性凋亡途徑，在人類胰臟癌的抗增生作用」，2013 月 12 月《細胞生物化學期刊》。對胰臟癌細胞誘導凋亡。

• 血癌

台灣國立中興大學「薑黃素透過鳥氨酸脫羧酶依賴性途徑在人類早幼粒血癌 HL-60 細胞中誘導細胞凋亡」，2008 年 2 月 13 日《生命科學》期刊。誘導血癌細胞凋亡。

其他補充

在印度已使用數千年，是阿育吠陀醫學的重要成分。根莖磨成的深黃色粉末為咖哩主要香料之一。起初用作染料，後來發現它的藥用價值。薑黃素可開發成抗癌藥物。

莪术

Curcuma zedoaria

乳癌

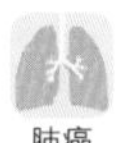
肺癌

科　　別	薑科，薑黃屬，多年生草本植物。
外觀特徵	有粗厚的根狀莖，根端膨大為紡錘狀，葉片長橢圓形，通常成對，春季開花，花萼白色，花冠裂片為黃色。
藥材及產地	以乾燥根入藥。源自印度和印尼，主產於四川、福建、廣東、廣西等地。
相關研究	具有抗炎，止痛，改善關節炎，抗微生物作用。
有效成分	呋喃二烯酮 furanodienone，分子量 230.30 克 / 莫耳 欖香烯 β-elemene，分子量 204.35 克 / 莫耳 莪术醇 curcumol，分子量 236.34 克 / 莫耳

抗癌種類及研究

阿草伯藥用植物園 提供

- 乳癌

中國香港浸會大學「呋喃二烯酮在 HER2 過度表達的乳癌細胞抑制信號傳導，誘導細胞週期阻滯和凋亡」，2011 年 11 月《癌症化學療法與藥理學》期刊。抑制乳癌細胞生長。

- 肺癌

中國南方師範大學「莪术醇透過非半胱天冬酶粒線體途徑在人類肺癌 ASTC-A-1 細胞誘導細胞凋亡」，2011 年 3 月《醫學腫瘤學》期刊。證實莪术醇的抗肺癌細胞作用。

其他補充

所含活性化合物皆能開發成抗癌藥物。

川牛膝

Cyathula officinalis

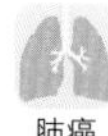
肺癌

科　　別	莧科，杯莧屬，多年生草本植物。
外觀特徵	高 0.5 至 1 公尺，莖多分枝，葉對生，夏季開花，淡綠色，果實橢圓形，種子卵形。
藥材及產地	以根入藥。分佈於中國四川、雲南、貴州等地。
相關研究	能增強免疫反應，其中所含的多醣，可針對小鼠口蹄疫病毒作出免疫強化反應。
有效成分	果聚醣

抗癌種類及研究

• 肺癌

中國上海有機化學研究所「川牛膝果聚醣的結構解析和抗腫瘤活性」，2003 年 5 月 23 日《碳水化合物研究》期刊。在體內它可抑制小鼠的肺癌生長。

其他補充

有希望成為肺癌治療藥物。目前只有這篇抗癌研究報告。中藥典籍未發現有記載川牛膝的抗癌作用。

香茅

Cymbopogon flexuosus

結腸癌

神經母細胞瘤

肉瘤

科　　別	禾本科，香茅屬，多年生草本植物。因有檸檬香氣，又稱為檸檬草。
外觀特徵	高可達 2 公尺，葉無毛，總狀花序。
藥材及產地	以全草入藥。原產於印度及亞洲熱帶地區。
相關研究	紐約史隆凱特琳癌症中心認為香茅可能有許多用途，包括食品調味、香水、芳療、驅蚊、血管舒張、鎮靜、抗真菌、消炎、鎮痛等。
有效成分	精油

抗癌種類及研究

• 結腸癌、神經母細胞瘤、肉瘤

印度整合醫學研究院「香茅精油的抗癌活性」，2009 年 5 月 15 日《化學生物交互作用》期刊。對結腸癌和神經母細胞瘤表現出最高的細胞毒性，能促使肉瘤細胞凋亡。

香茅在亞洲料理中廣泛作為香料，有柑橘味，可鮮用、乾燥或製成粉狀，常用於茶、湯和咖哩中，是泰國菜的主要調味香草，尤其是海鮮湯。

泰國亭子

牛皮消
Cynanchum auriculatum

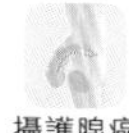
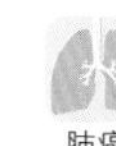

肝癌　血癌　膠質瘤　攝護腺癌
胃癌 大腸癌　肺癌　乳癌　卵巢癌

科　別	夾竹桃科，鵝絨藤屬，多年生草本植物。
外觀特徵	株有柔毛，塊根肥厚，葉子對生，花序腋生，花黃白色，角狀蓇葖果。
藥材及產地	以根、全草入藥。分佈在印度、台灣、中國等地。
相關研究	牛皮消的孕烷糖苷對食慾有壓抑作用。在小鼠實驗中顯現抗憂鬱效果。
有效成分	耳葉牛皮消苷 auriculoside，分子量 450.43 克 / 莫耳 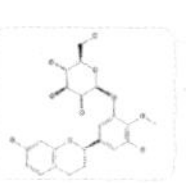

抗癌種類及研究

阿草伯藥用植物園 提供

• 胃癌

中國浙江中醫藥大學「牛皮消根中分離的甾體糖苷在人類胃癌細胞誘導細胞週期阻滯和凋亡」，2013 年《依據證據的補充與替代醫學》期刊。抑制胃癌細胞生長。

• 肺癌

中國江蘇省中醫藥學會「牛皮消皂苷對人類肺癌 A549 細胞生長和細胞週期的影響」，2009 年 6 月《中國中藥雜誌》。抑制肺癌細胞生長及增生。

• 乳癌、卵巢癌、肝癌、肉瘤

中國浙江大學「耳葉牛皮消苷細胞毒性和腫瘤細胞的凋亡誘導性」，2007 年 5 月《化學與生物多樣性》期刊。在體外抑制乳癌、卵巢癌、肝癌細胞生長，在體內能抑制肉瘤，誘導細胞凋亡。

• 血癌、膠質瘤、大腸癌、肺癌、攝護腺癌

中國上海第二軍醫大學「牛皮消莖葉塊根粗萃取物的抗腫瘤活性」，2005 年 3 月《植物療法研究》期刊。對人類血癌、膠質瘤、大腸癌、肺癌、攝護腺癌表現出細胞毒性。

未發現中藥典籍有記載牛皮消的抗癌作用。耳葉牛皮消苷有潛力開發成抗癌藥物。

徐長卿

Cynanchum paniculatum

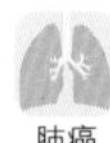
肺癌

結腸癌

科　　別	蘿藦科，白前屬，多年生草本植物。
外觀特徵	高可達 1 公尺。莖圓柱形，葉對生，花淡黃綠色，果實卵形，種子邊緣呈翅狀，有白毛。
藥材及產地	以根及根莖入藥。分佈於中國大部分地區。
相關研究	含有具神經保護作用的化合物。
有效成分	安托芬 antofine，分子量 363.44 克 / 莫耳 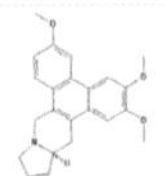

抗癌種類及研究

• 肺癌、結腸癌

韓國梨花女子大學「徐長卿生物鹼安托芬介導的細胞毒性和細胞週期阻滯」，2003 年 1 月《植物醫藥》期刊。抑制肺癌、結腸癌細胞生長。

阿草伯藥用植物園 提供

其他補充

1. 安托芬有潛力開發成抗癌藥物。中央社訊息服務 2008 年報導，台灣成功大學吳天賞教授合成安托芬，對人類肺癌、乳癌、鼻咽癌及多重抗藥性鼻咽癌細胞有極佳的細胞毒性。

2. 韓國梨花女子大學於 2010 年及 2012 年又以安托芬的抗肺癌、結腸癌作用機制發表了兩篇論文。

鐵線草

Cynodon dactylon

結腸癌

喉癌

科　　別	禾本科，狗牙根屬，多年生草本植物，又名狗牙根。
外觀特徵	匍匐地面上，節易生根，頂生 3 至 6 枚穗狀花序。
藥材及產地	根狀莖供藥用。分佈於中國黃河以南各地及溫帶地區。
相關研究	鐵線草含有抗糖尿病分子，可減輕高血糖的風險。對於金屬鋁所引起的神經毒性也有保護作用。具有抗炎功效。
有效成分	萃取物

抗癌種類及研究

• 喉癌

巴基斯坦生物醫學與基因工程研究所「鐵線草和酢漿草對 Hep2 細胞的抗癌活性」，2016 年 4 月 30 日《細胞分子生物學》期刊。乙醇萃取物對喉癌有細胞毒性。

• 結腸癌

印度洛約拉學院「鐵線草萃取物對 DMH 誘導的結腸癌實驗動物的化學預防作用」，2010 年 7 月《實驗與毒理病理學》期刊。誘導結腸癌細胞凋亡，在體內的實驗能預防大鼠結腸癌發生。

其他補充

需從萃取物中分離出活性抗癌化合物。伊朗在 2015 年報導鐵線草有促進血管新生作用，因此須留意。

香附

Cyperus rotundus

卵巢癌

乳癌

血癌

科　　別	莎草科，莎草屬，多年生草本植物，又名莎草。
外觀特徵	莖三棱形，高 40 公分，葉細長，春夏開花抽穗。
藥材及產地	以根莖入藥。多生於山坡草地或水邊濕地，分佈於台灣及中國等地。
相關研究	香附有神經保護、抗糖尿病，抗炎，抗氧化，防止肥胖作用。
有效成分	木犀草素 luteolin， 分子量 286.24 克 / 莫耳 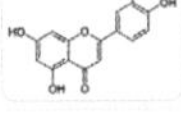

抗癌種類及研究

阿草伯藥用植物園 提供

• 卵巢癌

韓國慶熙大學「從香附根莖分離的乙醯氧基香附子烯誘導卵巢癌細胞以半胱天冬酶依賴式凋亡」，2015 年 6 月《植物治療研究》期刊。此化合物誘導卵巢癌細胞凋亡。

• 乳癌

韓國東國大學「香附乙醇萃取物透過激活半胱天冬酶誘導人類乳癌細胞凋亡」，2014 年 12 月《腫瘤學報告》期刊。誘導乳癌細胞凋亡。

• 血癌

突尼西亞研究單位「香附產物對血癌 K562 細胞的抗氧化和抗增生能力關係的相關性」，2009 年 9 月 14 日《化學生物學交互作用》期刊。木犀草素顯著抑制血癌細胞增生。

其他補充

木犀草素與乙醯氧基香附子烯可開發成抗癌藥物。
未發現中藥典籍有記載香附的抗癌作用。

芫花

Daphne genkwa

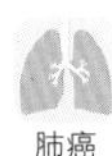
肺癌

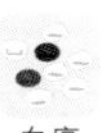
血癌

纖維肉瘤

科　　別	瑞香科，瑞香屬，常綠灌木。
外觀特徵	高0.3至1公尺，樹皮褐色，葉對生，卵形，花紫色，果橢圓形，具種子1顆。
藥材及產地	以乾燥花蕾入藥，是50種基本中藥之一。主產於中國山東、江蘇、安徽等地。
相關研究	具有抗類風濕性關節炎的活性。
有效成分	芫花酯庚 yuanhuagine，分子量 584.65 克 / 莫耳 丁香樹脂醇 syringaresinol，分子量 418.43 克 / 莫耳

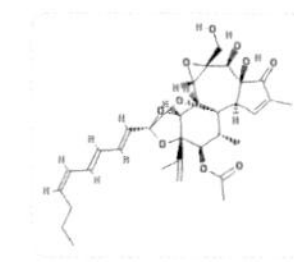

抗癌種類及研究

• 肺癌

韓國梨花女子大學「芫花新型瑞香烷二萜透過信號途徑在人類肺癌細胞的細胞週期阻滯和抗癌活性」，2012 年 11 月《生物分子與治療藥物》期刊。芫花酯庚對肺癌細胞有強效的抗增生活性，是肺癌的候選治療劑。

• 血癌

韓國天然藥物研究中心「丁香樹脂醇透過細胞週期阻滯和凋亡，抑制人類早幼粒血癌 HL-60 細胞增生」，2008 年 7 月《國際免疫藥理學》期刊。抑制人類血癌細胞增生，是潛在的癌症化學治療劑。

• 纖維肉瘤

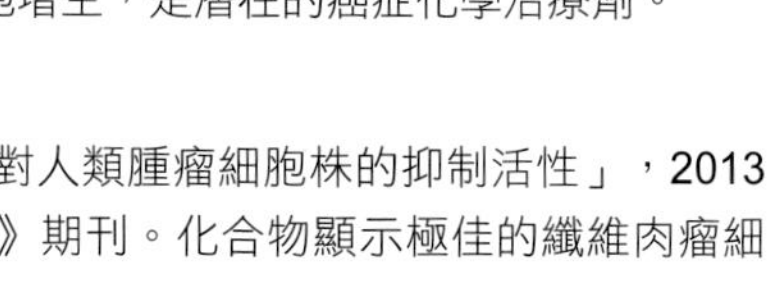

中國瀋陽藥科大學「芫花瑞香烷類二萜對人類腫瘤細胞株的抑制活性」，2013 年 5 月 1 日《生物有機與藥物化學通信》期刊。化合物顯示極佳的纖維肉瘤細胞毒性。

其他補充

有毒。芫花酯庚與丁香樹脂醇可開發成抗癌藥物。

石斛
Dendrobium nobile

攝護腺癌

胃癌

科　　別	蘭科，石斛屬，又名石斛蘭。
外觀特徵	高 10 至 60 公分，葉革質，長圓形，花大，白色，尖端淡紫色。
藥材及產地	全草可入藥，為 50 種基本中藥之一。原產於印度和中國，尼泊爾、寮國、泰國等地也有分佈。
相關研究	金釵石斛具有抗炎活性。
有效成分	金釵石斛菲醌 denbinobin，分子量 284.26 克 / 莫耳 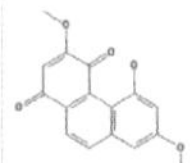

抗癌種類及研究

- **攝護腺癌**

台灣中國醫藥大學「金釵石斛菲透過抑制 Rac1 活性，減損攝護腺癌遷移」，2014 年《美國中藥期刊》。能防止攝護腺癌細胞遷移。

- **胃癌**

韓國德成女子大學「金釵石斛菲醌抑制人類胃癌細胞侵入和誘導凋亡」，2012 年 3 月《腫瘤學報告》期刊。可以作為化學預防劑，防止或減輕胃癌轉移。

其他補充

金釵石斛菲醌有潛力開發成抗癌藥物。金釵石斛是最普遍的觀賞蘭。中國石斛網上介紹，近年四川合江縣發展特色農業—金釵石斛中藥材生產，增加農民收入。

播娘蒿

Descurainia sophia

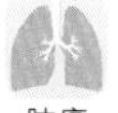

乳癌　子宮頸癌　肺癌

科　　　別	十字花科，播娘蒿屬，一年生草本植物。
外觀特徵	高 20 至 80 公分，全株灰白色，葉羽狀深裂，花黃色，匙形，長角果，狹條形，種子黃棕色。
藥材及產地	以種子入藥，稱為葶藶子。亞洲、歐洲、非洲北部及北美洲皆有分佈。
相關研究	有抗炎作用。
有效成分	萃取物

抗癌種類及研究

• 乳癌、子宮頸癌

伊朗伊斯法罕醫學大學「播娘蒿種子揮發油對 MCF-7 和 HeLa 細胞株的毒性評估」，2015 年 3 月《藥學研究》期刊。對此兩種癌細胞皆有細胞毒性作用。

• 肺癌

韓國東方醫學研究院「人類非小細胞肺癌 A549 細胞在潛在抗癌藥物播娘蒿種子治療後的基因表達圖譜」，2013 年《依據證據的補充與替代醫學》期刊。對肺癌細胞有生長抑制作用。

其他補充

一般認為是雜草，近年發現具有抗癌作用。中藥典籍未發現有記載播娘蒿的抗癌作用。

石竹
Dianthus chinensis

口腔癌

肝癌

科　別	石竹科，石竹屬，多年生草本植物。
外觀特徵	全株綠色，高 30 至 50 公分，線狀葉，灰綠色，花淡紅或白色，蒴果圓筒形，種子黑色。
藥材及產地	以乾燥地上部分入藥。分佈於俄羅斯、中國及朝鮮等地。
相關研究	除抗癌外，未有其他功效報導。
有效成分	萃取物

抗癌種類及研究

- 口腔癌

韓國全北國立大學「石竹和鐵莧菜甲醇萃取物針對特異性蛋白，對人類口腔癌細胞的體外細胞凋亡作用」，2013 年 7 月《頭與頸》期刊。抑制口腔癌細胞生長。

- 肝癌

韓國東方醫學研究院「石竹乙醇萃取物在體外誘導人類肝癌 HepG2 細胞凋亡」，2012 年《依據證據的補充與替代醫學》期刊。透過粒線體途徑和激活半胱天冬酶，誘導肝癌細胞凋亡。

1. 台東農業改良場將長得很像康乃馨的石竹花育種改良，成功培育出一年四季都能盛開的新品種，命名為台東一號「香粉雲」。除了當綠肥外，現在有更高的藥用價值。需深入探討萃取物中的活性抗癌化合物。

2. 「草花，以石竹花為佳。唐國的石竹，自是上品，但本國的也不錯。」這段話出自一千年前日本女作家清少納言《枕草子》中的「草花」章節。可見石竹是作家第一個最想讚揚的花，而中國產的石竹在她心目中更屬上品。

瞿麥

Dianthus superbus

肝癌

科別	石竹科，石竹屬，多年生草本植物，日文稱為河原撫子。
外觀特徵	高可達 80 公分，葉子綠或灰綠色，細長，花具香味，粉紅至淡紫色，簇生於花莖頂端。
藥材及產地	以乾燥地上部分入藥。原產於歐洲和亞洲北部，分佈於西伯利亞、朝鮮、日本、歐洲、蒙古及中國。
相關研究	萃取物能抑制發炎，抑制抗體 IgE 產生，並且壓制花生引起的過敏，所以具有治療過敏症狀的潛力。
有效成分	萃取物

抗癌種類及研究

• 肝癌

中國武漢大學「瞿麥乙醇萃取物引發肝癌 HepG2 細胞株細胞凋亡」，2012 年 2 月《癌症流行病學》期刊。萃取物具有很強的抗氧化和細胞毒性，能誘導肝癌細胞凋亡。

其他補充

1. 中藥典籍未發現有記載瞿麥的抗癌作用。值得進一步從萃取物分離出活性抗癌化合物。
2. 台灣民間藥用植物園位於南投縣竹山鎮，市區有大智路、建國路，剛好是本書共同作者的名字。桂花飄來香味，但小黑蚊頗多。書中許多植物在此拍攝，包括這張瞿麥照片。園中也有金雞納、爪哇古柯。

常山
Dichroa febrifuga

乳癌

科　　別	繡球花科，常山屬，落葉灌木植物。
外觀特徵	高約 0.4 至 2 公尺，葉橢圓形，花藍色或青紫色，密生，排列成近圓錐狀，頂生，披細柔毛。
藥材及產地	以乾燥根莖入藥，為 50 種基本中藥之一。分佈於中國、台灣、日本琉球等地。
相關研究	水萃取物能抑制發炎，也能抗心律不整。是傳統的抗瘧疾中藥，有很強的抗瘧疾活性。
有效成分	常山酮 halofuginone，分子量 414.68 克 / 莫耳 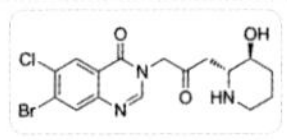
	常山鹼 febrifugine，分子量 301.34 克 / 莫耳

抗癌種類及研究

- 乳癌

韓國釜山國立大學「常山酮誘導乳癌細胞凋亡，並透過下調基質金屬蛋白酶 9 抑制轉移」，2014 年 1 月《國際腫瘤學期刊》。抑制乳癌細胞生長，誘導細胞凋亡，為潛在的抗癌藥物。

其他補充

全株有毒。其醫藥用途據傳由一位住在常山的和尚發現，故名。常山酮與常山鹼有潛力開發成抗癌藥物。常山與海州常山為不同科屬植物。

黃藥子

Dioscorea bulbifera

肝癌

肉瘤

科　　別｜薯蕷科，薯蕷屬，多年生藤本植物，又名黃獨。

外觀特徵｜心形葉子互生，夏秋開花，穗狀花序，塊莖球形。

藥材及產地｜以塊莖及葉腋珠芽入藥。分佈於中國、台灣、朝鮮、日本、緬甸、印度及非洲。

相關研究｜有治療糖尿病的效果，能有效控制糖尿病腎病變引發的的血壓、血糖、膽固醇血症和炎症狀態。

有效成分｜萃取物

抗癌種類及研究

• 肝癌、肉瘤

中國上海中醫藥大學「黃藥子地下莖在體內的抗腫瘤活性」，2012 年 3 月《植物療法》期刊。結果表明，黃藥子能減少小鼠肉瘤和肝癌腫瘤的重量。

阿草伯藥用植物園 提供

其他補充

需進一步從黃藥子萃取物中確認抗癌活性化合物，目前發現黃獨素是抗癌成分之一。在美國佛羅里達州，它由於增長快速並纏繞其他植物，被認為是有害的物種。

叉蕊薯蕷

Dioscorea collettii

腎癌

乳癌

肝癌

結腸癌

腦癌

黑色素瘤

科　別｜薯蕷科，薯蕷屬，草質藤本植物。

外觀特徵｜根狀莖橫生，竹節狀，單葉互生，三角狀心形，花黃色，蒴果三棱形，褐色有光澤，種子 2 枚，有薄翅。

藥材及產地｜以根狀莖入藥。分佈於印度、緬甸及中國雲南、四川、貴州等地。

相關研究｜除抗癌外，未發現有其他功效報導。

有效成分｜甲基原薯蕷皂苷 methyl protodioscin，分子量 1063.22 克 / 莫耳

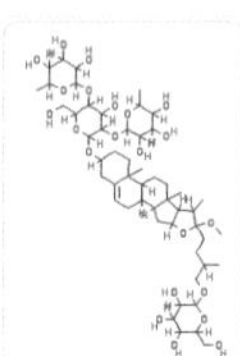

抗癌種類及研究

• 肝癌

中國瀋陽藥科大學「甲基原薯蕷皂苷在肝癌 HepG2 細胞誘導細胞週期阻滯和凋亡」，2006 年 9 月 8 日《癌症通信》期刊。對肝癌細胞有抗增生和細胞毒性作用，可能是新的抗有絲分裂劑。

• 結腸癌、腦癌、黑色素瘤、腎癌、乳癌

美國紐約州立大學「甲基原纖細薯蕷皂苷：對美國國家癌症研究院抗癌藥物篩選 60 種人類癌細胞株的細胞毒性」，2001 年 7 月《抗癌藥物》期刊。對結腸癌、腦癌、黑色素瘤、腎癌、乳癌細胞顯示出特定的毒性。

其他補充

根據《中國植物誌》記載，其變種稱為粉背薯蕷，主要區別在葉為三角形或卵圓形，有些葉片邊緣呈半透明乾膜狀，標本採自福建福州。國際期刊發表的論文多以粉背薯蕷為研究重點。

穿龍薯蕷
Dioscorea nipponica

科　　別	薯蕷科，薯蕷屬，多年生纏繞性草本植物，又名穿山龍。
外觀特徵	根狀莖粗大，圓柱形，莖細，常纏繞其他樹木，葉互生，廣卵形，邊緣淺裂，花小，蒴果。
藥材及產地	以根莖入藥。分佈於日本、俄羅斯、朝鮮及中國。主產地為東北、山西等地。
相關研究	抗肥胖、抗發炎。
有效成分	萃取物

抗癌種類及研究

• 口腔癌

台灣台北醫學大學「穿龍薯蕷透過調節蛋白活性抑制基質金屬蛋白酶轉錄，抑制人類口腔癌 HSC-3 細胞遷移與侵入」，2012 年 3 月《食品化學毒理學》期刊。萃取物抑制口腔癌細胞的轉移及侵入能力。

• 黑色素瘤

台灣中山醫學大學「穿龍薯蕷在體外和體內對黑色素瘤的抗轉移潛力」，2011 年《依據證據的補充替代醫學》期刊。減少黑色素瘤細胞轉移，可當成控制癌細胞轉移的輔助治療。

其他補充

可作為癌細胞轉移的化學預防劑。值得深入探討其抗癌活性化合物。

盾葉薯蕷

Dioscorea zingiberensis

科　　別	薯蕷科，薯蕷屬，草質藤本植物。
外觀特徵	根莖橫生，盾形葉互生，花簇生，蒴果乾燥後藍黑色，種子扁圓，有翅。
藥材及產地	以根狀莖入藥。分佈於中國雲南、四川、貴州等地。
相關研究	世界衛生組織推薦開發植物性殺螺劑，其中的盾葉薯蕷製劑有良好的殺螺效果。
有效成分	三角葉薯蕷苷 deltonin，分子量 885.04 克 / 莫耳 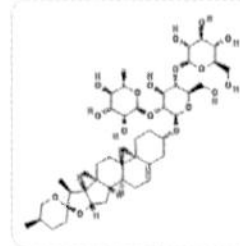

抗癌種類及研究

- 乳癌

中國四川大學「三角葉薯蕷苷透過活性氧介導的粒線體功能障礙和信號傳遞途徑，誘導人類乳癌細胞凋亡」，2013 年 3 月《分子醫學報告》期刊。可能是乳癌的潛在治療劑。

- 結腸癌

中國成都華西醫院「三角葉薯蕷苷透過誘導細胞凋亡和抗血管生成，在體外和體內抑制結腸癌細胞腫瘤生長」，2011 年《細胞生理學與生化學》期刊。在結腸癌小鼠模式可抗腫瘤並抑制血管新生。

其他補充

三角葉薯蕷苷有潛力開發成抗癌藥物。台灣田間福壽螺繁殖力強，對農人造成很大的困擾。不知是否有廠商開發出盾葉薯蕷殺螺劑？

柿葉
Diospyros kaki

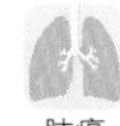
肺癌

肝癌

結腸癌
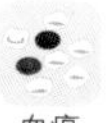
血癌

科　　別	柿樹科，柿樹屬，落葉喬木。
外觀特徵	樹高 3 至 9 公尺，葉橢圓形，果實成熟後呈橘黃色。
藥材及產地	柿葉可入藥。東亞地區特有種，原產於長江流域。
相關研究	日本研究發現，柿子果實中富含單寧的纖維是治療高膽固醇血症的有用食物原料。也證實有抗病毒作用。
有效成分	皂苷

抗癌種類及研究

• 肺癌、肝癌、結腸癌

中國北京化工學院「柿的化學成分及其細胞毒性作用」，2007 年 4 月《亞洲天然物研究期刊》。對肺癌、肝癌、結腸癌有細胞毒性。

• 血癌

日本三重大學「柿萃取物與相關多酚化合物對人類淋巴性血癌細胞生長的抑制作用」，1997 年 7 月《生物學生物技術與生物化學》期刊。證實可誘導血癌細胞凋亡。

阿草伯藥用植物園 提供

其他補充

柿的成熟果實香甜，樹幹為家具材料，柿葉加工後可當茶飲用。果實含大量單寧，柿汁能用作防腐劑。

續斷

Dipsacus asperoides

胃癌

骨肉瘤

科　　別	川續斷科，川續斷屬，多年生草本植物，又名川續斷。
外觀特徵	高 50 至 100 公分，莖直立，具棱，密被白色柔毛，橢圓形葉對生，瘦果楔狀長圓形。
藥材及產地	以根入藥。主產於四川、湖北、湖南、貴州等地。
相關研究	萃取物在關節炎小鼠具有抗發炎和抗關節炎效果。
有效成分	木通皂苷 akebia saponin D，分子量 929.09 克 / 莫耳 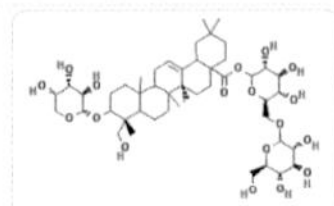

抗癌種類及研究

・胃癌

韓國首爾國立大學「木通皂苷誘導胃癌 AGS 細胞自噬和凋亡」，2013 年 9 月《食品與化學毒理學》期刊。能誘導胃癌細胞死亡。

・骨肉瘤

中國第四軍醫大學「續斷多醣透過調節信號途徑，誘導骨肉瘤細胞凋亡」，2013 年 6 月 20 日《碳水聚合物》期刊。對人類骨肉瘤可能是有效的癌症預防藥物。

木通皂苷雖然分子量稍大，但仍可研究其抗癌機制及實用性。

粗莖鱗毛蕨

Dryopteris crassirhizoma

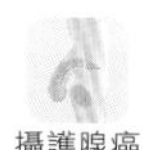
攝護腺癌

科　　別	鱗毛蕨科，鱗毛蕨屬，多年生草本植物。
外觀特徵	高 50 至 100 公分，根狀莖粗大，葉簇生，葉柄密生鱗片，具光澤，葉長圓形，孢子囊群圓形，生於葉片背面。
藥材及產地	以乾燥根莖及葉柄入藥。分佈於中國東北及華北地區。
相關研究	水萃取物透過壓制破骨細胞分化及功能，能降低骨質流失。也具有抗菌作用。
有效成分	萃取物

抗癌種類及研究

- **攝護腺癌**

韓國釜山國立大學「粗莖鱗毛蕨透過外在和內在凋亡途徑和細胞週期阻滯，對人類攝護腺癌細胞的抗癌作用」，2010年7月20日《民族藥理學期刊》。具有抗攝護腺癌作用。

1. 值得探討萃取物中的抗癌活性分子。
2. 照片在日本長野縣輕井澤拍攝。約翰藍儂生前最愛到此離東京 2 個小時車程的避暑地度假。鹿島之森旅館，雲場池，林間屋舍院子及溪畔，皆能見到粗莖鱗毛蕨。騎單車上坡至 1905 年所建的歐式木造三笠旅館，窗外青空浮雲，初夏的嫩葉在陽光下發亮。「怎麼這麼遠啊？」路上聽到一個騎單車的遊客用台語說。夜裡在鹿島之森道路散步，突聞樹林內有動物竄走聲，遂加快腳步返回。

蛇莓
Duchesnea indica

卵巢癌
子宮頸癌

科別	薔薇科，蛇莓屬，多年生匍匐草本植物。
外觀特徵	有柔毛，三小葉，夏季開黃色花，瘦果暗紅色。
藥材及產地	以全草、根入藥。分佈於印度、印尼、歐洲、美洲、日本以及中國等地。
相關研究	具有抗炎活性。
有效成分	萃取物

抗癌種類及研究

• 子宮頸癌

中國北京協和醫學院「蛇莓酚分餾部分在體外和體內透過誘導凋亡和細胞週期阻滯，抑制子宮頸癌細胞生長」，2009 年 1 月《實驗生物學與醫學》期刊。顯著延長植入子宮頸癌細胞小鼠的生存期，並降低腫瘤重量。

• 卵巢癌

中國北京協和醫學院「蛇莓酚分餾部分抑制人類卵巢癌 SKOV-3 細胞生長，伴隨細胞週期阻滯和凋亡」，2008 年 1 月《婦科腫瘤學》期刊。發現對人類卵巢癌細胞能誘導細胞凋亡。

值得探討其抗癌活性化合物，似乎對女性癌症有選擇性。

八角蓮
Dysosma versipellis

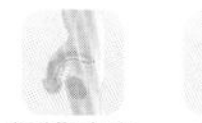

科　　別	小蘗科，八角蓮屬，多年生草本植物。
外觀特徵	高約30公分，莖直立，綠色，外覆白粉，地下莖匍匐，葉盾形，有6至8個三角形裂片，花暗紅色，有光澤，漿果橢圓形。
藥材及產地	以根狀莖及根入藥。原產於中國、中亞及南亞熱帶地區，台灣也有分佈。
相關研究	除抗癌外，未發現其他功效的報導。
有效成分	萃取物

抗癌種類及研究

- **攝護腺癌、乳癌**

中國貴州大學「八角蓮的成分對PC3和BCAP-37細胞株有抗增生和細胞凋亡誘導的生物活性」，2011年6月15日《細胞分裂》期刊。可誘導攝護腺癌、乳癌細胞凋亡。

其他補充

有毒。大鼠急性八角蓮中毒，可引起多個器官病理變化，主要為腦、心、肝和腎。

旱蓮草

Eclipta prostrata

子宮內膜癌　肝癌

科　　別	菊科，鱧腸屬，一年生草本植物。
外觀特徵	高 15 至 60 公分，莖匍匐，葉對生，花白色，瘦果三棱狀，表面突起，搓揉莖葉有黑色汁液流出。
藥材及產地	以全草入藥。分佈於中國遼寧、河北、雲南等地。
相關研究	泰國研究支持愛滋病患者使用旱蓮草。可用於治療血液相關疾病。
有效成分	三噻嗯甲醇 alpha-terthienylmethanol，分子量 278.41 克 / 莫耳

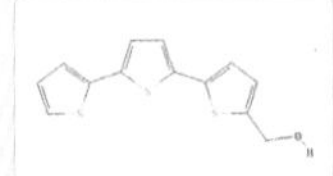

抗癌種類及研究

- 子宮內膜癌

韓國慶熙大學「旱蓮草分離的三噻嗯甲醇在人類子宮內膜癌細胞透過活性氧產生，誘導細胞凋亡」，2015 年 7 月《民族藥理學期刊》。能誘導子宮內膜癌細胞凋亡。

- 肝癌

中國華南理工大學「旱蓮草植物化學物質：分離、結構鑑定及其抗腫瘤活性」，2012 年 11 月《食品與化學毒理學》期刊。能抑制肝癌細胞。

其他補充

1. 三噻嗯甲醇有潛力開發成抗癌藥物。
2. 旱蓮木，又稱為旱蓮或喜樹，與旱蓮草不同。旱蓮草別名鱧腸。中國醫藥大學校園裡有兩棵高大的旱蓮木，由於拍照時仍屬初春，只見幾片枯葉。喜樹在英文裡也稱為 happy tree，應是中文直接翻譯。

布袋蓮
Eichhornia crassipes

肝癌
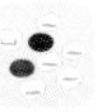
血癌

乳癌

科　　別	雨久花科，鳳眼蓮屬，漂浮性水生草本植物，又名鳳眼蓮、水葫蘆。
外觀特徵	鬚根發達，葉卵圓形，叢生，葉柄有膨大氣囊，花藍色，中央有黃色斑點，蒴果，種子多數。
藥材及產地	以根或全草入藥。分佈於台灣及中國長江以南地區。
相關研究	有抗氧化作用。
有效成分	萃取物

抗癌種類及研究

• 肝癌、血癌、乳癌

埃及開羅大學「布袋蓮活性成分對四種癌細胞株的細胞毒性和抗氧化性能」，2014年10月《BMC補充替代醫學》期刊。所含特定化合物對肝癌及血癌細胞顯示最佳抗癌活性，萃取物對乳癌細胞有抗癌功效。

1. 中藥典籍未發現有記載布袋蓮抗癌作用。有潛力成為天然抗癌化合物的來源。

2. 照片中的布袋蓮攝於台中勤美術館。可能因為天氣太熱，花就開了。鄉下水塘一般都會被布袋蓮入侵，越長越多，如果不清除的話，最後會把水面佈滿。自然界裡的植物充滿了野性與生命力，或許這也是我們電腦時代人類應該學習的，不斷進取，而且要帶著科學上所說的原生野蠻特質（wild type）。

宜梧葉
Elaeagnus oldhamii

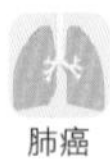
肺癌

科　　別	胡頹子科，胡頹子屬，常綠灌木，也寫成楦梧。
外觀特徵	高 1 至 4 公尺，具棘刺，單葉互生，近革質，葉背銀白，花淡白，果橙紅色，卵圓形。
藥材及產地	根、葉、莖、果實可入藥，宜梧葉為中藥名。分佈於福建、台灣、廣東等地。
相關研究	具止痛、抗炎活性。
有效成分	香豆熊果酸 coumaroyl ursolic acid，分子量 602.84 克 / 莫耳 銀椴苷 tiliroside，分子量 594.51 克 / 莫耳

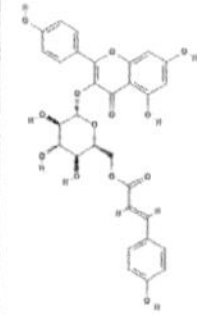

抗癌種類及研究

• 肺癌

台灣中國醫藥大學「宜梧葉成分在非小細胞肺癌 A549 的細胞毒性研究」，2014 年 7 月《分子》期刊。所含的幾個化合物比化療藥物順鉑具有更好的肺癌細胞毒性。

其他補充

中藥典籍未發現記載宜梧葉的抗癌作用。所含化合物香豆熊果酸與銀椴苷，未來臨床上或許可作為抗肺癌藥物。

地膽草

Elephantopus scaber

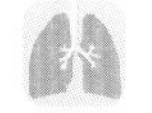
肺癌

鼻咽癌
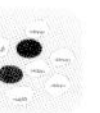
血癌

肝癌

科　　別	菊科，地膽草屬，多年生草本植物。
外觀特徵	高 30 至 60 公分，莖有二分枝，具白色硬毛，單葉，花淡紫色，瘦果有棱，有白色柔毛。
藥材及產地	以全草入藥。分佈於非洲、美洲、台灣及中國貴州、湖南、江西等地。
相關研究	具有護肝、護腎、降血脂、抗菌作用。印度傳統上使用地膽草的葉子治病，最新研究發現確實有抗氣喘的作用。
有效成分	去氧地膽草素 deoxyelephantopin，分子量 344.35 克 / 莫耳 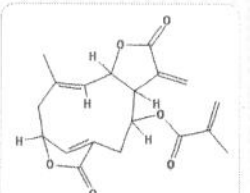

抗癌種類及研究

• 肺癌

印度喀拉拉邦地區癌症中心「地膽草倍半萜內酯去氧地膽草素對肺腺癌 A549 細胞的抗腫瘤效果」，2013 年 7 月《整合醫學期刊》。可以開發成新的化學治療劑，用於肺癌治療。

• 鼻咽癌

中國香港大學「地膽草的去氧地膽草素在人類鼻咽癌 CNE 細胞誘導細胞週期停滯和細胞凋亡」，2011 年 7 月 29 日《生物化學與生物物理學研究通訊》期刊。可能是鼻咽癌潛在的化學治療劑。

• 鼻咽癌、血癌

中國香港中文大學「五種中藥材和地膽草活性化合物的抗增生活性」，2009 年 8 月《天然物通訊》期刊。對鼻咽癌、血癌細胞具有抗增生作用。

• 肝癌

中國南京大學「地膽草新倍半萜內酯」，2008 年 5 月《亞洲天然物研究期刊》。能抑制人類肝癌細胞。

其他補充

去氧地膽草素有潛力開發成抗癌藥物。

無梗五加
Eleutherococcus sessiliflorus

科　別	五加科，五加屬，灌木或小喬木。
外觀特徵	高2至5公尺，樹皮暗灰色，有縱裂，掌狀複葉，花深紫色，核果橢圓形，成熟時黑色。
藥材及產地	根皮藥用。分佈於朝鮮及中國吉林、黑龍江、遼寧等地。
相關研究	除抗癌外，未發現其他功效的報導。
有效成分	萃取物

抗癌種類及研究

• 血癌

波蘭雅蓋隆大學「無梗五加生物活性化合物和抗氧化、抗血癌和抗蛋白酶的活性」，2012年11月《天然物通訊》期刊。對血癌細胞造成凋亡。

其他補充

需更深入探討其抗癌作用。遼寧省丹東有家專業性從事短梗五加（無梗五加）全方位研究開發的高科技企業，目前有五加果茶、五加果汁、五加果酒上市。廠房外寫著：「發展五加，造福人類」，宣稱短梗五加應用領域寬廣，前景無限。

一點紅
Emilia sonchifolia

結腸癌　黑色素瘤

科　　別	菊科，一點紅屬，一年或多年生草本植物，又名葉下紅。
外觀特徵	高 10 至 40 公分。莖紫紅或綠色，光滑無毛，枝柔軟，綠色。葉互生，花紫紅色，瘦果有棱，具白色冠毛。
藥材及產地	以全草入藥。分佈於台灣、中國四川、湖南、廣東等地。
相關研究	巴西傳統上使用一點紅來治療許多疾病，包括治療炎性疼痛。
有效成分	萃取物

抗癌種類及研究

• 黑色素瘤

印度阿瑪拉癌症研究中心「一點紅透過調節基質金屬蛋白酶、血管內皮生長因子和炎性細胞因子，對腫瘤特異性新血管形成的抗血管新生功效評估」，2016 年 5 月 4 日《整合癌症療法》期刊。對黑色素瘤特異性血管新生有抑制作用。

• 結腸癌

台灣中國醫藥大學「民間藥用植物一點紅萃取物經外在和內在途徑在人類結腸癌細胞透過激活信號，誘導細胞凋亡」，2012 年《依據證據的補充替代醫學》期刊。能使結腸癌細胞凋亡。

阿草伯藥用植物園 提供

其他補充

一點紅是具有潛力的大腸癌治療藥物。需從萃取物中找出活性抗癌分子。

草麻黃
Ephedra sinica

黑色素瘤

科別	麻黃科，麻黃屬，草本小灌木。
外觀特徵	莖高 20 至 40 公分，分枝少，小枝對生或輪生，葉鞘狀，花苞片紅色，種子通常 2 粒。
藥材及產地	以草質莖入藥。產地為中國河北、山西、陝西、等地。
相關研究	紐約史隆凱特琳癌症中心資料庫收錄草麻黃，宣稱其可能用途為氣喘、支氣管炎、普通感冒、咳嗽、感染、促進排尿、力量和耐力、減肥。
有效成分	萃取物

抗癌種類及研究

• 黑色素瘤

韓國忠南大學「草麻黃萃取物抗侵入、抗血管新生和抗腫瘤活性」，2003 年 1 月《植物療法研究》期刊。抑制小鼠黑色素瘤生長。

阿草伯藥用植物園 提供

其他補充

未發現中藥典籍有記載草麻黃的抗癌作用。
從萃取物中可進一步探討其抗癌活性成分。

淫羊藿
Epimedium sagittatum

肝癌

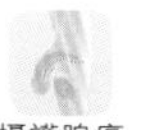
攝護腺癌

血癌

科別	小蘗科，淫羊藿屬，多年生植物，又名三枝九葉草。
外觀特徵	莖細圓柱形，葉對生，複葉，葉片近革質，春季開蜘蛛狀花。
藥材及產地	以全草入藥。大約有 50 個品種，大部分為中國所特有。分佈在中國江西、陝西、湖南及日本等地。
相關研究	史隆凱特琳癌症中心資料庫裡，宣稱淫羊藿或許可用於疲勞、骨質疏鬆、性功能障礙。
有效成分	淫羊藿苷 icariin，分子量 676.66 克 / 莫耳 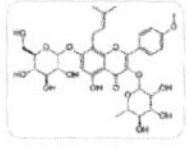 淫羊藿素 icaritin，分子量 368.37 克 / 莫耳

抗癌種類及研究

• 肝癌

中國上海交通大學「淫羊藿苷，天然黃酮苷，透過粒線體途徑誘導人類肝癌細胞凋亡」，2010 年 12 月 8 日《癌症通信》期刊。證明了淫羊藿苷的抗肝癌作用。

• 攝護腺癌

中國浙江大學「一種新型的抗癌藥淫羊藿素誘導細胞生長抑制，細胞週期阻滯和人類攝護腺癌 PC3 細胞粒線體跨膜電位下降」，2007 年 6 月 14 日《歐洲藥理學期刊》。淫羊藿素具新穎的抗癌功效。

• 肝癌、血癌

台灣高雄醫學大學「黃連與淫羊藿萃取物和它們的主要成分黃連素，黃連鹼和淫羊藿苷對肝癌和血癌細胞生長的細胞毒性作用」，2004 年 1 月《臨床實驗藥理學與生理學》期刊。萃取物抑制肝癌和血癌細胞增生。

其他補充

一般認為萃取物有春藥效果。據傳牧羊人發現羊群吃了此植物後性活動增加。在大連舉辦的一場國際會議裡，有一家公司發表淫羊藿苷的抗癌功效，動物實驗結果明顯。

木賊

Equisetum hyemale

血癌

科別	木賊科，木賊屬，多年生草本植物。
外觀特徵	高 40 至 100 公分，根莖粗，節和根有黃棕色長毛。孢子囊穗卵狀，盾狀孢子葉，孢子多數。
藥材及產地	以全草入藥。分佈於中國東北、華北、西南等地區。
相關研究	能降低三酸甘油酯和膽固醇，可以拮抗大鼠的高脂血症，而急毒性實驗則證明其低毒性。
有效成分	萃取物

抗癌種類及研究

• 血癌

中國陝西師範大學「木賊萃取物誘導小鼠血癌 L1210 細胞週期阻滯和細胞凋亡」，2012 年 11 月 21 日《民族藥理學期刊》。抑制血癌細胞增生。

其他補充

1 期望不久能找出萃取物中的有效活性化合物。

2 「木賊，這種草，風吹過時，那聲音不知是怎樣的，不免發人想像。」此段是《枕草子》一書中，清少納言對木賊的音聲意象。台中勤美術館圍繞一棟建築的水溝旁植有木賊。不知風吹過時，是不是真的會發出聲音？日本攝影師川島小鳥曾在此展示他在台灣拍攝的生活影像作品。

勤美術館

一年蓬
Erigeron annuus

乳癌

科　　別	菊科，飛蓬屬，一年或二年生草本植物。
外觀特徵	莖有微毛，基生葉呈蓮座狀，花外層白色，中間黃色。
藥材及產地	全草可入藥。原產地南美洲，分佈於美洲及中國湖北、河北、吉林等地。
相關研究	從一年蓬葉子分離出的咖啡酸，具有神經保護和抗氧化作用。
有效成分	精油

抗癌種類及研究

• 乳癌

波蘭比亞韋斯托克醫科大學「飛蓬和一年蓬精油體外抗增生和抗真菌活性」，2010 年 11 月《生物學期刊》。對乳癌細胞具抗增生作用。

阿草伯藥用植物園 提供

其他補充

需更深入探討一年蓬的抗癌活性分子。北京園林植保網有篇短文「草坪雜草除草—旋覆花、野胡蘿蔔、一年蓬」，說明雜草在草坪上時有發生。

短葶飛蓬
Erigeron breviscapus

科　　別	菊科，飛蓬屬，年生草本植物，別名燈盞花。
外觀特徵	高 5 至 50 公分，根狀莖木質，葉集中於基部。花舌狀，藍色或粉紫色。
藥材及產地	以全草入藥。分佈於中國廣西、四川、西藏等地，是中國的特有植物。
相關研究	燈盞花素在大鼠能抑制飲食誘導的高膽固醇血症。
有效成分	燈盞花素 scutellarin，分子量 462.36 克 / 莫耳 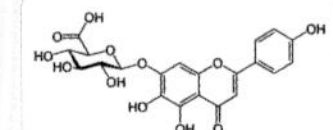

抗癌種類及研究

- 淋巴瘤

中國蘇州大學「燈盞花素誘導人類淋巴瘤細胞凋亡和抑制細胞增生的新穎功能」，2012 年 12 月《血癌與淋巴瘤》期刊。燈盞花素是潛在的抗淋巴瘤候選藥物。

其他補充

燈盞花素有潛力開發成抗癌藥物。

枇杷葉
Eriobotrya japonica

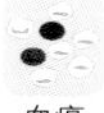
血癌

乳癌

口腔癌

科別	薔薇科，枇杷屬，常綠小喬木。
外觀特徵	高 3 至 4 公尺，葉厚，深綠色，背面有絨毛。
藥材及產地	以葉、果實入藥。主產於廣東、江蘇、浙江等地。
相關研究	具有降血糖、降血脂作用。可當成抗炎劑和止痛劑。
有效成分	萃取物

抗癌種類及研究

- 血癌

日本東京日本大學「枇杷葉成分誘導人類血癌細胞株半胱天冬酶依賴性細胞凋亡」，2011 年《化學與醫藥通報》期刊。主要透過粒線體途徑，誘導血癌細胞凋亡。

- 乳癌

韓國木浦國立大學「枇杷萃取物抑制人類乳腺癌細胞的黏附、遷移和侵入」，2009 年冬季《營養研究與實施》期刊。能對抗乳癌細胞。

- 口腔癌

日本岡山大學「枇杷葉多酚及對人類口腔癌細胞株的細胞毒性」，2000 年 5 月《化學與醫藥通報》期刊。對口腔腫瘤（人體鱗狀細胞癌和人類涎腺腫瘤）細胞株具細胞毒性。

其他補充

值得進一步探討枇杷葉萃取物中的抗癌活性成分。原產於中國，因果子狀似琵琶而得名。葉子加上其他成分製成枇杷膏，可祛痰。

狗牙花
Ervatamia divaricata

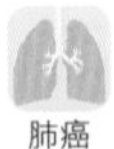

科　別	夾竹桃科，狗牙花屬，灌木或小樹。
外觀特徵	葉對生，橢圓形，花序腋生，白色重瓣花，蓇葖果內含種子。
藥材及產地	以根、葉入藥。分佈於台灣及中國福建、廣西、雲南等地。
相關研究	未有其他功效的報導。
有效成分	生物鹼

抗癌種類及研究

• 肺癌

中國上海生命科學研究院「狗牙花三個品種的生物鹼」，2007年1月《天然物研究》期刊。生物鹼表現出肺癌細胞毒性。

其他補充

應更深入探討狗牙花抗癌活性分子及機制。暨南大學數字植物博物館介紹了狗牙花，拉丁學名有差異。「樹姿小巧玲瓏，夏季開出綠白色球狀小花，晝開夜閉，幽香清雅。」

刺桐
Erythrina variegata

科　　別	豆科，刺桐屬，落葉喬木。
外觀特徵	高可達 27 公尺，有刺，羽狀葉，開紅花，黑色莢果串珠狀，微彎，種子暗紅色。
藥材及產地	以幹皮、根皮、花、葉入藥。原產於亞洲熱帶及太平洋諸島。
相關研究	具有抗動脈粥樣硬化的活性，可能是由於降血脂和抗發炎的影響。也能降血糖，降膽固醇，以及防止骨質疏鬆。
有效成分	美花椒內酯 xanthoxyletin，分子量 258.26 克 / 莫耳 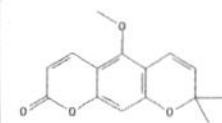

抗癌種類及研究

- 胃癌

中國東北師範大學「香豆素美花椒內酯在人類胃癌細胞誘導週期阻滯和細胞凋亡」，2011 年《亞太癌症預防》期刊。對胃癌有抗增生作用，值得進一步研究。

其他補充

是日本宮古島市的市花，沖繩縣的縣花。有白花品種，可作為裝飾樹。美花椒內酯有潛力開發成抗癌藥物。

台灣山豆根

Euchresta formosana

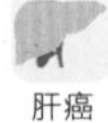

肝癌

科　　別	豆科，山豆根屬，灌木。
外觀特徵	枝條光滑，羽狀複葉，似革質，總狀花序，頂生，花萼鐘形，花瓣蝶形，莢果含種子一粒。
藥材及產地	以根莖及葉入藥。分佈於台灣、爪哇、菲律賓低海拔山區。
相關研究	能抑制血小板凝集以及愛滋病毒複製。
有效成分	萃取物

抗癌種類及研究

- 肝癌

台灣中國醫藥大學「台灣山豆根粗萃取物在人類肝癌 Hep3B 細胞株誘導細胞毒性和細胞凋亡」，2007 年 7 月《抗癌研究》期刊。證實能抑制肝癌細胞生長。

阿草伯藥用植物園 提供

其他補充

有毒。根據阿草伯藥用植物園記載，民間服用本植物常有中毒發生，皆因服用過量所致。

丁香

Eugenia caryophyllata

血癌

科別	桃金娘科，蒲桃屬，常綠喬木。
外觀特徵	高 10 至 20 公尺，葉橢圓形，花蕾起初白色，後轉為紅色。
藥材及產地	以花蕾入藥。原產於印尼，馬達加斯加、印度、巴基斯坦和斯里蘭卡也出產。
相關研究	丁香精油可改善記憶、減輕疼痛、抗細菌及抗黴菌。
有效成分	丁香酚 eugenol， 分子量 164.20 克 / 莫耳 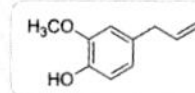

抗癌種類及研究

- 血癌

韓國慶熙大學「丁香精油中分離的丁香酚誘導人類血癌 HL-60 細胞活性氧介導的凋亡」，2005 年 7 月 8 日《癌症通信》期刊。這是丁香酚抗血癌機制的首次報導。

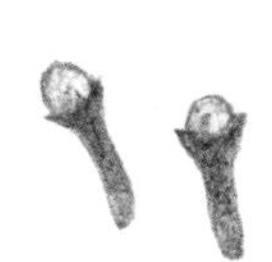

其他補充

丁香酚有潛力開發成抗癌藥物。花蕾狀似釘子，在中國「釘」與「丁」同義，所以稱為「丁香」。

衛矛

Euonymus alatus

肝癌

科　　別	衛矛科，衛矛屬，落葉灌木。
外觀特徵	高 1 至 3 公尺，枝斜出，綠色，葉橢圓形，黃綠色小花，蒴果紅紫色，種子褐色。秋天紅葉鮮艷。
藥材及產地	以嫩枝入藥。分佈於中國東北、雲南、安徽等地。
相關研究	可減輕糖尿病症狀，有糖尿病性腎病保護作用。
有效成分	咖啡酸 caffeic acid，分子量 180.16 克 / 莫耳 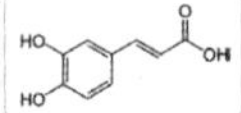

E

衛矛 *Euonymus alatus*

抗癌種類及研究

- 肝癌

韓國東國大學「咖啡酸和咖啡酸苯酯對肝癌細胞的新治療效果：肝癌生長和轉移完全消退的雙重機制」，2004 年 11 月《美國實驗生物學會》期刊。選擇性抑制肝癌細胞。

1. 咖啡酸可開發成抗癌藥物。
2. 近年發現，最常被使用的抗糖尿病藥物二甲雙胍（metformin）具有抗癌效果，新發表的抗癌證據急速增加，例如膠質母細胞瘤，肝癌，結腸癌等。此藥源自植物「法國丁香」。動物實驗發現它也能延緩老化，2015 年美國食品藥物管理局核准一項臨床試驗，用來探索此藥是否能延長人類壽命。

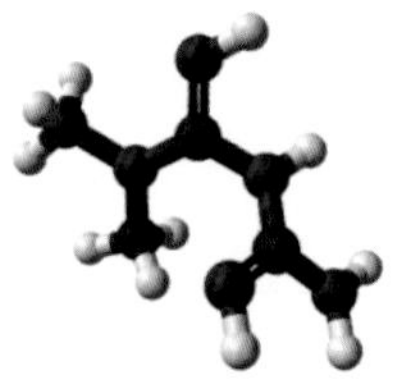
二甲雙胍

月腺大戟

Euphorbia ebracteolata

結腸癌

肝癌

科　　別	大戟科，大戟屬，多年生草本植物。
外觀特徵	高 30 至 60 公分，根肥厚，圓錐形，有黃色乳汁。莖綠色，葉互生，蒴果三角狀，種子圓卵形。
藥材及產地	以根入藥。產於中國安徽、河南、江蘇等地。
相關研究	有抗炎作用。
有效成分	月腺大戟素

抗癌種類及研究

• 結腸癌、肝癌

中國南京藥科大學「月腺大戟素 D，從月腺大戟來的一種新型二聚體二萜類化合物」，2006 年 1 月《亞洲天然物期刊》。對結腸癌和肝癌細胞株顯示中度的細胞毒性。

其他補充

安徽省淮北市有家廠商申請專利，「一種從月腺大戟中提取狼毒乙素的方法」。提取方法也申請專利，但尚未獲准。

澤漆

Euphorbia helioscopia

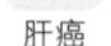

肝癌　子宮頸癌　胃癌

科　　別	大戟科，大戟屬，二年生草本植物。
外觀特徵	高 10 至 30 公分，全株含乳汁，莖紫紅色，卵形葉互生，杯狀花序，蒴果。
藥材及產地	以莖、葉入藥。分佈於歐亞大陸、北非及中國等地。
相關研究	具有顯著的驅蟲活性，可用於治療動物蠕蟲感染。
有效成分	大戟苷 euphornin，分子量 584.69 克 / 莫耳 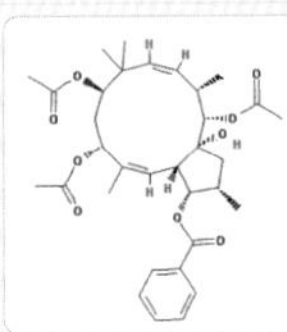

抗癌種類及研究

- 肝癌

中國蘭州大學「澤漆萃取物對人類癌細胞的抗癌潛力」，2012 年 2 月《解剖學報告》期刊。顯著抑制肝癌細胞。

- 肝癌、子宮頸癌、胃癌

中國解放軍 454 醫院「澤漆根在體外的抗腫瘤活性」，1999 年 2 月《中藥材》期刊。對肝癌、子宮頸癌、胃癌細胞抑制率分別為 59.8%，66.4%，70.5%，有明顯的抗腫瘤活性。

其他補充

大戟苷是其主要活性成分之一，有潛力開發成抗癌藥物。

飛揚草
Euphorbia hirta

乳癌
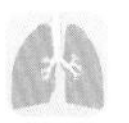
肺癌

結腸癌

科別	大戟科，大戟屬，一年生草本植物。
外觀特徵	高 15 至 50 公分，全株有乳汁，葉對生，花小，淡綠色或紫色，蒴果有短毛，種子四棱形。
藥材及產地	以全草入藥。分佈於台灣、中國及東南亞。
相關研究	有抗關節炎作用。
有效成分	三萜類

抗癌種類及研究

• 乳癌

馬來西亞理科大學「飛揚草在乳癌 MCF-7 細胞的細胞毒性，細胞週期阻滯及凋亡誘導評估」，2015 年 7 月《藥物生物學》期刊。誘導細胞凋亡，可用於治療乳癌。

• 肺癌、結腸癌

菲律賓德拉薩大學「飛揚草三萜類化合物及其細胞毒性」，2013 年 9 月《天然藥物中文期刊》。對非小細胞肺癌和結腸癌細胞具有細胞毒性。

其他補充

飛揚草是東南亞常用的民間植物藥。需繼續研究找出抗癌活性分子。

甘遂

Euphorbia kansui

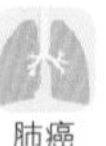

科　　別	大戟科，大戟屬，多年生草本植物。
外觀特徵	高 25 至 40 公分，全株含乳汁，葉互生，杯狀花序，蒴果圓形。
藥材及產地	以根入藥。分佈於中國甘肅、山西、陝西、寧夏、河南等地。
相關研究	所含的化合物具有殺日本白蟻及抗線蟲活性。
有效成分	油酸 oleic acid， 分子量 282.46 克 / 莫耳

抗癌種類及研究

• 肺癌、肝癌

中國天津大學「透過二維製備高效液相色譜和實時細胞分析，從甘遂以生物測定引導分離抗腫瘤成分」，2016 年《分析科學》期刊。所含的 4 個化合物幾乎完全抑制肺癌細胞增生，其中一個則對肝癌細胞抑制活性最高。

• 胃癌、肝癌、血癌

中國甘肅政法學院「甘遂十八碳烯酸萃取物對人類腫瘤細胞株的細胞毒性」，2008 年 2 月《藥學與藥理學期刊》。所含油酸顯著抑制細胞增生，誘導細胞凋亡和細胞週期阻滯。

有毒，是香港政府管制的劇毒中藥。所含的甘遂素 D 和 G 對肺癌、肝癌細胞抑制能力很強，可開發成新藥。

大戟
Euphorbia pekinensis

科　　別	大戟科，大戟屬，多年生草本植物，在日本稱為高燈台。
外觀特徵	高 30 至 90 公分，花黃色，蒴果三棱狀球形，莖和葉受損會流出白色汁液。
藥材及產地	以根入藥，是 50 種基本中藥之一。分佈在中國、朝鮮及日本。
相關研究	可抑制愛滋病毒整合酶。
有效成分	二萜類

抗癌種類及研究

• 子宮頸癌、神經膠質瘤

中國瀋陽藥科大學「大戟根的兩個新二萜類化合物」，2011 年 9 月《亞太天然物研究》期刊。顯示對子宮頸癌和神經膠質瘤具有中度的細胞毒性。

其他補充

有毒。毒性主成分為二萜類。未發現中藥典籍有記載大戟的抗癌作用。目前中國南京中醫藥大學及瀋陽藥科大學對大戟有較深入的研究。曾參訪南京中醫藥大學，教授們設宴招待。

東革阿里
Eurycoma longifolia

肝癌

乳癌

科別	苦木科，東革阿里屬，常綠小喬木。
外觀特徵	高 4 至 6 公尺，羽狀葉，花淡紫紅色，果實成熟後暗紅色。
藥材及產地	以根、根皮、果實和葉入藥。分佈於馬來西亞和印尼等地。
相關研究	傳統上用於抗瘧、壯陽、抗糖尿病、抗微生物和解熱，但安全性需進一步確認。
有效成分	寬纓酮 eurycomanone，分子量 408.39 克 / 莫耳 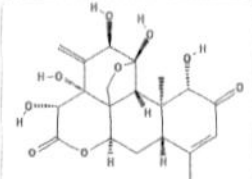

抗癌種類及研究

• 肝癌

馬來西亞普特拉大學「寬纓酮透過上調 p53 基因誘導 HepG2 細胞凋亡」，2009 年 6 月 10 日《國際癌細胞》期刊。對肝癌細胞有細胞毒性，誘導細胞凋亡。

• 乳癌

馬來西亞國立大學「東革阿里萃取物透過非半胱天冬酶方式，誘導 MCF-7 細胞凋亡」，2007 年 9 月《抗癌研究》期刊。經由誘導細胞凋亡和抗增生作用，抑制乳癌細胞生長。

寬纓酮有潛力開發成抗癌藥物。東革阿里與燕窩、錫器並稱為馬來西亞三大國寶。

吳茱萸
Evodia rutaecarpa

膠質母細胞瘤

甲狀腺癌

乳癌

胃癌
大腸癌

科　　別	芸香科，吳茱萸屬，落葉灌木或小喬木。
外觀特徵	高可至 10 米，果實呈五角狀扁球形，味辛辣。
藥材及產地	以果實入藥。生長於溫暖地帶，在中國主要分佈於長江以南。
相關研究	所含的吳茱萸鹼具有類似辣椒素般的抗肥胖活性。
有效成分	吳茱萸鹼 evodiamine，分子量 303.36 克 / 莫耳 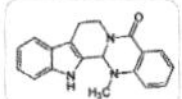

抗癌種類及研究

阿草伯藥用植物園 提供

• 膠質母細胞瘤

台灣台北醫學大學「吳茱萸鹼在人類膠質母細胞瘤細胞誘導鈣 /JNK 介導的自噬和粒線體介導的細胞凋亡」，2013 年 9 月 5 日《化學生物交互作用》期刊。誘導膠質母細胞瘤細胞凋亡。

• 大腸癌

中國上海海洋大學「吳茱萸鹼誘導人類大腸癌細胞凋亡及抑制細胞增生」，2009 年 6 月《化學與生物多樣性》期刊。能抗大腸癌細胞。

• 胃癌

中國吉林大學「吳茱萸對人類胃癌細胞誘導細胞凋亡和自噬的細胞毒性作用」，2012 年 5 月《腫瘤學報告》期刊。抗胃癌細胞。

• 甲狀腺癌

台灣國立陽明大學「吳茱萸鹼對人類甲狀腺癌 ARO 細胞株的抗增生作用」，2010 年 8 月 15 日《細胞生物化學期刊》。抑制未分化的甲狀腺癌細胞。

• 乳癌

台灣國立台灣大學「吳茱萸鹼對人類多種藥物抗性乳癌細胞在體外和體內的抗腫瘤作用機制」，2005 年 5 月《致癌性》期刊。結論認為吳茱萸鹼優於紫杉醇。

未發現中藥典籍有記載吳茱萸的抗癌作用。吳茱萸鹼有潛力開發成抗癌藥物。

苦蕎麥

Fagopyrum tataricum

子宮頸癌

科別	蓼科，蕎麥屬，一年生草本植物。
外觀特徵	高 30 至 60 公分，葉三角狀，花白色或淡紅色，堅果圓錐狀。
藥材及產地	以根入藥。分佈於中國東北、四川、雲南、歐洲和北美等地。
相關研究	抗炎，防止肝炎，也抗高血糖和抗胰島素抵抗，可治療糖尿病。
有效成分	tatariside G

抗癌種類及研究

• 子宮頸癌

中國上海第七人民醫院「苦蕎根分離出的 tatariside G 引起人類子宮頸癌 HeLa 細胞凋亡」，2014 年 7 月 29 日《分子》。是對抗子宮頸癌的化療候選藥物。

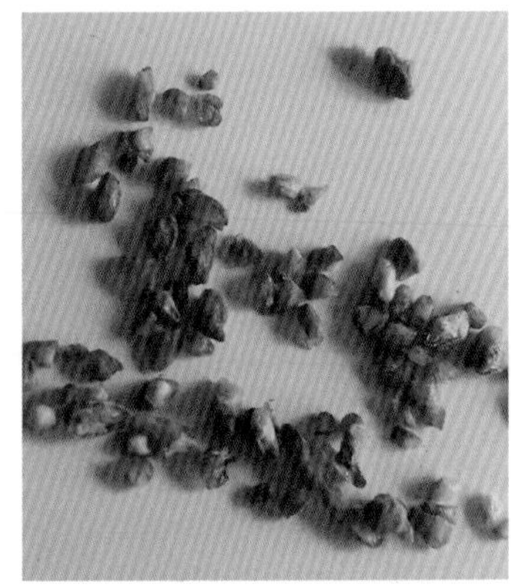

其他補充

重慶人喝苦蕎茶，由產於四川大涼山的苦蕎麥製成。重慶的烤魚極好吃，為傳統名菜。取萬州草魚一條，剖開洗淨後平放在鐵夾中，置於爐上用木炭燒烤，再盛到專用鐵盤中，澆上花椒、辣椒等調味底料，採用先烤後燉的獨特烹飪工藝。搭配冰啤，是理想的夜宵。飛往重慶的香港航空班機上，雜誌刊載十年生死兩茫茫的蘇東坡《江城子》，對亡妻身影的回憶只有「小軒窗，正梳妝」六個字。重慶大學邀請演講「抗癌中草藥及活性天然產物研究」，感謝吳言蓀教授安排及徐溢教授設宴招待。

重慶長江邊上

阿魏

Ferula assafoetida

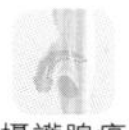
攝護腺癌

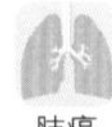
肺癌

科　　別	傘形科，阿魏屬，多年生草本植物。
外觀特徵	花莖粗大，複葉，開黃色小花，複傘形花序。切斷根和莖，有乳汁流出，汁乾後，稱為「阿魏」。
藥材及產地	樹脂用作草藥和辛香料。原產於北非，現在印度和中東地區也有種植。
相關研究	能顯著降血糖，並且增加血清中的胰島素。
有效成分	加蓬酸 galbanic acid，分子量 398.49 克 / 莫耳 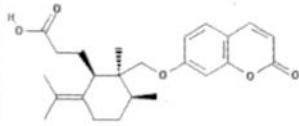

抗癌種類及研究

- 攝護腺癌

美國明尼蘇達大學「加蓬酸在攝護腺癌細胞降低雄激素受體的數量和信號傳導，誘導細胞週期阻滯」，2012 年 1 月 1 日《國際癌症期刊》。作為攝護腺癌預防和治療的候選藥物。

- 肺癌

韓國慶熙大學「從阿魏分離出的加蓬酸在體內抗腫瘤活性與抗血管生成和抗增生的關聯」，2011 年 3 月《藥物研究》期刊。在小鼠發揮抗血管生成和抗肺癌活性。

其他補充

有濃烈蒜味，屬佛教徒禁食的五辛之一。
加蓬酸有潛力開發成抗癌藥物。

無花果
Ficus carica

黑色素瘤

胃癌

科　　　別	桑科，榕屬，落葉小喬木。
外觀特徵	外觀因見果不見花而得名。花生長於果內，稱之為隱頭果。
藥材及產地	以葉、樹脂入藥。原產於中東和西亞地區，栽培歷史已有五千多年。
相關研究	無花果葉萃取物，對糖尿病大鼠具有明確的降血糖作用，也能降低三酸甘油酯，增加高密度脂蛋白膽固醇。
有效成分	萃取物

抗癌種類及研究

- 黑色素瘤

義大利卡拉布里亞大學「無花果樹地上部分對人類黑色素瘤的光毒性潛力評估」，2012 年 6 月《細胞增生》期刊。葉子具有最高的抗增生活性。

- 胃癌

伊朗馬贊達蘭醫學大學「無花果樹的乳膠對胃癌細胞株的作用」，2011 年 4 月《伊朗紅色新月期刊》。抑制胃癌細胞增生，對人體正常細胞沒有任何細胞毒性作用。

其他補充

可當癌症輔助治療劑。需進一步從無花果萃取物中確認抗癌活性成分。

細葉榕

Ficus microcarpa

口腔癌 鼻咽癌　結腸癌　攝護腺癌

科別	桑科，榕屬，常綠喬木。
外觀特徵	樹幹生氣根，多且下垂，如長入土中，粗似支柱，卵形葉深綠色，革質，扁球形隱花果，生於葉腋。
藥材及產地	氣根及葉可入藥。分佈於印度、菲律賓、馬來西亞、台灣等地。
相關研究	在南亞，細葉榕被廣泛用於治療第二型糖尿病。
有效成分	五環三萜

抗癌種類及研究

- 攝護腺癌

美國威斯康辛大學「五環三萜，一種新穎的 AMPK 活化劑，誘導攝護腺癌細胞凋亡」，2015 年 12 月《腫瘤標靶》期刊。其活性化合物誘導細胞週期停滯，抑制攝護腺癌細胞增生。

- 鼻咽癌、口腔癌、結腸癌

台灣中央研究院「榕樹氣根的細胞毒性三萜類化合物」，2005 年 2 月《植物化學》期刊。五環三萜化合物對鼻咽癌、口腔癌、結腸癌細胞具顯著細胞毒性。

其他補充

未發現中藥典籍有記載榕樹的抗癌作用，所含的五環三萜有潛力開發成抗癌藥物。流行病學研究表明，二甲雙胍治療的糖尿病患者，癌症發生率低於那些服用其他抗糖尿病藥物。細葉榕含類二甲雙胍化合物。

薜荔
Ficus pumila

科別	桑科，榕屬，常綠攀援或匍匐灌木。
外觀特徵	莖灰褐色，多分枝，葉橢圓，互生，小花多數，瘦果棕褐色。
藥材及產地	以莖、葉入藥。分佈於中國、台灣、日本、印度等地。
相關研究	甲醇萃取物具有鎮痛和抗炎活性。
有效成分	萃取物

抗癌種類及研究

• 血癌

千里達西印度群島大學「特定的西印度藥用植物對人類血癌細胞株的細胞毒性」，2010 年 12 月《西印度醫學期刊》。薜荔葉子萃取物對血癌細胞具細胞毒性。

其他補充

愛玉子是薜荔的變種，在台灣，它的果實乾燥後，種子刮下，加水萃取其凝膠，稱為愛玉凍或愛玉子，在新加坡作成冰果凍，稱為文頭雪。葉子萃取物應進一步分離出活性化合物。

棱果榕
Ficus septica

科　　　別	桑科，榕屬，常綠喬木，又名大葉榕。
外觀特徵	大型葉，葉互生，厚紙質，葉表光滑，橢圓形，榕果單生或成對，腋生，扁球形，表面散生白色球形體，表有棱，故稱為棱果榕。
藥材及產地	以葉、樹皮、根入藥。產於台灣，日本琉球、菲律賓、印尼也有分佈。
相關研究	有免疫調節效果。
有效成分	生物鹼

抗癌種類及研究

• 乳癌

印尼加札馬達大學「棱果榕葉乙醇萃取物生物鹼對乳癌 T47D 細胞的細胞毒性作用」，2015 年《亞太癌症預防期刊》。生物鹼對乳癌顯示細胞毒性，因此有抗癌活性。

其他補充

中藥典籍未發現有棱果榕抗癌作用記載。生物鹼可深入研究，開發成抗癌藥物。

千斤拔
Flemingia philippinensis

血癌

科別	豆科，佛來明豆屬，蔓性半灌木。
外觀特徵	高 1 至 2 公尺，根錐形，枝有短毛，三出複葉互生，紅紫色蝶形花，莢果矩圓形，淺黃色，黑色球形種子。
藥材及產地	以根入藥。分佈於台灣及中國廣東、海南、廣西等地。
相關研究	可降血糖。
有效成分	萃取物

抗癌種類及研究

阿草伯藥用植物園 提供

• 血癌

上海醫藥工業研究院「千斤拔的化學成分研究」，1991 年《藥學學報》期刊。對血癌細胞有顯著細胞毒性。

1. 應確認抗癌活性化合物。抗血癌研究僅此一篇，且年代久遠。
2. 基立克（Gleevec）為小分子標靶藥物，分子量 493.60 克 / 莫耳，用於治療慢性骨髓性血癌，胃腸道基質瘤等癌症。在中國稱為「格列衛」，台灣則叫「基利克」。藥理機制為抑制引起此症的 bcr-abl 蛋白激酶活性，使癌細胞停止生長，並誘導細胞凋亡。

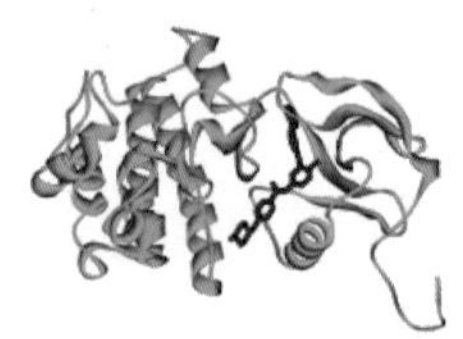
基立克（紅色）抑制 bcr-abl 蛋白激酶（綠色）

佛來明豆
Flemingia strobilifera

血癌

科別	豆科，佛來明豆屬，開花植物。
外觀特徵	花白色，莢果長橢圓形，種子 2 粒。
藥材及產地	以葉入藥。原產於東亞，常見於中國、台灣、不丹、印度、尼泊爾等地。
相關研究	乙醇萃取物具有抑制中樞神經系統作用，為潛在的抗痙攣藥。
有效成分	萃取物

抗癌種類及研究

• 血癌

千里達西印度群島大學「特定的西印度藥用植物對人類血癌細胞株的細胞毒活性」，2010 年 12 月《西印度醫學期刊》。佛來明豆葉子萃取物對血癌具有細胞毒性，可能是由於植物中的抗氧化成分。

阿草伯藥用植物園 提供

其他補充

應確認萃取物中的抗癌活性化合物。關於佛來明豆的抗癌報告僅此一篇。維基百科資料不多。網路「福星花園」提供特寫照片，並提到台灣有 4 種佛來明豆屬植物。百度百科則稱為球花千金拔。

白飯樹
Flueggea virosa

科　　別	大戟科，白飯樹屬，落葉灌木。
外觀特徵	高 1 至 4 公尺，葉互生，花淡黃色，蒴果近球形，成熟後果皮呈白色，像白飯。
藥材及產地	以葉、根入藥。分佈於台灣及中國福建、貴州、雲南等地。
相關研究	根所分離出的成分能抗 C 型肝炎病毒。
有效成分	生物鹼

抗癌種類及研究

• 乳癌

中國暨南大學「白飯樹新的二聚吲哚啶生物鹼 Flueggines A 和 B」，2011 年 8 月《有機通信》期刊。顯示對人類乳癌細胞的生長抑制活性。

其他補充

1. 未找到此生物鹼的化學結構。
2. 次級代謝物指由生物體產生，不直接涉及生命正常生長、發育或繁殖的有機化合物。不像初級代謝物（如胺基酸、乳酸），缺少次級代謝物不會導致立即死亡。人類利用次級代謝物作為藥物、調味品等。它們包括生物鹼、萜類（如皂苷）、酚類、抗生素等。

川貝母

Fritillaria cirrhosa

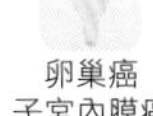

卵巢癌
子宮內膜癌

科　　　別	百合科，貝母屬，多年生草本植物。
外觀特徵	鱗莖由肥厚鱗莖瓣組成，莖高 20 至 45 公分，葉對生，鐘狀花綠黃色至黃色，具紫色斑紋。
藥材及產地	以鱗莖入藥。主產於中國四川、西藏、雲南等地。
相關研究	可防氣喘，抗呼吸道發炎。
有效成分	萃取物

抗癌種類及研究

- 卵巢癌、子宮內膜癌

美國馬里蘭健康科學大學「中藥黃芩和川貝母針對 NFkB 抑制卵巢癌和子宮內膜癌細胞增生」，2013 年 11 月 19 日《分子癌變》期刊。顯著降低卵巢癌和子宮內膜癌細胞生長。

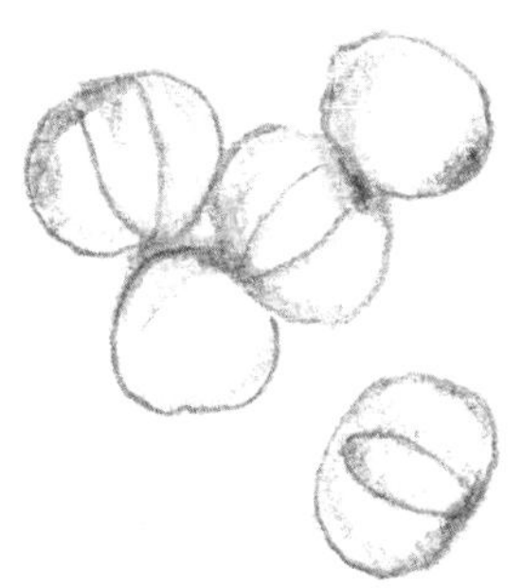

其他補充

川貝枇杷膏含川貝母、枇杷葉、茯苓、薄荷腦、蜂蜜、麥芽糖等十多種成分。至於川貝母是否有止咳作用，尚不清楚。

平貝母
Fritillaria ussuriensis

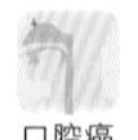
口腔癌

血癌

科　　別	百合科，貝母屬，多年生草本植物。
外觀特徵	高可達 1 公尺，鱗莖扁圓形，具肥厚鱗片，白色，葉對生或互生，花鐘形，外面紫色，內面有黃色斑點，葫果卵圓形，具棱線，種子有翅。
藥材及產地	以鱗莖入藥。主產於中國東北地區。
相關研究	能降血壓，有效成分為貝母酮。
有效成分	貝母酮 verticinone，分子量 429.63 克 / 莫耳 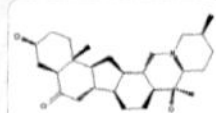

抗癌種類及研究

• 口腔癌

韓國圓光大學「貝母酮在惡性人類口腔角質形成細胞誘導細胞週期阻滯和凋亡」，2008 年 3 月《植物療法研究》期刊。誘導口腔癌細胞凋亡。

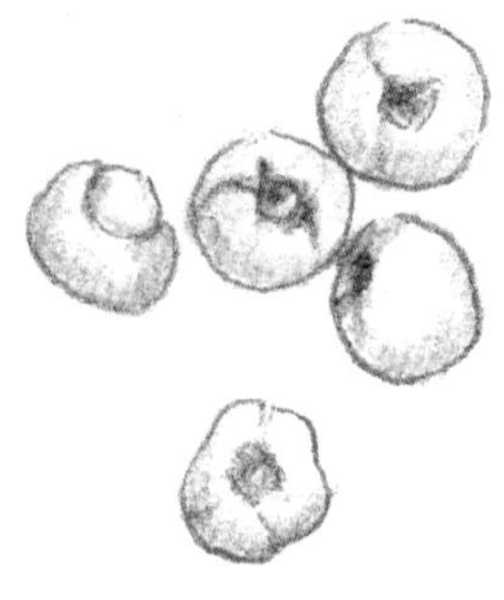

• 血癌

韓國圓光大學「平貝母分離出的生物鹼貝母酮對人類血癌 HL-60 細胞的誘導分化作用」，2002 年 11 月《生物與醫藥通報》期刊。能抑制血癌細胞生長。

貝母酮有潛力開發成抗癌藥物。

蓬子菜
Galium verum

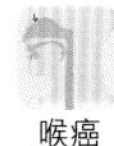
喉癌

科別	茜草科，拉拉藤屬，多年生草本植物。
外觀特徵	高 15 至 40 公分，莖有短柔毛，葉輪生，花小，淡黃色，果小，近球狀。
藥材及產地	以全草入藥。產於黑龍江、吉林、遼寧等地，也分佈在日本、朝鮮、歐洲、美洲北部。
相關研究	有抗氧化作用。
有效成分	萃取物

抗癌種類及研究

• 喉癌

德國維爾茨堡大學「蓬子菜水萃取物對藥物敏感和耐藥性喉癌細胞生長、移動和基因表達的作用」，2014 年 3 月《國際腫瘤學期刊》。對喉癌細胞具細胞毒性。

其他補充

未發現中藥典籍有記載蓬子菜的抗癌作用。有項申請中的專利，首次從茜草科植物蓬子菜的全草中大量製備高含量蓬子菜總黃酮，並證明蓬子菜總黃酮在製備降血糖藥物中的應用。然而，目前並未有期刊論文報導其抗糖尿病效果。

山竹
Garcinia mangostana

結腸癌　皮膚癌

肝癌　胰臟、膀胱癌　乳癌　攝護腺癌

科　　別	金絲桃科，藤黃屬，熱帶常綠喬木，又名倒捻子。
外觀特徵	高7至25公尺，樹冠圓錐形，花為肉質黃色，雜紅色和淡粉色，果實球形，粉紅或黑紫色果皮厚且硬，果肉為白色瓣狀。
藥材及產地	以果皮入藥。產於馬來西亞、新加坡、泰國等南洋熱帶地區。
相關研究	史隆凱特琳癌症中心記載其可能的用途，包括細菌感染、腹瀉、真菌感染、發炎、皮膚感染、傷口癒合。
有效成分	倒捻子素 mangostin，分子量 410.45 克 / 莫耳 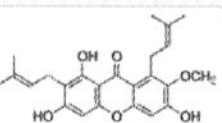

抗癌種類及研究

• 肝癌

台灣台北醫學大學「山竹果殼分離的倒捻子素對肝癌細胞抗腫瘤和清除自由基的功效」，2013 年 9 月《藥學與藥理學期刊》。倒捻子素是先導化合物，為肝癌候選藥物。

• 胰臟癌

中國延安大學「倒捻子素在胰臟癌細胞中，抑制基質金屬蛋白酶和鈣黏蛋白表達，透過細胞外信號調節激酶抑制脂多醣誘導的侵入」，2013 年 6 月《腫瘤學通信》期刊。抑制胰臟癌細胞的侵入和轉移。

• 乳癌、攝護腺癌

美國伊利諾大學「山竹果實多酚對抗乳癌和攝護腺癌」，2013 年 6 月 26 日《藥理學前驅》期刊。在體外和體內抑制癌細胞增生。

- 膀胱癌

美國加州大學「天然山竹果汁倒捻子素對人類膀胱癌細胞株 mTOR 信號通路，細胞自噬，細胞凋亡和生長的影響」，2013 年《營養與癌症》期刊。山竹果的倒捻子素是一個多靶向藥劑，對膀胱癌具有化學預防特性。

- 結腸癌

馬來西亞理科大學「山竹氧雜蒽酮萃取物在體外和體內抗結腸癌效果」，2012 年 7 月《BMC 補充與替代醫學》期刊。可作為潛在的抗結腸癌候選藥物。

- 皮膚癌

澳洲弗林德斯大學「酚醛豐富的山竹果皮萃取物可防皮膚癌」，2012 年 9 月《食品與化學毒理學》期刊。對人體鱗狀細胞癌和黑色素瘤表現出抗癌效果，有潛力作為抗皮膚癌藥物。

其他補充

榴槤和山竹被視為「夫妻果」，榴槤為「果王」，山竹是「果后」。山竹的抗癌成分主要來自果皮，並非果肉。倒捻子素有潛力開發成抗癌藥物。

嶺南山竹子
Garcinia oblongifolia

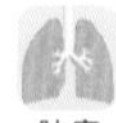

科　別	金絲桃科，藤黃屬，喬木或灌木。
外觀特徵	高 5 至 15 公尺，葉長圓形，花小，橙黃色或淡黃色，漿果圓球形。
藥材及產地	以樹皮入藥。分佈在越南及中國廣東、廣西等地。
相關研究	未發現其他功效的報導。
有效成分	Griffipavixanthone

抗癌種類及研究

• 肺癌

中國華南師範大學「嶺南山竹子在體外誘導人類非小細胞肺癌 H520 細胞凋亡」，2014 年 1 月 27 日《分子》期刊。有潛力成為抗非小細胞肺癌藥物。

• 肝癌

中國香港中文大學「熱休克蛋白 27 介導三羥基二甲基吡喃氧雜蒽酮對肝癌細胞粒線體凋亡的作用」，2012 年 8 月 3 日《蛋白質體學期刊》。有效抑制肝癌細胞生長並誘導細胞凋亡。

中國木業網上有人出售嶺南山竹子，又名黃牙果。產品規格：樹幹胸徑 53 公分、產品價格：人民幣 65000 元。

大葉藤黃

Garcinia xanthochymus

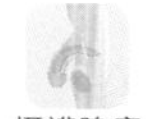

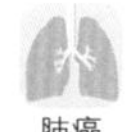

攝護腺癌　乳癌　肺癌　結腸癌

科別	金絲桃科，藤黃屬，又名蛋樹、嶺南倒捻子。
外觀特徵	高 8 至 20 公尺，樹皮灰褐色，葉橢圓形，革質，具光澤，漿果圓球形。
藥材及產地	以莖葉入藥。原生於印度，分佈在中國、喜馬拉雅山、泰國及緬甸等地。
相關研究	有抗瘧原蟲作用。
有效成分	藤黃酮 guttiferone E，分子量 602.8 克 / 莫耳

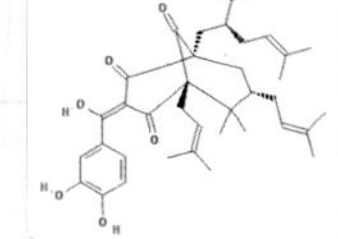

抗癌種類及研究

• **攝護腺癌**

中國瀋陽藥科大學「藤黃莖皮氧雜蒽酮與對攝護腺癌細胞增生的抑制作用」，2012 年 1 月《天然物通訊》期刊。藤黃莖皮成分對攝護腺癌表現出顯著抑制作用。

• **乳癌、肺癌**

中國香港賽馬會中醫藥研究院「藤黃樹皮異戊二烯酚類化合物的細胞毒性」，2007 年 5 月《化學與生物多樣性》期刊。所有化合物呈中度抗乳癌和肺癌細胞毒性。

• **結腸癌**

美國康乃狄克大學「二苯甲酮透過誘導內質網反應抑制結腸癌細胞生長」，2008 年 8 月 1 日《國際癌症期刊》。在體外和體內具有抗腫瘤活性，抑制人類結腸癌細胞生長。

其他補充

藤黃酮可開發成抗癌藥物。

梔子
Gardenia jasminoides

乳癌

口腔癌

科　別	茜草科，常梔子屬，常綠灌木。
外觀特徵	葉子對生或輪生，葉片翠綠有光澤，春夏開白色花，極芳香，果實橢圓形，紅棕色或紅黃色，有縱棱。
藥材及產地	花、果實、葉和根可入藥。產於浙江、江西、福建、台灣等地。
相關研究	梔子果實可提取出梔子苷，具有降血糖作用。在糖尿病小鼠實驗中，證實是有效的降血糖劑。果實中的藏紅花素也有抗高血脂效果。
有效成分	綠梔子素 genipin，分子量 226.22 克 / 莫耳 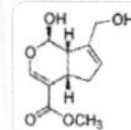

抗癌種類及研究

• 乳癌

韓國德成女子大學「梔子綠梔子素在乳癌細胞誘導細胞凋亡，抑制侵入」，2012 年 2 月《腫瘤學報告》期刊。能防止乳癌轉移。

• 口腔癌

韓國國立全南大學「梔子二氯甲烷分餾部分：DNA 拓撲異構酶 1 的抑制和誘導口腔癌細胞死亡」，2010 年 12 月《醫藥生物學》期刊。抑制口腔癌細胞，誘導細胞凋亡。

其他補充

綠梔子素可作為癌症化學預防劑。重瓣變種大花梔子，枝葉繁茂，花香誘人，是主要的庭院觀賞植物。

鉤吻
Gelsemium elegans

肝癌

卵巢癌

乳癌

科　　別	馬錢科，胡蔓藤屬，一年生纏繞性藤本植物，又名斷腸草。
外觀特徵	枝幹光滑，葉對生，小花漏斗狀，芳香，花冠黃或橙色，有淡紅色斑點，蒴果卵形。
藥材及產地	全株可入藥。分佈於中國、台灣、東南亞、印度等地。
相關研究	鉤吻含鉤吻鹼及鉤吻素，具有治療焦慮的效果。
有效成分	鉤吻素子 koumine， 分子量 306.40 克 / 莫耳 

抗癌種類及研究

• 肝癌

中國暨南大學「鉤吻生物鹼單體對 HepG2 細胞在體外抗增生活性的機制研究」，2012 年 3 月《中藥材》期刊。鉤吻素子明顯抑制肝癌細胞增生，透過細胞週期阻滯和激活半胱天冬酶。

• 卵巢癌、乳癌

馬來西亞國民大學「斷腸草在人類卵巢癌和乳癌細胞株的體外細胞毒性研究」，2004 年 12 月《熱帶生物醫學》期刊。對卵巢癌和乳癌細胞具強力的細胞毒性。

其他補充

有劇毒。為香港「四大毒草」之一，其他三種為洋金花、馬錢子和羊角拗。請勿自行購買使用。

銀杏
Ginkgo biloba

肝癌

乳癌
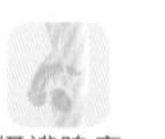
攝護腺癌

胰臟癌

卵巢癌

胃癌

科　　別	銀杏科，銀杏屬，落葉喬木，種子稱為白果，又名白果樹。
外觀特徵	高可達 40 公尺，葉扇形，淡綠色，秋天變黃，種子卵圓形，因為含有丁酸，聞起來像是腐敗的奶油。
藥材及產地	以種子、葉入藥。原產於中國，現廣泛種植於全世界。
相關研究	其他用途包括哮喘、支氣管炎、心血管疾病、循環系統疾病、聽力損失、記憶力減退、雷諾氏病、性功能障礙、精神壓力、耳鳴等。
有效成分	銀杏黃素 ginkgetin，分子量 566.51 克 / 莫
	山奈酚 kaempferol，分子量 286.23 克 / 莫耳 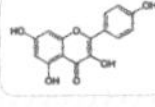
	銀杏內酯 ginkgolide，分子量 424.39 克 / 莫耳 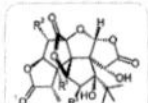

抗癌種類及研究

• 肝癌

台灣台北醫學大學「銀杏葉萃取物對人類肝癌細胞的細胞增生和細胞毒性作用」，2004 年 1 月《世界腸胃學期刊》。銀杏黃酮苷、銀杏內酯顯著抑制肝癌細胞增生，具細胞毒性。

• 乳癌

韓國成均館大學「銀杏葉萃取物對雌激素陰性人類乳癌細胞的預防作用」，2013 年 1 月《藥學研究檔案》期刊。對乳癌有預防作用。

• 攝護腺癌

韓國慶熙大學「銀杏黃酮透過激活半胱天冬酶和存活基因的抑制，誘導攝護腺癌 PC–3 細胞凋亡」，2013 年 5 月 1 日《生物有機與藥物化學通信》期刊。是治療攝護腺癌的有效化療藥物。

• 胰臟癌

美國貝勒醫學院「銀杏葉萃取物山柰酚抑制細胞增生，誘導胰臟癌細胞凋亡」，2008 年 7 月《外科研究期刊》。有效抑制胰臟癌細胞增生，誘導細胞凋亡，可作為輔助治療。

• 卵巢癌

中國復旦大學「銀杏使卵巢癌細胞對順鉑敏感：銀杏內酯 B 對卵巢癌細胞的抗增生和誘導凋亡作用」，2012 年 4 月 13 日《整合癌症治療》期刊。銀杏葉萃取物的主要活性成分銀杏內酯 B，具有抗卵巢癌特性，但對正常卵巢上皮細胞的細胞毒性小。

• 胃癌

中國揚州大學「銀杏外種皮多醣對胃癌的治療機制」，2003 年 11 月《世界腸胃道學期刊》。抑制胃癌細胞增生，誘導腫瘤細胞凋亡。

1. 種子有毒，葉則有小毒。以種子繁殖需 20 至 30 年才會結果，故稱「公孫樹」，是說祖父種的樹，到孫子才能收穫。所含有效成分可開發成抗癌藥物。

2. 鍛冶屋文藏居酒屋位於東京銀座五丁目，路兩旁種植數層樓高的銀杏樹，葉子嫩綠，在初夏微風中擺動。

3. 中國三峽晚報 2013 年報導母女三人吃白果中毒。白果為銀杏果實，內含氫氰酸毒素，毒性很強，主要集中在果芯中，醫生建議食用時要炒熟並去芯。成人一天食用不能超過 15 顆，小孩不能超過 5 顆，5 歲以下幼兒禁止食用。

金錢薄荷

Glechoma hederacea

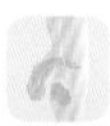

科　　別	唇形科，活血丹屬，多年生草本植物，又名連錢草。
外觀特徵	高 10 至 20 公分，莖匍匐，節上生根，葉圓腎形，邊緣淺裂，花白色。
藥材及產地	以全草入藥。主要分佈於台灣、中國、亞熱帶地區。
相關研究	抗氧化、抗炎作用。
有效成分	萃取物

抗癌種類及研究

• 喉癌

克羅西亞扎格列伯大學「四種藥用植物萃取物對人類喉癌 HEp2 細胞毒性評價與植物化學屬性」，2014 年 2 月《藥用食物期刊》。金錢薄荷以劑量和時間依賴性方式，降低喉癌細胞生存率。

• 乳癌、結腸癌、攝護腺癌

韓國忠南大學「金錢薄荷新倍半萜內酯對人類癌細胞株的細胞毒性作用」，2011 年 6 月《植物醫藥》期刊。對乳癌、結腸癌、攝護腺癌細胞株有不同程度的細胞毒性。

其他補充

1. 中藥典籍未發現有記載金錢薄荷的抗癌作用。抗癌活性化合物需進一步研究其在動物活體內的效果。
2. 最初拍攝金錢薄荷是在彰化二林的阿草伯藥用植物園。「這是什麼植物？」園主那天指著它考了我一下。

皂莢
Gleditsia sinensis

乳癌

肝癌

胃癌
結腸癌

食道癌　子宮頸癌

科　別	豆科，皂莢屬，落葉喬木或小喬木，又名皂角。
外觀特徵	高 10 至 30 公尺，樹幹具分枝棘刺，羽狀複葉互生，花冠淡綠或黃白色，木質莢果鐮刀形。
藥材及產地	以莖皮或根皮、葉、果實、種子、棘刺入藥，50 種基本草藥之一。原產於亞洲，是中國特有植物，分佈於東北、華南及四川、貴州等地。
相關研究	皂角中的香樹素能刺激葡萄糖攝取，改善胰島素抵抗。抗高血脂，減輕動脈粥樣硬化。
有效成分	萃取物

抗癌種類及研究

• 胃癌

韓國忠州國立大學「皂角刺乙醇萃取物對人類胃癌 SNU-5 細胞的抑制作用」，2013 年 4 月《腫瘤學報告》期刊。抑制胃癌細胞生長，提供治療胃癌的潛在機制。

• 結腸癌

韓國忠州國立大學「皂角刺萃取物抑制人類結腸癌細胞：ERK1/2，細胞週期阻滯和 p53 表達的角色」，2010 年 12 月《植物療法研究》期刊。抑制結腸癌細胞增生，可作為潛在的抗癌劑。

• 食道癌

中國香港理工大學「皂角在人類食道鱗狀細胞癌對環氧酶 2 表達的抑制作用」，2009 年 1 月《國際分子醫學期刊》。可作為新型的食道癌防癌劑，輔助傳統癌症治療。

• 子宮頸癌

中國西北農林科技大學「皂角刺對小鼠子宮頸癌 U14 生長抑制及對 PCNA 和 p53 表達的影響」，2006 年 1 月《中國中藥雜誌》。顯著降低小鼠子宮頸癌腫瘤的重量，延長壽命。

• 乳癌，肝癌、食道癌

中國香港理工大學「皂角果實萃取物對人類實體腫瘤的抗增生活性」，2002 年《化學療法》期刊。皂角果實萃取物具有細胞毒性，並能誘導人類實體腫瘤細胞凋亡。

其他補充

兩千年來皂莢在中國被當成洗滌劑使用。成都杜甫草堂萬佛樓上望去，高大茂密的銀杏、皂莢、楠木蓋住地面，只露出幾棟建築的灰色屋瓦，以及尖尖的飛簷。

寬窄巷子看川劇喝蓋碗茶。「進來吃東西可以合照，我在這裡等著你！」有人拿著打鑼的錘子在門口說。她是中國達人秀來自成都九眼橋的洗碗工楊思惠，在郭湯圓小吃城招攬客人，拍了照就下班喝啤酒去了。

春拂面小吃店老板拿起麵團，仔細削了一碗刀削麵，然後把麵團放回桌上，蓋上布。一隻母貓帶了三隻小貓進店，小貓好動，伸出爪子，抓靠牆的長型帆布袋，袋子突然倒下，小貓瞬間往不同方向逃走，老板左手托著一碗麵，慢慢彎下腰，把帆布袋擺好。

錦里蒸蒸糕，店員敲著小銅盤，敲完糕就蒸好了，一白一黃兩塊糕，置於竹葉上，撒了芝麻和白糖。阿熱藏餐賣手抓犛牛肉、酥油茶。浣花溪橋新疆老人烤羊肉串，音箱播放異域歌曲，買了三串，加一個大餅，老人籠罩在炭火的白煙裡，也不避開。幾隻紅鳥溪邊跳躍，白鷺則專心注視水面。

杜甫草堂古樹名木十二種，共 134 株，分別是楨楠、銀杏、樟樹、柏樹、羅漢松、皂莢樹、刺楸、黃桷樹、無患子、喜樹、黑殼楠以及朴樹。

草堂，毛澤東有張面對著它的背影照片。

濱防風
Glehnia littoralis

乳癌

科　別	傘形科，珊瑚菜屬，多年生草本植物，又名珊瑚菜、北沙参。
外觀特徵	高 5 至 25 公分，全株密被灰白柔毛，根細柱形，莖直立，羽狀複葉，卵圓形小葉，花白色，果球形。
藥材及產地	以根入藥。分佈在朝鮮、日本、俄羅斯、台灣以及中國福建、廣東、山東等地。
相關研究	東方醫學廣泛用在治療咳嗽、發燒、中風等疾病。
有效成分	萃取物

抗癌種類及研究

• 乳癌

菲律賓洛斯巴諾斯大學「濱防風根萃取物誘導人類乳癌 MCF-7 細胞株細胞週期阻滯」，2015 年《亞太癌症預防期刊》。熱水萃取物抑制乳癌細胞增生，有潛力成為乳癌化療或預防劑。

阿草伯藥用植物園 提供

其他補充

根據日本 2014 年版《生藥單》一書，濱防風屬名 Glehnia 來自俄羅斯植物學家 Peter von Glehn，由當時與他在樺太進行植物化石探索的另一名植物學家所命名。種小名 littoralis 來自拉丁語 litus「海濱」，作為形容詞，因多自生於海濱沙地。

毛果算盤子
Glochidion eriocarpum

血癌

結腸癌

乳癌

卵巢癌

科　　別	大戟科，算盤子屬，常綠灌木植物。
外觀特徵	高 1 至 5 公尺，小枝有淡黃色柔毛，葉卵形，花淡黃綠色，橘紅色蒴果扁球狀。
藥材及產地	以根及葉入藥。分佈於中國江蘇、福建、雲南等地，越南和台灣也可發現。
相關研究	未發現有其他功效的報導。
有效成分	皂苷

抗癌種類及研究

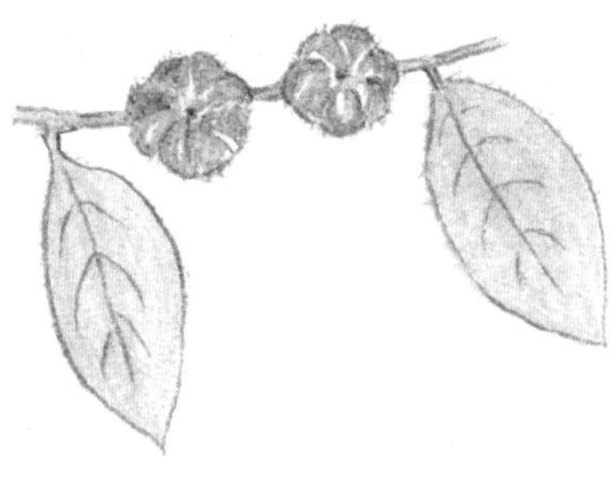

- 血癌、結腸癌

韓國忠南大學「毛果算盤子的細胞毒性三萜皂苷」，2012 年 1 月《藥物研究檔案》期刊。對血癌、結腸癌細胞具細胞毒性。

- 血癌、結腸癌、乳癌、卵巢癌

越南河內科學與技術研究院「毛果算盤子新的三萜皂苷及其細胞毒性」，2009 年 1 月《化學與醫藥通報》期刊。對血癌、結腸癌、乳癌和卵巢癌細胞表現出顯著的細胞毒性。

其他補充

中國壯醫藥在線刊登毛果算盤子的圖片，「弘揚壯族傳統醫藥，發掘十萬大山神奇」，可見廣西壯族對其傳統的重視。國際期刊上有關它的抗癌研究則由韓國、越南及泰國科學家所發表。

鹿角草

Glossogyne tenuifolia

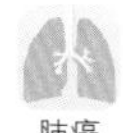
肺癌

乳癌

肝癌

科別	菊科，鹿角草屬，多年生草本植物，又名香茹、風茹草。
外觀特徵	高 15 至 30 公分，有紡錘狀根，莖自基部分枝，基生葉密集，羽狀深裂，舌狀花，花冠黃色，瘦果黑色，扁平，線形。
藥材及產地	全草入藥。分佈於廣東、福建、台灣、菲律賓、馬來西亞。
相關研究	具有護肝，抗氧化，抗微生物，抗炎，抗病毒活性。
有效成分	Glossogin，分子量不詳 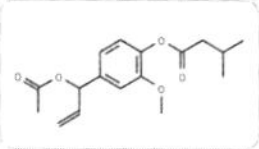　木犀草素 luteolin，分子量 286.24 克 / 莫耳 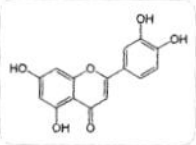

抗癌種類及研究

• 肺癌

台灣高雄醫學大學「鹿角草新苯丙 glossogin 對人類肺癌 A549 細胞誘導細胞凋亡」，2008 年 12 月《食品化學毒理學》期刊。透過增生抑制和誘導細胞凋亡，對肺癌細胞具有潛在抗癌活性。

• 乳癌、肝癌、肺癌

台灣高雄醫學大學「鹿角草抗氧化活性、細胞毒性和 DNA 信息」，2005 年 7 月《農業食品化學期刊》。所含的木犀草素能抑制肝癌細胞生長，其他成分則對乳癌、肝癌、肺癌細胞有細胞毒性作用。

1. 木犀草素可開發成抗癌藥物。
2. 本書共同作者劉大智教授特別指出，在南台灣有些癌症病人會使用包括中草藥的另類醫療，其中常被推薦的是鹿角草（Glossogyne tenuifolia）。但是台灣有一種有毒植物綠珊瑚（Euphorbia tirucalli）在民間也被稱為鹿角草。綠珊瑚全株含大量白色乳汁狀樹脂，廣泛分佈在赤道非洲及南美洲，當地原住民常用於抗發炎及抗細菌感染。然而，研究發現它和赤道非洲 Burkitt's 淋巴癌流行有很大關聯性。另有研究發現，它會促進 EB 病毒的增殖，而 EB 病毒正是淋巴癌和鼻咽癌已確定的危險因子。

甘草

Glycyrrhiza uralensis

胃癌
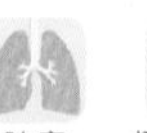
肺癌
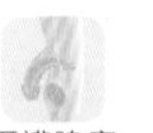
攝護腺癌

乳癌

肝癌

科　　別	豆科，甘草屬，多年生草本植物，又名烏拉爾甘草。
外觀特徵	高30至70公分，根莖圓柱狀，羽狀複葉，夏季開紫色蝶狀花，莢果成鐮刀狀，有黃褐色刺狀腺毛，種子扁圓形。
藥材及產地	以根及根莖入藥，為50種基本中藥之一。產於中國山西、甘肅和新疆地區。
相關研究	可能用途：支氣管炎、胸悶、便秘、胃腸道疾病、肝炎、發炎、更年期症狀、微生物感染、消化性潰瘍、原發性腎上腺皮質功能不全、攝護腺癌。
有效成分	異甘草素 isoliquiritigenin，分子量256.25克/莫耳 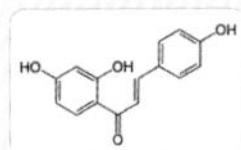
	甘草黃酮 glabridin，分子量324.3克/莫耳 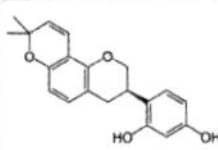

抗癌種類及研究

阿草伯藥用植物園 提供

• 胃癌

中國復旦大學「甘草查爾酮A抑制胃癌細胞生長，抑制細胞週期進程和誘導凋亡」，2011年3月1日《癌症通信》期刊。甘草對胃癌細胞有抗癌作用，甘草查爾酮A可用於治療胃癌。

• 肺癌

台灣高雄醫學大學「甘草透過抑制信號途徑，抑制人類非小細胞肺癌A549細胞遷移，侵入和血管生成」，2011年12月《整合癌症療法》期刊。降低肺癌細胞的遷移和侵入，可成為新的抗癌藥物。

• 攝護腺癌

韓國翰林大學「甘草己烷/乙醇萃取物透過激活細胞凋亡途徑，誘導人類攝護腺癌DU145細胞凋亡」，2010年9月《分子營養與食物研究》期刊。甘草有抗癌作用，誘導攝護腺癌細胞凋亡。

• 乳癌

台灣高雄醫學大學「甘草根的甘草黃酮透過抑制信號途徑，抑制人類乳癌細胞的轉移、侵入和血管新生」，2011 年 2 月在《分子營養與食品研究》期刊。甘草黃酮可成為一種新的抗癌藥物，以抗轉移、抗侵入和抑制血管新生三種不同方式治療乳癌。

• 肝癌

韓國江原國立大學「甘草萃取物對人類細胞株的生長特性，抗腫瘤和免疫激活作用的影響」，2001 年 9 月《細胞技術》期刊。甘草調節免疫活性，抑制人類肝癌細胞。

1. 日本的甘草主要從中國進口，幾年前中國政府有出口禁令。異甘草素與甘草黃酮有潛力開發成抗癌藥物。

2. 西元前 1600 年，埃及莎草紙上首次描述癌症和手術治療。西元前 400 年，希臘醫師希波克拉提斯描述數種癌症。第一世紀時，癌症（cancer）一詞為羅馬學者塞爾蘇斯譯自希臘文。1775 年英國外科醫生波特發現煙囪清掃工常患有陰囊癌。1902 年德國動物學家勃法瑞提出癌症的遺傳基礎。美國癌症學會創立於 1913 年。1968 年，EB 病毒被確定為人類癌症病毒。1971 年美國簽署「對癌宣戰」聯邦法案。

石蓮花
Graptopetalum paraguayense

科　　別	景天科，風車草屬，多年生多肉植物，又名寶石花。
外觀特徵	葉色淡紫或灰綠，葉片厚實似湯匙，外形似蓮花，花梗自葉腋中抽出，穗狀花序，花冠先端黃色。
藥材及產地	以葉入藥。原產於墨西哥，現分佈於全世界。台灣石蓮花可能由荷蘭人引進。
相關研究	有抗氧化效果。
有效成分	萃取物

抗癌種類及研究

• 肝癌

台灣國立陽明大學「藥草石蓮花的肝癌治療評估」，2015 年 4 月《公共科學圖書館一》期刊。石蓮花萃取物能抑制肝臟腫瘤生長，因此，所含化合物可能可以治療肝癌。

其他補充

中藥典籍未發現記載石蓮花的抗癌作用，需純化並確認其活性抗癌化合物。

絞股藍

Gynostemma pentaphyllum

血癌　肝癌　膠質瘤

口腔癌 食道癌　結腸癌　攝護腺癌

科　　別	葫蘆科，絞股藍屬，草質攀援植物，又名七葉膽、五葉蔘，日文稱為甘茶蔓。
外觀特徵	莖細，葉鳥足狀，有 5 至 7 小葉，花白色或淡綠色，果實圓球形，含種子 2 粒。
藥材及產地	以全草入藥。產於中國、日本、東南亞等國。
相關研究	能改善第二型糖尿病患者的胰島素敏感性。含有強效的抗肥胖成分。
有效成分	絞股藍皂苷 gypenoside，分子量 917.12 克 / 莫耳

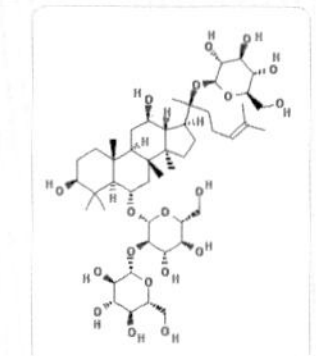

抗癌種類及研究

• 結腸癌、食道癌

中國陝西師範大學「絞股藍皂苷對結腸癌和食道癌細胞的抗增生和抗轉移作用」，2013 年 7 月 30 日《人體與實驗毒理學》期刊。臨床上可應用於結腸癌和食道癌治療。

• 口腔癌

台灣中國醫藥大學「絞股藍皂苷抑制人類口腔癌 SAS 細胞在體外和小鼠異種移植模式：半胱天冬酶介導的細胞凋亡作用」，2012 年 6 月《整合癌症療法》期刊。在體外和體內對人類口腔癌細胞誘導凋亡。

• 攝護腺癌

台灣奇美醫學中心「絞股藍類黃酮和皂苷對攝護腺癌 PC-3 細胞的抗增生效果和凋亡機制」，2011 年 10 月 26 日《農業與食品化學期刊》。可能透過內在的粒線體途徑，誘導攝護腺癌細胞凋亡。

• 血癌

台灣中國醫藥大學「絞股藍總皂苷在體外和體內對人類髓性血癌 HL-60 細胞及小鼠異種移植模式的抗血癌活性分子證據」，2011 年 9 月 15 日《植物醫藥》期刊。絞股藍皂苷誘導血癌細胞週期阻滯和細胞凋亡。

• 肝癌

台灣輔仁大學「絞股藍類黃酮和皂苷對肝癌細胞的抗增生作用」，2010 年 12 月 15 日《植物醫藥》期刊。對肝癌細胞具抗增生作用。

• 膠質瘤

德國格里克大學「絞股藍萃取物選擇性誘導膠質瘤細胞凋亡」，2010 年 7 月《植物醫藥》期刊。在體外有抗膠質瘤細胞的效果。

其他補充

絞股藍皂苷分子量較大，口服後生物可用性也許不佳，或許可開發成注射劑。

野薑花

Hedychium coronarium

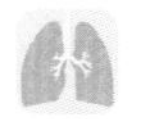

肺癌　神經母細胞瘤　乳癌　子宮頸癌

科　　別	薑科，薑花屬，多年生草本植物。
外觀特徵	高 1 至 2 公尺，根狀莖肥厚，似薑，單葉互生，長橢圓形，花白色，似蝴蝶，芳香，蒴果長橢圓形，橘紅色，種子卵形。
藥材及產地	以根莖及果實入藥。原產於印度，分佈於東南亞、中國、台灣等地。
相關研究	花有保護肝臟效果。
有效成分	二萜類

抗癌種類及研究

- 肺癌、神經母細胞瘤、乳癌、子宮頸癌

印度化工科技研究院「野薑花根莖的兩個新細胞毒性二萜」，2010 年 12 月《生物有機與藥物化學通信》期刊。可對抗肺癌、神經母細胞瘤、乳癌、子宮頸癌細胞。

其他補充

1. 古巴的國花。中藥典籍未發現有記載野薑花的抗癌作用。值得進一步探討其抗癌活性化合物。
2. 南投微熱山丘以生產土鳳梨酥著名，沿著小路到帳篷區，可見到短牆邊種滿了野薑花。期待夏季花開。

白花蛇舌草
Hedyotis diffusa

肝癌
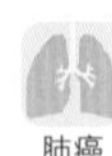
肺癌

血癌

乳癌

大腸癌

科　別	茜草科，耳草屬，一年生草本植物，又名蛇舌草。
外觀特徵	高 15 至 50 公分，根細長，葉對生，無柄，葉片線形，花單生或成對生於葉腋，花白色，漏斗形，蒴果，種子棕黃色，細小，具 3 棱角。
藥材及產地	以帶根全草入藥。分佈於中國、尼泊爾、日本等地。
相關研究	用途：肝炎、蛇咬傷、關節炎、高膽固醇。
有效成分	熊果酸 ursolic acid，分子量 456.7 克 / 莫耳 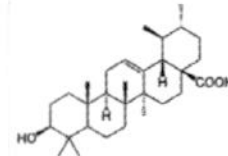

H

白花蛇舌草 *Hedyotis diffusa*

抗癌種類及研究

• 血癌

中國瀋陽中醫大學「白花蛇舌草 2 羥基 3 甲基蒽醌透過調節信號途徑誘導人類血癌 U937 細胞凋亡」，2013 年 6 月《藥學研究檔案》期刊。發現水萃取物對癌細胞能誘導凋亡。

• 乳癌

中國瀋陽藥科大學「白花蛇舌草甲基蒽醌在人類乳癌細胞誘導鈣介導的細胞凋亡」，2010 年 2 月《體外毒理學》期刊。甲基蒽醌表現出強大的抗乳癌細胞活性。

• 大腸癌

中國福建中醫藥大學「白花蛇舌草萃取物壓制刺猬信號，抑制結腸直腸癌血管新生」，2013 年 2 月《國際腫瘤學期刊》。在體內和體外抑制大腸癌細胞生長，在體內抑制腫瘤血管生成。

• 結腸癌、肝癌、肺癌

台灣中國醫藥大學「白花蛇舌草抗腫瘤活性的表型特徵」，2011 年《美國中醫藥期刊》。熊果酸對結腸癌、肝癌和肺癌細胞株的生長有顯著抑制作用，誘導細胞凋亡。

網路上可查到搭配的抗癌中藥，白花蛇舌草和半枝蓮，的確有抗癌效果。有些傳統偏方因為沒有提供科學證據，令人半信半疑。科學研究證實是有效的抗癌中藥。

山芝麻
Helicteres angustifolia

胃癌
結腸直腸癌

骨肉瘤

科　　別	梧桐科，山芝麻屬，小灌木。
外觀特徵	高50至120公分，全株有灰色短毛，葉互生，花小，淡紫紅色，蒴果長圓形。
藥材及產地	以根或全株入藥。分佈於中國江西、福建、廣東及西南等地。
相關研究	山芝麻分離出的成分，具有抗B型肝炎病毒活性。
有效成分	三萜類

抗癌種類及研究

• 骨肉瘤

日本筑波大學「山芝麻根水萃取物的抗癌活性功能特徵」，2016年3月24日《公共科學圖書館一》期刊。引起骨肉瘤細胞生長停滯及凋亡，在異種移植腫瘤裸鼠體內，能抑制腫瘤生長和肺轉移，且對動物無毒性。

• 結腸直腸癌、胃癌

台灣高雄海洋科技大學「山芝麻根皮三萜類化合物的細胞毒性」，2008年4月《化學與生物多樣性》期刊。對人類結腸直腸癌和胃癌具細胞毒性。

未發現中藥典籍有記載山芝麻的抗癌作用。期待有更深入的研究。

大尾搖

Heliotropium indicum

黑色素瘤

卵巢癌

科　　　別	紫草科，天芥菜屬，一年生草本植物。
外觀特徵	高 15 至 50 公分，葉對生或互生，卵形，花淺藍色，5 個裂片，核果卵形。
藥材及產地	以全草入藥。分佈在台灣及雲南，廣東，福建等地。
相關研究	在印度完成臨床一期人體試驗。
有效成分	大尾搖鹼氧化物 indicine-N-oxide，分子量 315.36 克 / 莫耳

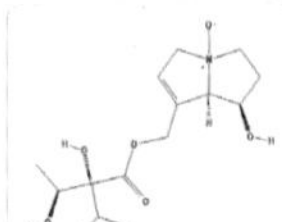

抗癌種類及研究

- 黑色素瘤、卵巢癌

印度「大尾搖鹼氧化物在晚期癌症患者的臨床一期研究」，1982 年 7 月《癌症治療報告》期刊。大尾搖在阿育吠陀醫學中被廣泛使用。病患沒有完全反應或部分反應，有一例皮膚黑色素瘤和另一例卵巢癌有持續 2 個月的改善。

其他補充

有毒。所含的大尾搖鹼氧化物對肝細胞和骨髓細胞有嚴重毒性。最早的一篇大尾搖抗癌報告發表於 1976 年。

印度菝葜

Hemidesmus indicus

血癌

肝癌

結腸癌

乳癌

科　　別	夾竹桃科，印度菝葜屬，匍匐纏繞或半直立灌木。
外觀特徵	根木質，帶有芳香味，葉對生，花外綠內紫。
藥材及產地	以根、葉入藥。主要做成飲料或藥用。分佈於印度。
相關研究	萃取物有抗關節炎的作用，此研究結論由印度巴羅達大學提出。
有效成分	萃取物

抗癌種類及研究

• 肝癌、乳癌、結腸癌、血癌

義大利卡拉布里亞大學「印度菝葜水醇萃取物主要成分、抑制癌細胞增生和抗自由基作用」，2015 年 6 月《植物療法研究》期刊。對肝癌、乳癌、結腸癌、血癌細胞有抗增生效果。

• 血癌

義大利波洛尼亞大學「印度菝葜誘導人類早幼粒血癌細胞株的細胞凋亡及分化」，2013 年 5 月 2 日《民族藥理學期刊》。強大的抗血癌活性提供了臨床前證據。

其他補充

需進一步實驗以確定其在動物體內的抗癌潛力。
中藥典籍未記載印度菝葜。

木槿

Hibiscus syriacus

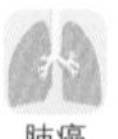
肺癌

乳癌

科　　別｜錦葵科，木槿屬，落葉灌木。

外觀特徵｜高 3 至 4 公尺，小枝密生絨毛，葉互生，花鐘形，淡紫色，蒴果長橢圓形，種子灰褐色。

藥材及產地｜以花、葉、莖皮或根皮、果實、根入藥。原生地可能在亞洲，分佈於中國、台灣等地。

相關研究｜從木槿也可萃取得到抗真菌化合物。

有效成分｜白樺脂醇 betulin，分子量 442.73 克 / 莫耳

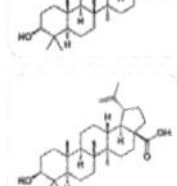

白樺脂酸 betulinic acid，分子量 456.71 克 / 莫耳

抗癌種類及研究

• 乳癌

台灣國防醫學中心「木槿三萜類化合物誘導凋亡並抑制乳癌細胞遷移」，2015 年 3 月 14 日《BMC 補充與替代醫學》期刊。白樺脂醇及白樺脂酸是抗乳癌細胞活性化合物。

• 肺癌

台灣國防醫學中心「木槿萃取物在人類肺癌細胞活化 p53 和 AIF，誘導細胞凋亡」，2008 年《美國中醫期刊》。在體外和體內表現出對肺癌細胞的毒性。

其他補充

木槿花是韓國的國花，在韓國稱為無窮花，出現於國徽及國歌裡。在美國稱為「雪倫玫瑰」。

沙棘

Hippophae rhamnoides

肝癌

乳癌

科　　別	胡頹子科，沙棘屬，落葉灌木。
外觀特徵	高 1 至 5 公尺，葉近對生，漿果圓形，黃色或橙色。
藥材及產地	以果實入藥。分佈於中亞乾旱地區。
相關研究	含有沙棘黃酮和多種生物活性成分，對心血管疾病有預防作用。
有效成分	異鼠李素 isorhamnetin，分子量 316.26 克 / 莫耳 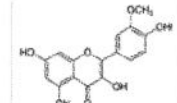

抗癌種類及研究

• 肝癌

中國華東大學「從沙棘分離出的異鼠李素對 BEL-7402 細胞的體外抗腫瘤活性」，2006 年 9 月《藥理學研究》期刊。這是異鼠李素對人類肝癌細胞具毒性的第一份報告。

• 乳癌

中國華東師範大學「沙棘種子黃酮類化合物對人類乳癌細胞株引發凋亡相關基因表達的變化」，2005 年 4 月《癌症》期刊。引起乳癌細胞凋亡。

可生長在高鹽分和乾燥沙地，需要充足日照，中國西北部大量種植沙棘，用於沙漠綠化。新疆維吾爾自治區林業廳刊載「小小沙棘果，綠色大產業」一文。阿勒泰憑藉自然地理氣候特點，成為大果沙棘的主要產區。阿勒泰地區將被打造成中國的「沙棘之都」。異鼠李素有望開發成抗癌藥物。

魚腥草
Houttuynia cordata

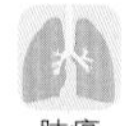
肺癌
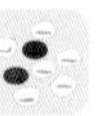
血癌

乳癌

大腸癌

科別	三白草科，蕺菜屬，多年生草本植物。
外觀特徵	全株有腥臭味，高 20 至 80 公分，伏地蔓生，葉對生，頂端有穗狀花序，花小，夏季開，苞片 4 片，白色花瓣狀。
藥材及產地	以帶根全草入藥。原產於日本、韓國、中國和東南亞。
相關研究	能抗冠狀病毒和登革熱病毒，抗炎，抗氧化。
有效成分	魚腥草素 houttuynin，分子量 198.30 克 / 莫耳 

抗癌種類及研究

• 肺癌

台灣中國醫藥大學「魚腥草萃取物調節週期阻滯和信號介導的死亡受體誘導人類肺癌 A549 細胞凋亡」，2013 年 3 月 19 日《生物醫學期刊》。證實可對抗人類肺癌細胞，並解釋了生長抑制機制。

• 血癌

泰國清邁大學「魚腥草透過內質網途徑誘導人類血癌細胞凋亡」，2012 年《亞太癌症預防期刊》。萃取物對血癌細胞具細胞毒性。

• 乳癌

中國中山大學「中草藥的有效成分魚腥草素抑制 HER2/neu 蛋白受體酪氨酸激酶的磷酸化和過度表達癌細胞的腫瘤生長」，2012 年 5 月 22 日《生命科學》期刊。能抑制乳癌細胞信號通路與腫瘤的生長。

• 大腸癌

台灣中國醫藥大學「魚腥草萃取物誘導人類原發性結腸直腸癌細胞凋亡，抑制細胞生長」，2010 年 9 月《抗癌研究》期刊。透過粒線體依賴性信號通路，對大腸癌細胞誘導凋亡。

其他補充

魚腥草素有望開發成抗癌藥物。在日本稱為地獄蕎麥，可當成野菜，煮後無腥味。中國醫藥大學藥園裡栽種了許多魚腥草，大學時期曾在藥園觀察藥草，現在呢？「不戀遠山，不憶從前。貪得幾杯小酒，樂得幾支小曲兒。」

蛇麻

Humulus lupulus

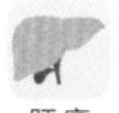
肝癌

結腸癌

乳癌

卵巢癌

科別	大麻科，葎草屬，多年生纏繞草本，花序又名啤酒花。
外觀特徵	葉對生，具有小刺鉤，秋季開小花。果期苞片增大變薄，相互重疊，淡黃白色、苞片內藏瘦果，小苞佈滿香脂腺。
藥材及產地	以雌花序入藥。原產於歐洲及亞洲西部。
相關研究	啤酒花含酚類化合物，能抑制酪氨酸酶，降低黑色素生成，具美白作用。
有效成分	黃腐酚 xanthohumol，分子量 354.39 克 / 莫耳 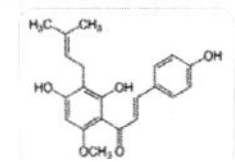

抗癌種類及研究

• 肝癌

台灣大同大學「啤酒花黃腐酚對人類肝癌細胞株的抑制作用」，2008 年 11 月《植物療法研究》期刊。在體外有效抑制人類肝癌細胞增生。

• 結腸癌

美國俄勒岡州立大學「原花青素透過活性氧對人類大腸癌細胞誘導細胞凋亡、蛋白質羰基化和細胞骨架瓦解」，2009 年 4 月《食品與化學毒理學》期刊。顯著降低人類結腸癌細胞的存活率。

• 乳癌

比利時根特大學「啤酒花和啤酒的異戊烯基查爾酮黃腐酚的抗侵入效果」，2005 年 12 月 20 日《國際癌症期刊》。對乳癌細胞具有抗侵入活性。

• 卵巢癌、乳癌、結腸癌

美國俄勒岡州立大學「啤酒花中異戊二烯基化的類黃酮對人類腫瘤細胞株的抗增生和細胞毒性作用」，1999 年 4 月《食品與化學毒理學》期刊。對人類乳癌、結腸癌和卵巢癌細胞具有抗增生活性。

其他補充

黃腐酚有潛力開發成抗癌藥物。蛇麻為啤酒原料之一，具苦味和香味，可抑制細菌生長，增加啤酒保存期。參加大連國際抗體與疫苗會議，晚餐後接著就是啤酒時間了。夜大連酒吧內越晚人越多，前面站著高大的俄羅斯女孩，手拿啤酒，擋住視線。

會議開幕式當天，中午巴士載著包括兩個印度人的與會者去餐廳。不幸導遊迷路，司機衛星導航失效，而且兩人恰巧都忘了餐廳名字。行車一個多小時後，車上六人餓壞了。「怎麼辦？」司機把車停在大馬路上，回頭問我們。

七七街上日式和俄式樓房依舊，新綠的街樹飄下白絮。路面電車一律由女性司機駕駛。「左抓右判，中間說了算」去旅順口的大巴上，導遊指著大連市政府，還有兩旁的公安部和司法部說。五月櫻花開放，陽光明亮。

啤酒把城市連在一起，波士頓「大象步道」餐廳泰國辛哈，瓶子上一隻張爪的獅子，巴里島賓坦，澳洲墨爾本皇冠，西湖樓外樓老青島，都柏林吉尼斯，德國科隆科爾許，上海新天地不准不開心的嘉士伯，東莞啤酒之王百威，台北就是要海尼根，還有提華納墨西哥可樂娜，瓶口塞一片萊姆果。啤酒花的香味引領著旅程，從海洋這頭，到海洋那頭。

大連歐式建築

金印草
Hydrastis canadensis

肺癌　子宮頸癌　乳癌

科　　別｜毛茛科，金印草屬，多年生植物，又名北美黃蓮。

外觀特徵｜葉掌狀，有毛，春末會長出單支細小花朵，果實外觀像草莓。

藥材及產地｜全草可入藥。原產於加拿大及美國。

相關研究｜有抗炎，抗氧化，抗糖尿病作用。

有效成分｜黃連素 berberine，分子量 336.36 克 / 莫耳

黃連鹼 β-hydrastine，分子量 383.39 克 / 莫耳

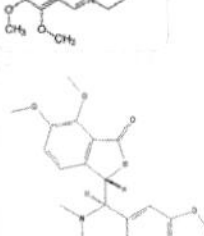

抗癌種類及研究

- 肺癌

中國衛生部「黃連鹼透過抑制激酶活性抑制人類肺癌細胞侵入和增生」，2016 年 1 月《腫瘤學報告》期刊。黃連鹼抑制肺癌細胞增生。

- 子宮頸癌

印度卡雅尼大學「金印草乙醇萃取物在體外對 HeLa 細胞具有明顯的預防作用：以小牛胸腺 DNA 為標靶的藥物相互作用」，2013 年 7 月《環境毒理學與藥理學》期刊。證實金印草的抗子宮頸癌潛力，是有前途的化學預防候選藥物。

- 乳癌

韓國漢城國立大學「生物鹼黃連素透過誘導細胞週期阻滯，抑制乳癌細胞增生」，2010 年 5 月《植物醫藥》期刊。黃連素對乳癌細胞能誘導細胞週期阻滯，抑制生長。

其他補充

可能有毒。市面上有金印草膳食補充劑販售。目前沒有足夠證據確定金印草的功效。根據美國癌症協會的說明：「沒有證據支持金印草能有效治療癌症或其他疾病。金印草可能具有毒性副作用，大劑量可導致死亡。」

天胡荽
Hydrocotyle sibthorpioides

肝癌

肉瘤

子宮頸癌

科　　別	傘形科，天胡荽屬，多年生草本植物，又名遍地錦。
外觀特徵	莖匍匐於地面，節上長根，全株無毛，花白綠色。
藥材及產地	以全草入藥。分佈於中國大陸、越南、韓國、日本等地。台灣多生長於中、低海拔山地及平原。
相關研究	具有抗 B 型肝炎病毒、改善認知缺陷作用。所含的染料木素對大鼠慢性酒精性肝損傷和肝纖維化有保護作用。
有效成分	萃取物

抗癌種類及研究

• 肝癌、肉瘤、子宮頸癌

中國甘肅研究所「天胡荽萃取物對小鼠移植腫瘤及免疫功能作用」，2007 年 2 月《植物醫藥》期刊。對小鼠肝癌、肉瘤、子宮頸癌的腫瘤抑制率均顯著。

1 需探尋萃取物中的抗癌活性化合物。

2 豪森（1936-），德國病毒學教授。發現人類乳突病毒引起子宮頸癌，2008 年獲諾貝爾獎。1960 年畢業於杜塞道夫大學，曾在美國費城從事病毒研究。1983 年透過南方墨點法，在子宮頸癌腫瘤中發現人類乳突病毒 16 型 DNA，隔年又發現 18 型。此兩型病毒共佔 75% 子宮頸癌病因。當時科學界普遍認為是單純皰疹病毒所引起。人類乳突病毒疫苗最終被開發出來。

火龍果
Hylocereus undatus

乳癌

胃癌
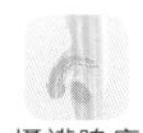
攝護腺癌

科　　別	仙人掌科，量天尺屬植物。
外觀特徵	果實呈橢圓形，又名紅龍果，有紅、黃果皮，果肉白色或紅色，含黑色種子。
藥材及產地	果皮可入藥。原產於墨西哥、加勒比海地區和中美洲熱帶森林。目前在台灣也有種植。
相關研究	對糖尿病大鼠傷口癒合有幫助。
有效成分	萃取物

抗癌種類及研究

• 攝護腺癌、乳癌、胃癌

中國傳統醫學研究所「火龍果果皮超臨界二氧化碳萃取物化學組成和體外抗氧化活性及細胞毒性評估」，2014年1月3日《化學中央期刊》。香樹脂醇及其他成分對攝護腺癌、乳癌、胃癌細胞有細胞毒性。

其他補充

彰化二林地區大面積種植火龍果，其果皮可萃取並確認抗癌活性成分，輔助癌症治療。住台北晶華飯店時，房間擺了一盤免費的台灣水果，火龍果是其中之一，特別顯眼。

天仙子
Hyoscyamus niger

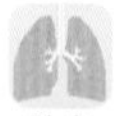
肺癌

攝護腺癌

科　　別	茄科，天仙子屬，一年或二年生草本植物，又名莨菪。
外觀特徵	全株有特殊臭味，葉互生，花黃色，漏斗形，有紫色網狀脈紋，蒴果。
藥材及產地	以種子、葉、根入藥。產於歐洲、亞洲、美洲等地。
相關研究	有抗帕金森病的效果。
有效成分	木脂素醯胺

抗癌種類及研究

• 肺癌

中國南京藥科大學「天仙子種子的新甾苷」，2013 年《天然物研究》期刊。顯示出對人類肺癌細胞的毒性。

• 攝護腺癌

中國香港大學「天仙子種子木脂素醯胺和非生物鹼組成部分」，2002 年 2 月《天然物期刊》。對人類攝護腺癌細胞具有中度的細胞毒性。

其他補充

有毒。天仙子為香港政府管制的劇毒中藥。未發現中藥典籍有記載天仙子的抗癌作用。

地耳草

Hypericum japonicum

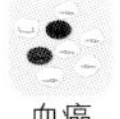
血癌

肝癌

科　　別	藤黃科，金絲桃屬，一年生草本植物，又名田基黃。
外觀特徵	高 15 至 40 公分，莖細瘦，節明顯，葉片卵形，花小，黃色，蒴果長圓形。
藥材及產地	以全草入藥。分佈於江蘇、四川、雲南等地。
相關研究	能抗流感病毒，也含有抗生素化合物。
有效成分	田基黃雙咕噸酮素

抗癌種類及研究

• 肝癌

中國福建中醫藥大學「地耳草乙酸乙酯萃取物透過粒線體依賴性途徑，在體內和體外誘導細胞凋亡」，2015 年 10 月《分子醫學報告》期刊。顯著降低小鼠肝癌腫瘤重量，但對小鼠體重沒有影響。

• 血癌

中國上海第二軍醫大學「田基黃雙咕噸酮素 A 透過抑制特定蛋白活性，誘導血癌細胞凋亡」，2014 年 9 月 22 日《BMC 癌症》期刊。在中國被廣泛作為治療肝炎和腫瘤的草藥。可誘導血癌細胞凋亡。

其他補充

在中國被廣泛使用於治療腫瘤，研究單位應更深入探索其活性分子及抗癌機制。

貫葉連翹
Hypericum perforatum

乳癌

科　　別｜金絲桃科，金絲桃屬，多年生草本植物，又名聖約翰草（St John's wort），是歐美常用草藥。

外觀特徵｜高可達 1 公尺，莖直立，分枝多，單葉對生，橢圓形，花黃色，花瓣 5 瓣，雄蕊多數，蒴果長圓形。

藥材及產地｜以全草入藥。原產於歐洲和亞洲部分地區，在中國分佈於山東、江蘇、江西等地。

相關研究｜具有抗憂鬱、抗炎作用。

有效成分｜金絲桃素 hypericin，分子量 504.45 克 / 莫耳

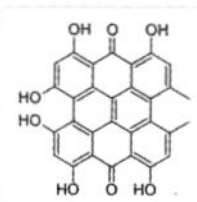

H

貫葉連翹 *Hypericum perforatum*

抗癌種類及研究

• 乳癌

伊朗伊斯蘭阿薩德大學「貫葉連翹生物活性成分金絲桃素對人類乳癌 MCF-7 細胞的細胞毒性和促細胞凋亡作用」，2016 年 2 月《國際癌細胞》期刊。證實金絲桃素對乳癌細胞有細胞毒性。

阿草伯藥用植物園 提供

其他補充

中藥典籍未發現有記載貫葉連翹的抗癌作用。金絲桃素可開發為化學預防劑及抗腫瘤藥物。

元寶草
Hypericum sampsonii

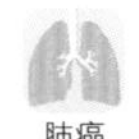
肺癌

胃癌

肝癌
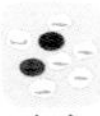
血癌

科　別	藤黃科，金絲桃屬，多年生草本植物。
外觀特徵	高可達 1 公尺，莖圓柱形，葉對生，花小，黃色，蒴果卵圓形，種子多數，淡褐色。
藥材及產地	以全草入藥。分佈於中國長江流域以南及台灣等地。
相關研究	有抗菌作用。
有效成分	萃取物

抗癌種類及研究

- 血癌

中國華中科技大學「元寶草細胞毒性多環芳烴化合物」，2015 年 10 月 6 日《科學報告》期刊。所含化合物誘導血癌細胞凋亡。

- 肺癌、胃癌、肝癌

中國上海生命科學研究院「元寶草誘導細胞凋亡和從細胞核移出維甲酸 X 受體」，2006 年 10 月《癌變》期刊。有效抑制肺癌、胃癌和肝癌細胞生長。

其他補充

台北國際花卉博覽會植栽資料介紹：元寶草又稱大還魂草，常見於台灣北部海邊至低海拔山區的路邊及草地等開闊地方。值得深入研究其抗癌機制。

歐洲冬青
Ilex aquifolium

結腸癌　攝護腺癌　膠質母細胞瘤

科別	冬青科，冬青屬，常綠小喬木。
外觀特徵	高可達 10 公尺，但通常為 1 公尺左右，葉有尖刺，花白色，果實紅色，果實含冬青素，味苦。
藥材及產地	以根、葉入藥。原產於西歐、南歐、北非及南亞。
相關研究	歐洲冬青的漿果含有生物鹼、咖啡因和可可鹼，有催吐作用。
有效成分	萃取物

抗癌種類及研究

- 結腸癌、攝護腺癌、膠質母細胞瘤

比利時列日大學「瓦隆地區森林樹木萃取物的體外抗癌潛力」，2009 年 12 月《植物醫藥》期刊。在體外對人類結腸癌、攝護腺癌和膠質母細胞瘤有生長抑制活性，為新的抗癌藥物來源。

其他補充

是一般熟悉的聖誕卡和聖誕花圈冬青，廣泛種植於溫帶地區公園和花園。紅色漿果顏色鮮豔，容易吸引小孩或寵物攝食，一般認為對人體有毒，但毒性被誇大。美國東北冬季漫長，樹葉掉落後，白雪覆蓋，景色頗為單調。為了增添色彩，於是在後院栽種冬青，與右鄰隔開的一排，稱為美國冬青，與左鄰相隔的，叫做中國女孩冬青，顏色較淺。

梅葉冬青

Ilex asprella

科　　別	冬青科，冬青屬，落葉灌木，又名萬點金、崗梅。
外觀特徵	高可達 3 公尺，葉膜質，互生，卵形，邊緣具鋸齒，花白色，果球形，熟時黑紫色。
藥材及產地	以根和葉入藥。分佈於中國東南部、菲律賓、琉球等地。
相關研究	抗病毒、減輕急性呼吸窘迫症狀。
有效成分	果樹酸 pomolic acid，分子量 472.69 克 / 莫耳

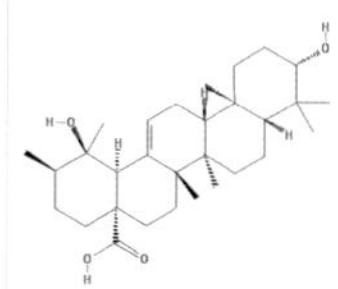

抗癌種類及研究

• 肺癌

中國北京大學「梅葉冬青根的三萜皂苷」，2014 年 5 月《化學與生物多樣性》期刊。所含果樹酸及其他活性成分，對肺癌細胞有顯著的細胞毒性。

• 黑色素瘤、鼻咽癌

美國北卡羅萊納大學「梅葉冬青的三萜類抗腫瘤劑」，1993 年 12 月《天然物期刊》。所含化合物對黑色素瘤、鼻咽癌細胞顯示出顯著細胞毒性。

阿草伯藥用植物園 提供

其他補充

中藥典籍未發現有記載梅葉冬青的抗癌作用。果樹酸有潛力開發成抗癌藥物。

毛冬青
Ilex pubescens

科　　別	冬青科，冬青屬，常綠灌木或小喬木。
外觀特徵	高 3 至 4 公尺，葉橢圓形，果實球形，成熟時紅色。
藥材及產地	以根入藥。分佈於台灣及中國長江以南地區。
相關研究	從毛冬青的根所純化出的皂苷，具有抗炎和止痛效果。
有效成分	三萜皂苷

抗癌種類及研究

• **結腸直腸癌**

中國西華大學「毛冬青細胞毒性三萜皂苷」，2014 年《亞洲天然物研究期刊》。根分離出的皂苷對兩種人類結腸直腸癌細胞有抑制作用。

• **乳癌**

中國北京大學「毛冬青根的十一個新三萜皂苷」，2013 年 1 月《植物醫藥》期刊。對乳癌細胞具有毒性。

1. 期望北京大學進一步研究其在動物體內的抗癌作用。北京大學另也發現毛冬青能抑制肝癌細胞。

2. 北京藥用植物園地處北京市郊百望山下，隸屬於中國醫學科學院藥用植物研究所，是衛生部、醫學科學院唯一專業性藥用植物園。土地面積 20 公頃，年均溫 10 度。以收集藥典上常用中藥、抗衰老中藥為重點，藥用植物共 1300 種，已開展了貝母、沙棘、何首烏、蘆薈、石刁柏、番紅花、唐松草、蒼朮、小蔓長春花等綜合研究。《中國植物之最》一書將其列為中國最大的專業性藥用植物園。

鳳仙花

Impatiens balsamina

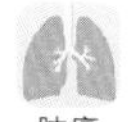
肺癌

肝癌
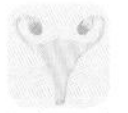
子宮頸癌

胃癌

科　別	鳳仙花科，鳳仙花屬，一年生草本植物，又名小桃紅、急性子。
外觀特徵	葉子互生，花色有粉紅、紅、紫、白、黃等。有些品種一株能開不同顏色的花。
藥材及產地	以根、莖、花及種子入藥，種子中藥名為急性子。原產於東南亞，中國各地均有栽培，主產江蘇、浙江、山東等地。
相關研究	具有抗氧化和抗菌活性。
有效成分	雙萘呋喃酮 balsaminone B，分子量 506.45 克 / 莫耳

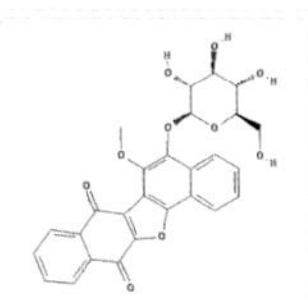

抗癌種類及研究

• 肺癌、肝癌、子宮頸癌

中國江蘇省中醫藥研究院「鳳仙花種子的細胞毒性雙萘呋喃二酮衍生物」，2012 年 3 月《中藥材》期刊。對肺癌、肝癌和子宮頸癌細胞株具有細胞毒性。

• 胃癌

台灣國立中興大學「鳳仙花抗幽門螺旋桿菌化合物甲氧基萘醌的抗胃癌活性」，2012 年 12 月《植物療法》期刊。誘發胃癌細胞死亡，有潛力成為幽門螺旋桿菌感染的治療候選藥物。

其他補充

雙萘呋喃酮有望開發成抗癌藥物。通常栽培鳳仙花以供觀賞，花瓣汁液可用來染指甲。〈鳳仙花〉是沖繩有名的傳統民謠，歌詞「染你指尖的是鳳仙花的花瓣，染你心智的是父母的教導」，夏川里美對此曲做了很好的詮釋。

白茅

Imperata cylindrica

血癌

胰臟癌

肝癌

科別	禾本科，白茅屬，多年生草本植物。
外觀特徵	具粗壯根狀莖，稈直立，高 30 至 80 公分，具 1 至 3 節，節無毛。春季先開花，後生葉，花穗密生白毛。
藥材及產地	根莖可入藥。分佈於中國、非洲北部、土耳其、伊拉克以及地中海地區。
相關研究	未發現其他功效報導。
有效成分	萃取物

抗癌種類及研究

• 血癌、胰臟癌、肝癌

德國美因茨大學「民族醫學上用於治療癌症的 4 個卡麥隆食用香料與其細胞毒性和作用模式：藍刺竹、馬蹄蓮、白茅和胡椒」，2013 年 8 月 26 日《民族藥理學期刊》。白茅能抑制血癌、胰臟癌、肝癌細胞。

其他補充

中國科學院煙台海岸帶研究所描述蘆葦濕地：在黃河三角洲的路邊、草地、灌叢或村落，可以見到蘆竹、白茅、荻等蘆葦的「近親」，它們形態與蘆葦相似，卻又截然不同。上海崇明島有一種稱為蘆稷的植物，上海話叫做「甜蘆粟」，形似蘆葦，又似高粱，汁甜，崇明島農戶多有種植。

歐亞旋覆花
Inula britannica

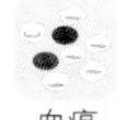

胃癌
結腸癌　血癌　口腔癌

科　　別	菊科，旋覆花屬，多年生草本植物。
外觀特徵	高 20 至 70 公分，莖直立，葉長圓形，開黃色花，瘦果圓柱形。
藥材及產地	以花入藥。分佈於中國、俄羅斯、朝鮮、日本及歐洲。
相關研究	具抗氧化和抗炎作用，能保護肝臟。
有效成分	倍半萜內酯

抗癌種類及研究

- **口腔癌、胃癌、結腸癌**

中國西北農林科技大學「歐亞旋覆花倍半萜內酯的細胞毒性和促凋亡活性」，2016 年 1 月《天然物通訊》期刊。從花分離出的化合物，對口腔癌、胃癌、結腸癌有顯著的細胞毒性。

- **結腸癌、血癌、胃癌**

美國羅格斯大學「歐亞旋覆花倍半萜內酯對人類癌細胞株的細胞毒性和凋亡作用」，2006 年 4 月《天然物期刊》。對人類結腸癌、血癌、胃癌細胞能誘導凋亡，具中度效果。

期望更多有關歐亞旋覆花的研究報告出現。

羊耳菊
Inula cappa

子宮頸癌

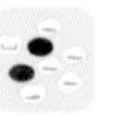
血癌

鼻咽癌

科　　別	菊科，旋覆花屬，亞灌木。
外觀特徵	高70至200公分，莖有茸毛，葉互生，黃色小花，瘦果圓柱形，有白色長毛。
藥材及產地	以全草入藥。分佈於中國四川、浙江、廣西、雲南等地。
相關研究	未有其他功效的報導。
有效成分	羊耳菊內酯

抗癌種類及研究

• 子宮頸癌、血癌、鼻咽癌

中國協和醫科大學「羊耳菊大根香葉內酯倍半萜的細胞毒性」，2007 年 8 月《化學與醫藥通報》。羊耳菊內酯顯示出對人類子宮頸癌、血癌和鼻咽癌細胞增生有抑制作用。

1. 需進一步探討抗癌機制。
2. 重慶藥用植物園創建於 1947 年，是中國最早建立的藥用植物園，隸屬重慶市藥物種植研究所，位於重慶市金佛山下，土地面積 100 餘畝。年均溫 16.3 度。保存藥用植物 3000 餘種，栽培黃常山、益母草、天麻、半夏等野生藥草，並將雲木香、懷山藥、穿心蓮等引種成功。科研人員參與編寫《四川中藥材栽培技術》、《四川中藥誌》等書。參觀過重慶南山蔣介石舊邸，也在沙坪壩歌樂山吃辣子雞。

旋覆花
Inula japonica

淋巴瘤
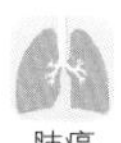
肺癌

結腸癌

乳癌

科別	菊科，旋覆花屬，多年生草本植物。
外觀特徵	莖直立，高 30 至 80 公分，夏秋開黃色花。
藥材及產地	以花序、根入藥。分布於中國、蒙古、俄羅斯、朝鮮及日本。
相關研究	可預防過敏性發炎症狀。
有效成分	野雞尾酮 japonicone，分子量 536.65 克 / 莫耳

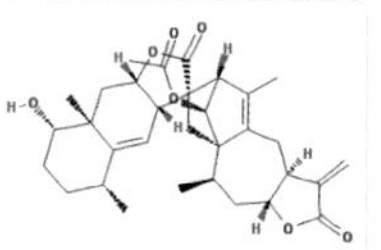

抗癌種類及研究

- 淋巴瘤

中國科學院上海生物研究所「野雞尾酮 A 透過 NFkB，抑制淋巴瘤 Burkitt 細胞」，2013 年 6 月《臨床癌症研究》期刊。野雞尾酮能殺死癌細胞，但對正常細胞的毒性低。

阿草伯藥用植物園 提供

- 肺癌、結腸癌、淋巴瘤、乳癌

中國上海交通大學「旋覆花活性倍半萜二聚體野雞尾酮 A-D」，2009 年 2 月 1 日《生物有機與藥物化學通信》期刊。野雞尾酮 A 對四種腫瘤細胞株——肺癌、結腸癌、淋巴瘤和乳癌細胞表現出最強的殺傷力。

野雞尾酮對癌細胞有針對性，不太傷害正常細胞，很有潛力開發成抗癌藥物。

土木香
Inula helenium

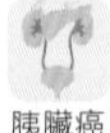

子宮頸癌　黑色素瘤　乳癌　胰臟癌　胃癌 結腸癌

科別｜菊科，旋覆花屬，多年生草本植物，又名青木香。

外觀特徵｜高 60 至 150 公分，根莖塊狀，花黃色。

藥材及產地｜以根入藥。分佈在俄羅斯、亞洲、北美及中國新疆等地。

相關研究｜臨床上發現土木香在體外對金黃色葡萄球菌有抗菌活性。

有效成分｜土木香內酯 alantolactone，分子量 232.31 克 / 莫耳

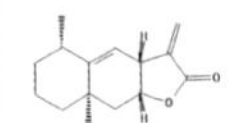

抗癌種類及研究

• 結腸癌、乳癌、胰臟癌

美國紐約史隆凱特琳癌症中心「土木香萃取物的腫瘤細胞特異毒性」，2006 年 11 月《植物療法研究》期刊。對結腸癌、乳癌、胰臟癌具有高度選擇性毒性，但對健康淋巴細胞毒性低。萃取物沒有致突變性。

• 胃癌、子宮頸癌、黑色素瘤

日本京都藥科大學「土木香根的抗增生倍半萜內酯」，2002 年 10 月《生物與醫藥通報》期刊。對胃癌、子宮頸癌、黑色素瘤細胞株的細胞生長抑制活性高。

其他補充

土木香內酯對癌細胞有高度選擇毒性，但對健康細胞毒性低，極有潛力開發成副作用少的抗癌藥物。

菘藍
Isatis indigotica

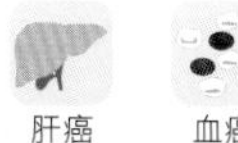

科　　　別	十字花科，菘藍屬，一年或二年生草本。
外觀特徵	高 50 至 100 公分，根肥厚，土黃色，近圓錐形，葉有細鋸齒，夏季開黃色小花，長橢圓形扁平角果，有一種子。
藥材及產地	根可入藥，稱為板藍根。中國大陸各地均產。
相關研究	具有抗病毒，鎮痛，消炎和解熱作用。板藍根一般用於預防及治療流行性感冒。
有效成分	萃取物

抗癌種類及研究

• 肝癌

台灣中興大學「菘藍透過半胱天冬酶非依賴性細胞凋亡途徑在體外和體內誘導肝癌細胞死亡」，2011 年 6 月《整合癌症療法》。導致肝癌細胞凋亡。

• 血癌

台灣中興大學「板藍根萃取物的抗病毒效果及對血癌細胞的細胞毒性」，2009 年 5 月 4 日《民族藥理學期刊》。具有殺病毒的活性，對血癌細胞也有顯著的細胞毒性。

1. 莖、葉可做藍色染料。需更深入了解其活性抗癌化合物及作用機制。
2. 此張照片拍攝於百草谷藥用植物園。

兔兒菜

Ixeris chinensis

科　　別	菊科，苦蕒菜屬，又名兔仔菜，在日本稱為高砂草。
外觀特徵	高 20 至 50 公分，葉從根部長出，羽狀淺裂葉片，花黃色，每朵有許多舌狀小花瓣。
藥材及產地	全草可入藥。原產中國南部及中南半島，日本本州、四國、九州以及韓國也有分佈。
相關研究	具有抗乙肝病毒功效。
有效成分	萃取物

抗癌種類及研究

• 血癌

台灣高雄醫學大學「台灣傳統使用的藥用植物在體外抗血癌和抗病毒活性」，2004 年《美國中醫藥期刊》。兔兒菜有抑制血癌細胞增生的效果。

• 肝癌

台灣彰化基督教醫院「兔兒菜沸水萃取物對乙肝病毒活性和肝癌的影響」，2013 年 11 月 2 日《傳統補充替代補醫學非洲期刊》。抑制肝癌生長，誘導凋亡。

1. 在台灣又稱為小金英，可當成野菜使用，有保肝作用。希望台灣研究單位更深入探討其抗癌活性成分。

2. 騎著電動腳踏車，駛入鄉間彎來彎去的道路。帶著手機出門拍照，肯定有許多收穫。苦楝樹的細枝隨風搖擺，淡紫色小花散出香味。拍了幾張。窄溝中發現一叢長得茂密的三白草，數枚葉片已轉白。兔兒菜整株綻放黃花，而龍葵的小果實仍然青綠，需等幾天才變黑。野薑花未開，因季節沒到。

茉莉

Jasminum sambac

胃癌
結腸癌

乳癌

淋巴瘤

科　　別	木犀科，素馨屬，灌木。
外觀特徵	高 1 至 3 公尺，枝細長，單葉對生，橢圓形，質薄有光澤，花白色，具香氣。
藥材及產地	以花、葉、根入藥。原產於印度，廣泛分佈中國及台灣等地。
相關研究	茉莉根萃取物有抗炎、解熱、止痛作用。
有效成分	萃取物

抗癌種類及研究

- 胃癌、結腸癌、乳癌

澳洲格里菲斯大學「孟加拉藥用植物萃取物的細胞毒性篩選」，2014 年 1 月《自然醫學期刊》。茉莉葉甲醇萃取物對胃癌、結腸癌、乳癌細胞有顯著細胞毒性。

- 淋巴瘤

印度孔古納都藝術與科學院「茉莉萃取物對實驗動物淋巴瘤的化學預防作用和色層指紋分析」，2013 年 2 月《應用生化及生物技術》期刊。乙醇萃取物對淋巴瘤具有顯著抗癌活性。

其他補充

香港浸會大學中醫藥學院藥用植物圖像數據庫提到茉莉的花可抗癌，所以應常喝茉莉花茶。日本安西冬衛著名的一行詩「一隻蝴蝶飛過韃靼海峽」，描述春天到來，國中時期所學，現在才知道出自其詩集《軍艦茉莉》。森鷗外女兒取名森茉莉，泰國則產茉莉香米。小時候家中庭院栽植茉莉，花朵肥大，底下有蝸牛。曾做一實驗，用針筒將酒精注入蝸牛體內，觀察變化。數日後，牠仍健在，繼續以落下的茉莉花瓣及腐葉為食。

胡桃楸

Juglans mandshurica

科　　別	胡桃科，胡桃屬，落葉喬木，又名核桃楸。
外觀特徵	高可達 25 公尺，樹皮灰色，幼枝被有短茸毛，羽狀複葉，穗狀花序，果實球狀，密被短柔毛。
藥材及產地	以種子、果實和樹皮入藥。原產於亞洲東部，包括中國、俄羅斯遠東地區、韓國等地。
相關研究	可作為有效的過敏性皮膚炎替代治療。
有效成分	胡桃醌 juglone，分子量 174.15 克 / 莫耳 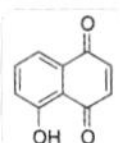

J

胡桃楸 *Juglans mandshurica*

抗癌種類及研究

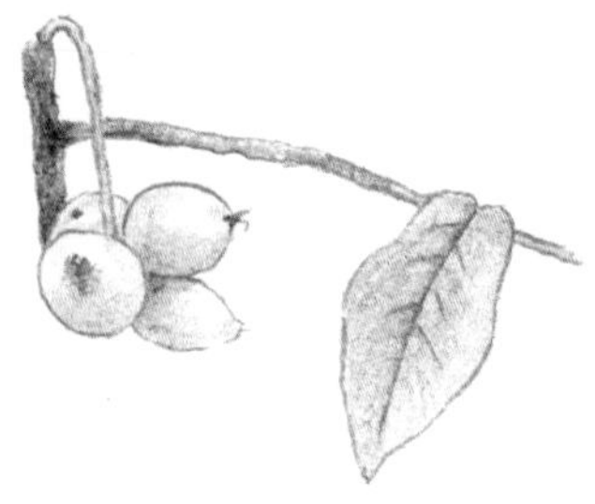

- **攝護腺癌**

中國吉林大學「分離自胡桃楸的胡桃醌，透過下調 AR 表達在人類攝護腺癌細胞誘導細胞凋亡」，2013 年 6 月 15 日《生物有機與藥物化學通信》。可抗雄激素敏感的攝護腺癌。

- **子宮頸癌**

中國吉林醫藥學院「胡桃醌對人類子宮頸癌 HeLa 細胞的抗癌活性和機制」，2012 年 11 月《加拿大生理學與藥理學期刊》。胡桃醌可用於治療子宮頸癌。

- **肝癌**

中國東北師範大學「胡桃楸新的天然化合物誘導週期阻滯和 HepG2 細胞凋亡」，2012 年 8 月《細胞凋亡》期刊。在體外表現出強烈的細胞毒性，有效抑制細胞增生，誘導肝癌細胞凋亡。

- **胃癌**

中國大連理工大學「胡桃楸新的化合物誘導 BGC823 細胞凋亡」，2009 年 4 月《植物療法研究》期刊。顯著誘導胃癌細胞凋亡。

胡桃醌有望開發成抗癌藥物。

翼齒六棱菊

Laggera pterodonta

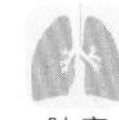

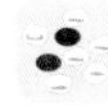

科　　別	菊科，六棱菊屬，多年生草本植物，又名臭靈丹。
外觀特徵	高可達 1 公尺，有臭味，葉長圓形，大型圓錐花序，花冠管狀，瘦果近紡錘形，被白色長柔毛。
藥材及產地	全草入藥。分佈於非洲、中南半島、印度等地。
相關研究	具有保肝和抗氧化作用。
有效成分	黃酮

抗癌種類及研究

• 血癌

中國暨南大學「翼齒六棱菊多甲氧基黃酮透過激活內在凋亡途徑，誘導伊馬替尼耐藥 K562R 細胞凋亡」，2014 年 12 月 5 日《國際癌細胞》期刊。抑制標靶藥抵抗性血癌細胞增生，誘導細胞凋亡。

• 肺癌、子宮頸癌

中國暨南大學「翼齒六棱菊黃酮的抗增生作用研究」，2010 年 8 月《中國中藥雜誌》。對肺癌、子宮頸癌有抗增生作用。

其他補充

需深入探索此黃酮類的活性分子。暨南大學對此植物研究興趣濃厚。

馬纓丹

Lantana camara

乳癌

黑色素瘤

科　　別｜馬鞭草科，馬鞭草屬，常綠灌木，又名五色梅。

外觀特徵｜高 1 至 2 公尺，葉對生，卵形，花有橙、紅、黃、白、紫及粉紅等色，全年開花，果圓球形，成熟時紫黑色，植株有臭味。

藥材及產地｜以根、葉、花入藥。原產於美洲，廣泛分佈在印度、中國福建、廣東及台灣等地。

相關研究｜有抗炎，抗菌，降血糖作用。

有效成分｜齊墩果酸 oleanonic acid，分子量 456.71 克 / 莫耳

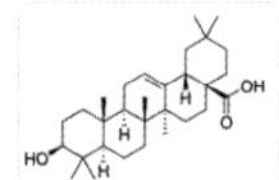

抗癌種類及研究

• 乳癌

韓國圓光大學「馬纓丹透過 Bcl-2 家族和半胱天冬酶激活，誘導細胞凋亡」，2015 年 4 月《病理學腫瘤學研究》期刊。萃取物能誘導乳癌細胞凋亡，可作為潛在的抗乳癌藥物。

• 黑色素瘤

印度賈達普大學「從印度翼核果、茜草和馬纓丹分離出的抗炎和抗癌化合物」，2010 年 9 月《藥學與藥理學期刊》。馬纓丹含齊墩果酸，對黑色素瘤具有細胞毒性。

其他補充

有毒。香港浸會大學中醫藥學院記載，馬纓丹能抗腫瘤。台灣新北市小學生因課後玩馬纓丹，13 人過敏氣喘送醫，消息見於中視新聞。

益母草

Leonurus heterophyllus

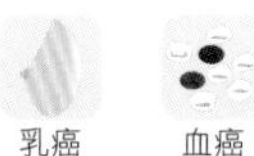

科　　別｜唇形科，益母草屬，一年或二年生草本植物。

外觀特徵｜高 30 至 120 公分，莖直立，葉卵形或菱形，花序腋生，花冠粉紅至淡紫。

藥材及產地｜以全草入藥，是 50 種基本中藥之一。產於中國大部分地區，分佈在東亞、東南亞、非洲以及美洲各地。

相關研究｜常用於婦女停經症候群，但其安全性及有效性需進一步研究。

有效成分｜萃取物

抗癌種類及研究

• 乳癌

中國上海交通大學「中國益母草水乙醇萃取物對人類乳癌細胞的細胞毒性為非凋亡並與雌激素受體無關」，2009 年 3 月 18 日《民族藥理學期刊》。經由細胞毒性和細胞週期阻滯，有效抑制乳癌細胞增生。

• 血癌

中國河南大學「益母草的化學成分和對血癌 K562 細胞的抗腫瘤活性」，2009 年 7 月《中國中藥雜誌》。抑制血癌細胞。

需進一步展開動物體內實驗。

川芎

Ligusticum chuanxiong

肝癌

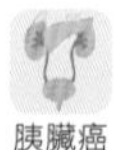
胰臟癌

科　　　別｜傘形科，藁本屬，多年生草本植物。

外觀特徵｜高 5 至 25 公分，全株有濃烈香氣，莖直立，圓柱形，中空，花序頂生或側生，花白色。

藥材及產地｜以根莖入藥。分佈於中國四川、貴州、雲南等地。

相關研究｜能改善糖尿病引起的腎病變。四物湯可減緩經痛，川芎是其中成分。

有效成分｜萃取物

抗癌種類及研究

• 肝癌

中國瀋陽醫科大學「丁苯酞衍生物對人類肝癌細胞的細胞毒性，SAR 和抗侵入效果」，2015 年 11 月《分子》期刊。對肝癌細胞有細胞毒性及抗侵入作用。

• 胰臟癌

中國大連醫科大學「川芎酒精萃取物對 HS766T 細胞的抗癌作用」，2013 年 10 月 3 日《傳統補充與替代醫學非洲期刊》。能抑制胰臟癌細胞的增生。

1. 需探索川芎萃取物中的抗癌活性化合物。
2. 四物湯是有八百年歷史的中國傳統藥方，使用當歸、川芎、白芍、熟地黃四種中藥材，最早出現於宋朝的「太平惠民和劑局方」，為補氣血的基本處方。

女貞
Ligustrum lucidum

肝癌

乳癌

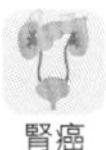
腎癌

科　　別｜木犀科，女貞屬，常綠喬木，又名白蠟樹。

外觀特徵｜高可達25公尺，葉對生，革質，卵形，花色淡黃，果實紫黑色，成熟。

藥材及產地｜以果實入藥，中藥名「女貞子」。原產於中國長江流域，在朝鮮、印度也有分佈。

相關研究｜具有降血糖和抗氧化作用，動物實驗也證實能預防動脈粥樣硬化。

有效成分｜萃取物

抗癌種類及研究

• 肝癌

中國上海中醫藥大學「女貞果萃取物透過 p21 上調，誘導人類肝癌細胞凋亡和衰老」，2014 年 9 月《腫瘤學報告》期刊。證實女貞子在傳統肝癌治療上的用處。

• 乳癌

美國加州大學舊金山分校「十二種中國藥材體外抗癌活性」，2005 年 7 月《植物療法研究》期刊。女貞子對乳癌有很好的抗癌活性。

• 腎癌

美國羅馬琳達大學「中藥抑制小鼠腎癌的生長」，1994 年夏季《癌症生物療法》期刊。女貞子植物化學物質有 57 至 100%的治癒率。

其他補充

需更深入探索女貞子抗癌活性化合物。

香葉樹

Lindera communis

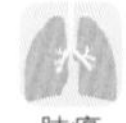

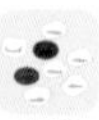
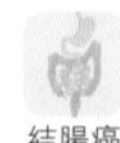

肺癌　卵巢癌　攝護腺癌　血癌　結腸癌

科　別	樟科，山胡椒屬，常綠灌木或小喬木。
外觀特徵	高 4 至 10 公尺，葉互生，卵形，花黃色，核果卵形，成熟時紅色。
藥材及產地	以枝葉或莖皮入藥。分佈雲南、四川、台灣等地。
相關研究	葉子萃取的精油可以抗黴菌及細菌。
有效成分	丁內酯

抗癌種類及研究

• 肺癌、卵巢癌、攝護腺癌

中國山東醫學科學院「香葉樹果實的細胞毒性倍半萜類」，2011 年 10 月《植物療法》期刊。對肺癌、卵巢癌和攝護腺癌細胞有顯著細胞毒性。

• 血癌、結腸癌

台灣高雄醫學大學「台灣香葉樹莖木丁內酯和衍生物的細胞毒性」，2002 年 2 月《植物醫藥》期刊。顯示對血癌和結腸癌細胞有細胞毒性作用。

其他補充

期待動物體內抗癌實驗結果。更早期實驗也發現對鼻咽癌細胞有抑制效果。

楓香樹
Liquidambar formosana

乳癌

科　　別｜金縷梅科，楓香樹屬，落葉大喬木，又名路路通。

外觀特徵｜高 20 至 40 公尺，樹皮淡灰色，樹脂棕黑色有光澤，葉互生，心形，花淡黃綠色，頂生，蒴果圓形，密生星芒狀刺，種子有翅。

藥材及產地｜以樹脂、葉及果實入藥。原產於中國南部及台灣，現在寮國、越南、朝鮮等地也有分佈。

相關研究｜葉子精油具有抗炎活性，可能可用於免疫調節。

有效成分｜樹脂

抗癌種類及研究

• 乳癌

中國南京大學「楓香樹脂五環三萜類化合物」，2011 年 9 月《植物療法》期刊。化合物有抗乳癌細胞的作用。

其他補充

東海大學音樂系旁種了楓香樹，密生芒刺的蒴果仍然青綠。系館後的草地，樹在風中搖動。當羅芳華教授和學生四手聯彈結束，鞠躬謝幕時，希望她們再彈奏一曲，所以喊了聲「安可」。再次出來謝幕時，「還好有一個安可！」羅芳華帶著笑容，用流利的中文說。布拉姆斯五首匈牙利舞曲，常聽的都是第五號，這次聽了其他幾號曲子，才知道以前都錯過了。

東海大學文理大道（劉以瑄 攝影）

鵝掌楸

Liriodendron chinense

乳癌

肝癌

胃癌
結腸癌

科　別	木蘭科，鵝掌楸屬，落葉喬木。
外觀特徵	高可達40公尺，樹皮縱裂，單葉互生，葉似鵝掌，花淡黃綠色，碩大，堅果有翅。
藥材及產地	以樹皮、根入藥。產於中國淮河以南、南嶺以北，台灣也有分佈。
相關研究	未發現其他功效的報導。
有效成分	萃取物

抗癌種類及研究

- 乳癌、胃癌、肝癌、結腸癌

中國南京林業大學「三個鵝掌楸植物品種萃取物的體外腫瘤細胞毒性」，2013年3月《巴基斯坦藥學期刊》。樹皮萃取物對乳癌、胃癌、肝癌、結腸癌顯示細胞毒性作用。

阿草伯藥用植物園 提供

其他補充

中國珍稀樹種，抗癌報告僅此一篇。
值得深入研究其抗癌機制。

闊葉山麥冬
Liriope platyphylla

乳癌　肝癌　結腸直腸癌

科　　別｜百合科，山麥冬屬，多年生草本植物。

外觀特徵｜根細長，分枝多，紡錘形小塊根，葉革質，花紫色，種子球形。

藥材及產地｜以塊根入藥。原產中國，見於廣東、廣西、福建等地，日本亦有分佈。

相關研究｜有抗病毒及抗炎作用，對異位性皮膚炎有一定療效。水萃取物則有輕瀉效果。

有效成分｜山麥冬皂苷 spicatoside，分子量 855.01 克 / 莫耳

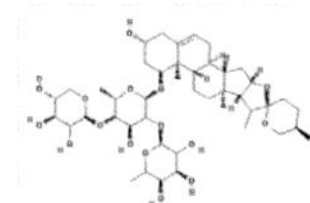

抗癌種類及研究

• **結腸直腸癌**

韓國首爾國立大學「山麥冬皂苷 A 在人類結腸直腸癌細胞調控自噬和凋亡的抗腫瘤活性」，2016 年 4 月 22 日《天然物期刊》。闊葉山麥冬塊莖分離出的皂苷，在裸鼠移植腫瘤模式中抑制結腸直腸癌腫瘤生長。

• **乳癌、肝癌**

台灣高雄醫學大學「闊葉山麥冬根有效成分的抗腫瘤生長作用」，2013 年《依據證據的補充與替代醫學》期刊。對乳癌和肝癌細胞顯著抑制增生。

期待進一步的動物體內抗癌實驗結果。

荔枝

Litchi chinensis

大腸癌

乳癌

肝癌

科　　別｜無患子科，荔枝屬，常綠喬木。

外觀特徵｜高 8 至 20 公尺，葉對生，花小，淡黃色，果實球形，果皮有小突起，種子棕色。

藥材及產地｜以種子入藥，中藥名為荔枝核。分佈於中國、台灣、越南、泰國等地。

相關研究｜能抗氧化，降血脂。

有效成分｜萃取物

抗癌種類及研究

• 大腸癌

台灣元培科技大學「荔枝種子萃取物透過細胞週期阻滯在人類大腸癌誘導細胞凋亡」，2012 年《生物醫學與生物技術》期刊。顯著誘導細胞凋亡，是潛在的大腸癌化學預防劑。

• 乳癌

中國四川大學「荔枝果皮萃取物在體外和體內對人類乳癌的抗癌活性」，2006 年 9 月 1 日《毒理學與應用藥理學》期刊。證實能抑制乳癌細胞。

• 肝癌

中國四川大學「荔枝果皮萃取物在體外和體內對肝癌潛在的抗癌活性」，2006 年 7 月 28 日《癌症通信》期刊。透過增生抑制及誘導細胞凋亡，顯示對肝癌的潛在抗腫瘤活性。

荔枝果皮與種子是抗癌成分的來源，值得深入探討。廣東深圳有座荔枝公園，在原有的 589 株荔枝基礎上建立而成。巨型鄧小平畫像位於公園東南口，是深圳標誌之一。

紫草
Lithospermum erythrorhizon

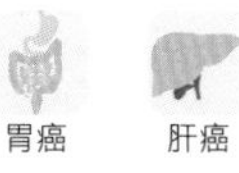

黑色素瘤

科　　別	紫草科，紫草屬。
外觀特徵	高 40 至 90 公分，根圓柱形，葉互生，花白色，小堅果卵圓形，乳白或淡褐色，種子 4 枚。
藥材及產地	以根入藥。原產於中國，朝鮮及日本也有分佈。
相關研究	抗糖尿病，抑制脂肪形成，可當成預防肥胖的膳食補充劑。
有效成分	紫草素 shikonin，分子量 288.29 克 / 莫耳

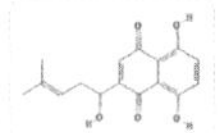

抗癌種類及研究

• 乳癌

中國瀋陽軍區總醫院「紫草素在體外對人類乳癌細胞增生和凋亡的影響」，2006 年 12 月《藥學雜誌》。首次發現紫草素對乳癌細胞有細胞毒性。

• 血癌

日本富山大學「紫草素誘導 U937 凋亡和壞死細胞死亡的分子機制及基因表達分析」，2013 年 9 月 25 日《化學生物交互作用》期刊。紫草素誘導血癌細胞凋亡。

• 黑色素瘤

韓國釜山國立大學「紫草萃取物在體外和對小鼠黑色素瘤的體內抗癌作用」，2012 年 11 月 21 日《民族藥理學期刊》。紫草素衍生物在體外和體內具抗癌活性。

• 胃癌

中國浙江大學「二甲基丙烯醯透過信號通路對人類胃癌細胞誘導粒線體依賴性細胞凋亡」，2012 年《公共科學圖書館一》期刊。紫草的根萃取物具抗胃癌活性。

• 肝癌

中國四川大學「二甲基丙烯醯在體外和體內對肝癌的抑制作用」，2012 年 5 月《植物療法研究》期刊。對肝癌有顯著抗腫瘤作用。

紫草素有潛力開發成抗癌藥物。乾燥後稱為紫根，是天然紫色染料。

山雞椒

Litsea cubeba

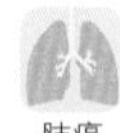
肺癌

肝癌

口腔癌

科　　　別	樟科，木薑子屬，小喬木，又名山蒼樹。
外觀特徵	高可達10公尺，葉互生，有香氣，繖形花序簇生，果實近球形。
藥材及產地	根、莖、葉、果均可入藥。產於江蘇、福建、台灣等地。
相關研究	其精油具有抗菌，抗黴作用。寮國科學家發現山雞椒揮發性精油能防蚊。
有效成分	精油

抗癌種類及研究

- 肺癌

印度維斯瓦巴拉蒂大學「山雞椒籽揮發油蒸氣對肺癌細胞誘導細胞凋亡，並導致細胞週期阻滯」，2012 年《公共科學圖書館一》期刊。揮發油能殺死肺癌細胞。

- 肺癌、肝癌、口腔癌

台灣林業試驗所「台灣山雞椒葉和果實精油的組成和體外抗癌活性」，2010年4月《天然物通訊》期刊。果實精油對人類肺癌、肝癌、口腔癌細胞表現出細胞毒性。

山雞椒精油可應用於癌症輔助治療。

蒲葵
Livistona chinensis

子宮頸癌　黑色素瘤　膠質瘤　纖維肉瘤

肝癌　鼻咽癌　乳癌　胃癌 結腸癌　淋巴瘤 血癌

科　　別｜棕櫚科，蒲葵屬，常綠喬木，又名扇葉葵。

外觀特徵｜莖直立，粗大，葉簇生於莖頂，呈扇狀，腋生肉穗花序黃綠色，橢圓形核果，藍黑色，似橄欖。

藥材及產地｜以種子、葉及根入藥。原產於中國東南部、台灣及日本。

相關研究｜果實的水萃取物有溶血作用，需注意。

有效成分｜萃取物

抗癌種類及研究

- 肝癌

中國福建中醫藥大學「蒲葵種子透過促進粒線體依賴性凋亡，抑制肝癌生長」，2013 年 5 月《腫瘤學報告》期刊。在體內和體外抑制肝癌細胞。

- 肝癌、血癌，鼻咽癌

中國武漢大學「蒲葵果實的生物活性酚類」，2012 年 1 月《植物療法》期刊。顯示出對肝癌、血癌，鼻咽癌細胞的抗增生活性。

- 胃癌、血癌、淋巴瘤、子宮頸癌、肝癌、黑色素瘤、膠質瘤

中國廣西中醫學院「蒲葵根萃取物的體外抗癌作用研究」，2007 年 1 月《中藥材》期刊。對胃癌、血癌、淋巴瘤、子宮頸癌、肝癌、黑色素瘤、膠質瘤細胞有生長抑制作用。

- 纖維肉瘤、乳癌、結腸癌

美國加州大學洛杉磯分校「蒲葵萃取物抑制血管新生和腫瘤生長」，2001 年 11 月《腫瘤學報告》期刊。抑制小鼠纖維肉瘤和人類乳癌以及結腸癌細胞增生。

香港浸會大學中醫藥學院引述廣州部隊《常用中草藥手冊》治各種癌症「蒲葵子，水煎一至二小時服用。」科學實驗顯示確實可對抗許多不同種類的癌細胞。其葉可製成蒲扇、蓑笠、掃把等。

半邊蓮
Lobelia chinensis

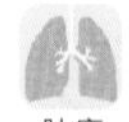
肺癌

結腸癌

科　別	桔梗科，半邊蓮屬，多年生草本植物。
外觀特徵	全株光滑，高 5 至 15 公分，葉互生，花瓣 5 片如蓮花，因花瓣均偏一邊而得名，蒴果，種子橢圓。
藥材及產地	以乾燥全草入藥，50 種基本中藥之一。主產於安徽、江蘇、浙江等地，亞洲其他各國也有分佈。
相關研究	有抗氧化和抗炎作用。
有效成分	萃取物

抗癌種類及研究

• 肺癌

中國山東大學「半邊蓮的化學成分」，2014 年 3 月《植物治療》期刊。所含的兩個化合物對肺癌細胞株具中等程度細胞毒性。

• 結腸癌

中國濟南軍區總醫院「半邊蓮水萃取物對結腸癌癌前病變大鼠作用的研究」，2013 年 10 月《非洲傳統補充替代醫學期刊》。10 週後，低、中、高劑量的萃取物對結腸癌癌前病變抑制率分別為 8.12%，59.42%和 65.44%。

其他補充

半邊蓮、半枝蓮、穿心蓮為三種不同科屬植物，請勿混淆。這三種中藥皆能抗癌。

金銀花
Lonicera japonica

結腸癌

肝癌
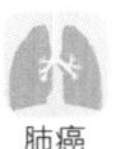
肺癌

科　　別｜忍冬科，忍冬屬，多年生纏繞木質藤本植物，又名忍冬。

外觀特徵｜小枝細長，中空，葉卵形，對生，唇形花有淡香，球形漿果黑色。花初為白色，漸變為黃色，黃白相映，故名金銀花。

藥材及產地｜以花蕾、果實、莖枝入藥。產於東亞，中國、朝鮮和日本都有分佈。

相關研究｜具有抗炎作用，能減輕糖尿病引起的腎炎。

有效成分｜黃酮木脂素 hydnocarpin，分子量 464.42 克 / 莫耳

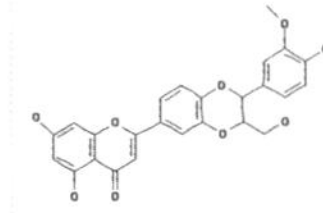

L

金銀花 *Lonicera japonica*

抗癌種類及研究

• 結腸癌

韓國首爾國立大學「黃酮木脂素的抗增生活性及對結腸癌細胞的抑制與信號傳導途徑相關聯」，2013 年 10 月 15 日《生物有機與藥物化學通信》期刊。抑制結腸癌細胞。

• 肝癌

韓國國立慶尚大學「金銀花多酚萃取物誘導 HepG2 細胞週期阻滯和凋亡，經由信號途徑」，2012 年 7 月《食品與化學毒理學》期刊。多酚萃取物誘導肝癌細胞凋亡。

• 肺癌

台灣奇美醫學中心「木犀草素誘導 DNA 損傷，導致人類肺癌 CH27 細胞凋亡」，2005 年 1 月 31 日《歐洲藥理學期刊》。木犀草素誘導肺癌細胞凋亡。

黃酮木脂素有潛力開發成抗癌藥物。金銀花常被當作藥材或食物使用。廣西藥用植物園位於南寧，創建於 1959 年，目前大面積種植的主要品種有金銀花、穿心蓮、何首烏、羅漢果、天麻等。

水丁香
Ludwigia octovalvis

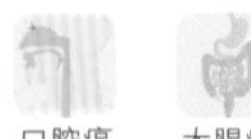

科　別	柳葉菜科，丁香蓼屬，一年生草本植物，又名水香蕉。
外觀特徵	高 20 至 50 公分，莖直立，有棱角，單葉互生，花黃色，四瓣，蒴果微彎，似小香蕉。
藥材及產地	全草可作為中藥。中國長江以南、台灣等地都有分佈。
相關研究	有抗老化、免疫刺激作用。
有效成分	三萜

抗癌種類及研究

• 口腔癌、大腸癌

台灣屏東科技大學「水丁香三個新齊墩果型三萜對兩種人類癌細胞株的細胞毒性」，2004 年 1 月《天然物期刊》。所含的三萜化合物對口腔癌與大腸癌有顯著的細胞毒性作用。

其他補充

中藥典籍未發現記載水丁香抗癌作用，期待有更多更深入的研究。目前僅有屏東科大的抗癌研究報告。鄉下水溝旁常見水丁香，此張照片攝於草屯田間。

絲瓜子
Luffa cylindrica

科別	葫蘆科，絲瓜屬，一年生攀援草本植物，又名菜瓜。
外觀特徵	莖柔弱，葉互生，三角形，花黃色，果實長圓柱形，種子橢圓扁平，黑色。
藥材及產地	以果實維管束入藥，中藥名為絲瓜絡，種子稱為絲瓜子。原產於印度，現在東亞地區廣泛種植。
相關研究	絲瓜子中的多肽具有抗愛滋病毒作用。
有效成分	絲瓜素

抗癌種類及研究

• 結腸癌

印度核醫學及聯合科學研究所「數種食用瓜類的抗癌和抗炎活性」，2015年4月《印度實驗生物學期刊》。絲瓜萃取物能抑制結腸癌細胞，有治療潛力。

• 黑色素瘤

義大利拉奎拉學院「核糖體失活蛋白絲瓜素對人類黑色素瘤和艾氏腹水細胞在體外的不同反應」，1998年10月《黑色素瘤研究》期刊。從絲瓜種子萃取的絲瓜素，能誘導黑素瘤和艾氏腹水腫瘤細胞凋亡。

其他補充

絲瓜種子可做成抗癌保健產品。絲瓜的花也可以裹麵粉油炸，味道很好，是鄉下人家的自製零食。

紅絲線
Lycianthes biflora

科　　別	茄科，紅絲線屬，多年生草本或亞灌木。
外觀特徵	高0.5至1.5公尺，小枝，大葉片橢圓狀，花淡紫或白色，星形，漿果球形，紅色，淡黃種子多數。
藥材及產地	以全草入藥。分佈中國南部、湖北、雲南、廣東等地。也見於印度、馬來西亞、印尼、日本琉球。
相關研究	未發現其他功效的研究。
有效成分	萃取物

抗癌種類及研究

• **血癌**

中國上海中醫研究院「紅絲線化學成分研究」，2002 年 6 月《藥學學報》期刊。表現出對血癌細胞的抑制作用。

其他補充

台灣多生長於中、低海拔山區，相關科學研究甚少。紅絲線應進行更多癌細胞株的抗癌實驗。目前只有此篇抗癌研究報告。

枸杞
Lycium barbarum

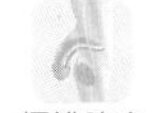

攝護腺癌　乳癌　子宮頸癌　肝癌　胃癌 結腸癌

科　　別	茄科，枸杞屬，落葉灌木。
外觀特徵	高 1.5 至 2 公尺，主莖數條，葉互生，淡紫色花腋生，漿果橢圓形，紅或橘紅色。
藥材及產地	以果實、根和葉入藥。原產於亞洲和歐洲東南部，在中國種植於遼寧、甘肅、寧夏、西藏等地。
相關研究	枸杞多醣具有降血糖，降血脂及抗氧化作用。
有效成分	枸杞多醣

抗癌種類及研究

• 攝護腺癌

中國武漢大學「枸杞多醣在人類攝護腺癌細胞誘導細胞凋亡，在異種移植人類攝護腺癌細胞的小鼠模式中抑制攝護腺癌生長」，2009 年 8 月《醫用食品期刊》。有系統地研究枸杞在體外和體內的抗攝護腺癌作用。

• 乳癌

中國同濟醫學院「枸杞多醣透過激活信號途徑對乳癌 MCF-7 細胞的抗增生作用」，2012 年 9 月 24 日《生命科學》期刊。對乳癌細胞有明顯的抗增生作用。

• 子宮頸癌

中國陝西師範大學「枸杞多醣抑制子宮頸癌 HeLa 細胞增生，誘導細胞凋亡」，2012 年 6 月 13 日《科學食品農業》期刊。抑制子宮頸癌細胞增生，可開發為子宮頸癌化學治療劑。

• 結腸癌

中國寧波大學醫學院「枸杞多醣對結腸癌細胞的抗癌作用涉及週期阻滯」，2011年3月《醫學腫瘤學》期刊。具結腸癌細胞抗增生效果，是潛在的抗癌藥物。

• 胃癌

中國寧波大學醫學院「枸杞多醣對人類胃癌細胞的生長抑制和細胞週期阻滯」，2010年9月《醫學腫瘤學》期刊。對胃癌細胞有抗癌活性。

• 肝癌

台北醫學大學「熱水萃取的枸杞和熟地黃抑制增生並誘導肝癌細胞凋亡」，2006年7月28日《世界胃腸病學期刊》。枸杞能抑制肝癌細胞增生，誘導凋亡。

其他補充

中國寧夏自治區、新疆維吾爾族自治區皆盛產枸杞。寧夏枸杞已栽種超過600年，被稱為「紅鑽石」。種植枸杞能控制土壤侵蝕，避免土地荒漠化。中國是世界上枸杞的主要供應國。

珍珠菜
Lysimachia clethroides

科　　別	報春花科，珍珠菜屬，多年生草本植物。
外觀特徵	莖高 40 至 100 公分，有毛，葉互生，花白色，蒴果球形。
藥材及產地	以全草入藥。分佈於中國東北、華南、西南各省。
相關研究	有抗炎作用。透過內皮依賴性機制，促使血管舒張，可能是心血管疾病的候選中草藥。
有效成分	黃酮

抗癌種類及研究

- 血癌

中國蘇州大學「珍珠菜總黃酮在人類慢性顆粒細胞血癌 K562 細胞生長抑制和凋亡的誘導作用」，2010 年 8 月 19 日《民族藥理學期刊》。透過生長抑制和凋亡誘導，具有潛在的抗血癌活性。

其他補充

可當蔬菜食用。希望更深入探討其在不同癌細胞株的作用。抗癌研究報告至今僅有此篇。

石蒜

Lycoris radiata

黑色素瘤

科　　別	石蒜科，石蒜屬，多年生草本植物，又名彼岸花。
外觀特徵	地下球狀鱗莖，繖形花序，有花 4 至 7 朵，一般為紅色，蒴果種子多數。
藥材及產地	以鱗莖入藥。原產於中國長江中下游及西南，越南、馬來西亞及東亞各地也有分佈。
相關研究	有保護神經，抗瘧疾，抗流感病毒，抗黴菌作用。
有效成分	萃取物

抗癌種類及研究

• 黑色素瘤

韓國慶北國立大學「石蒜乙醇萃取物透過 p38 信號介導的 AP-1 活化，誘導黑色素瘤 B16F10 細胞凋亡」，2010 年 8 月《腫瘤學報告》期刊。具有抗黑色素瘤和抗炎活性。

其他補充

1. 整株有毒。花開不見葉，有葉則無花，花葉不相見，因此帶有孤獨的味道。
2. 日本導演小津安二郎曾拍了一部電影「彼岸花」。他的「東京物語」亦是經典之作。

博落回
Macleaya cordata

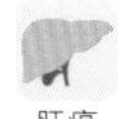
肝癌

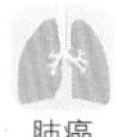
肺癌

科　　別 | 罌粟科，博落回屬，多年生草本植物。

外觀特徵 | 高 1 至 4 公尺，圓錐花序，無花瓣，卵形蒴果。莖圓柱形，中空，吹氣有聲，如鮮卑樂器博落回，折斷後有黃汁流出。

藥材及產地 | 以根或全草入藥。分佈於中國及日本等地。

相關研究 | 博落回（羽罌粟）是生物活性化合物異喹啉生物鹼的來源，具有抗炎和抗微生物作用。

有效成分 | 生物鹼

抗癌種類及研究

• 肺癌

台灣中國文化大學「體外評估博落回粗萃取物在正常和癌變人類肺細胞的生物活性和抗癌特性」，2013 年 9 月《實驗及毒理病理學》期刊。抑制肺癌細胞增生。

• 肝癌

中國南方醫科大學「博落回總生物鹼：在體外對 Hep3B 細胞毒性作用和小鼠體內抗腫瘤作用」，2005 年 3 月《第一軍醫大學學報》。總生物鹼顯著抑制人類肝癌細胞。

其他補充

劇毒。希望能更深入探討博落回抗癌活性分子及機制，並開發去除毒性後的化合物。

日本厚朴

Magnolia obovata

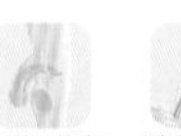

結腸癌　攝護腺癌　纖維肉瘤

科　　別	木蘭科，木蘭屬，落葉喬木。
外觀特徵	高 15 至 30 公尺，樹皮灰白，樹徑能超過 1 公尺，葉大，20 公分長。
藥材及產地	樹皮稱為厚朴，中藥之一。分佈於日本及中國。
相關研究	厚朴新酚有強效抗血栓形成作用，這可能是由於它的抗血小板活性，可抗心血管疾病。
有效成分	厚朴酚 magnolol，分子量 266.33 克 / 莫耳 厚朴新酚 obovatol，分子量 282.33 克 / 莫耳

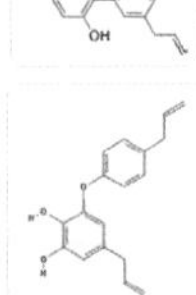

抗癌種類及研究

- **結腸癌**

韓國首爾國立大學「厚朴酚對結腸癌細胞的抗腫瘤活性經由信號通路介導」，2012 年 8 月《分子藥理學》期刊。對人類結腸癌細胞有生長抑制作用。

- **攝護腺癌、結腸癌**

韓國忠北國立大學「厚朴新酚透過阻斷 NFkB 誘導凋亡，對攝護腺癌和結腸癌細胞的生長抑制效果」，2008 年 3 月 17 日《歐洲藥理學期刊》。抑制攝護腺癌和結腸癌細胞生長。

- **纖維肉瘤**

日本岐阜藥科大學「厚朴酚與和厚朴酚在體外對人類纖維肉瘤侵入的抑制作用」，2001 年 11 月《植物醫藥》期刊。厚朴酚抑制纖維肉瘤侵入。

其他補充

有毒。木頭可做成木屐或日本刀鞘。厚朴酚與厚朴新酚可開發成抗癌藥物。

洋玉蘭
Magnolia grandiflora

肝癌

腦癌
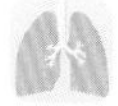
肺癌

血癌

子宮頸癌

科　　別｜木蘭科，常木蘭屬，綠喬木，又名廣玉蘭、荷花玉蘭。

外觀特徵｜高 15 至 30 公尺，葉子大且深綠，花大，白色帶香味，種子外皮紅色。

藥材及產地｜以花和樹皮入藥，中藥名為廣玉蘭。原產於美國東南部，現在中國也有栽培。

相關研究｜花萃取物能減少酪氨酸酶表達，抑制黑色素生成。也顯示抗氧化，抗病毒作用。

有效成分｜和厚朴酚 honokiol，分子量 266.33 克 / 莫耳

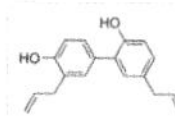

抗癌種類及研究

• 肺癌

美國阿拉巴馬大學「和厚朴酚在非小細胞肺癌抑制第一類組蛋白去乙醯酶在體外和體內抑制癌細胞生長和誘導細胞死亡」，2013 年 1 月《表基因學》期刊。對肺癌細胞有化療效果。

• 血癌

阿根廷國立拉普拉塔大學「洋玉蘭萃取物對苯丁酸氮芥耐藥的慢性淋巴性血癌細胞誘導細胞凋亡」，2010 年 10 月《癌症研究與治療劑期刊》。可治療血癌或其他血液疾病。

• 子宮頸癌、肝癌、腦癌

埃及國家研究中心「洋玉蘭阿樸啡類生物鹼的細胞毒性和抗病毒活性」，2010 年 9 月《天然物研究期刊》。萃取物能抑制子宮頸癌、肝癌、腦癌細胞。

密西西比大學校園及白宮皆有種植。
和厚朴酚有潛力開發成抗癌藥物。

闊葉十大功勞
Mahonia bealei

結腸癌

科　　別	小檗科，十大功勞屬，常綠灌木。
外觀特徵	高達4公尺，根、莖斷面黃色，味苦，羽狀複葉互生，花淡黃色，卵圓形漿果，藍黑色。
藥材及產地	以莖、幹入藥。分佈於中國、日本、歐洲、美國等地。
相關研究	有抗氧化，抗流感病毒作用。其生物鹼可開發為藥劑，對胃潰瘍有治療潛力。
有效成分	巴馬亭 palmatine，分子量 352.40 克 / 莫耳 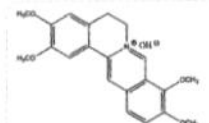

抗癌種類及研究

• 結腸癌

韓國江原國立大學「十大功勞葉水萃取物的抗氧化和抗增生特性」，2011年4月《食品與化學毒理學》期刊。顯著抑制人類結腸癌細胞生長。

其他補充

萃取物中的抗癌活性化合物為巴馬亭。

白背葉

Mallotus apelta

肝癌

橫紋肌瘤

科　　別｜大戟科，野桐屬，小喬木或灌木。

外觀特徵｜高 1 至 3 公尺，小枝、葉柄均密生白毛，葉互生，穗狀花序生枝頂，球形蒴果，種子黑色。

藥材及產地｜以根、葉入藥。分佈於中國廣西、貴州、雲南及越南等地。

相關研究｜所含化合物可保護肝臟。

有效成分｜苯並吡喃

抗癌種類及研究

• 肝癌、橫紋肌瘤

越南河內越南學院「白背葉的新細胞毒性苯並吡喃」，2005 年 10 月《藥物研究檔案》期刊。對人類肝癌細胞及橫紋肌瘤具細胞毒性。

1. 期待進行動物體內實驗。
2. 界（kingdom），門（division），綱（class），目（order），科（family），屬（genus），種（species）。林奈在其著作《自然系統》中，定下了「綱、目、屬、種」四個分類階層，後來的分類學者追加了「界、門、科」。「目」的語尾 -ales，例如虎耳草目 Saxifragales；「科」的語尾 –aceae，如景天科 Crassulaceae。

冬葵

Malva crispa

肝癌

胃癌

科　　　別	錦葵科，錦葵屬，二年生草本植物。
外觀特徵	高 40 至 90 公分，莖直立，不分枝，花白色，種子暗黑。
藥材及產地	以果實、葉、根入藥。原產於亞洲東部，中國甘肅、江西、湖南等地有栽培。
相關研究	未發現其他功效的報導。
有效成分	萃取物

抗癌種類及研究

- 肝癌、胃癌

中國華西醫科大學「冬葵粉末在體外和體內的抗腫瘤活性研究」，1998 年 12 月《生物醫學與環境科學》期刊。萃取物對肝癌和胃癌細胞能抑制生長和增生。

阿草伯藥用植物園 提供

其他補充

冬葵與冬葵子（磨盤草 Abutilon indicum）是不同的植物，一般會以為冬葵子是冬葵的種子。中國在漢代以前即已栽培當蔬菜食用，現在在湖南、四川、江西、貴州、雲南等省仍栽培以供蔬食。

通光散

Marsdenia tenacissima

食道癌

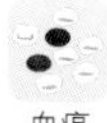
血癌

科　　　別｜夾竹桃科，牛奶菜屬，木質藤本植物，又名烏骨藤。

外觀特徵｜莖被柔毛，葉卵形，花冠黃紫色，種子具白色種毛。

藥材及產地｜以藤、根、葉入藥。分佈在印度、緬甸以及中國雲南、貴州等地。

相關研究｜通光散的多醣能增強細胞免疫和體液免疫。

有效成分｜萃取物

抗癌種類及研究

• 食道癌

中國南京中國藥科大學「通光散萃取物透過抑制絲裂原活化蛋白激酶信號通路，在人類食道癌細胞誘導細胞週期阻滯」，2015 年 6 月《中國自然醫學期刊》。經由細胞週期調控蛋白和信號傳導途徑，抑制食道癌細胞增生。

• 血癌

中國四川大學「通光散萃取物對血液腫瘤細胞株的細胞增生及凋亡效果」，2012 年 3 月《四川大學學報醫學版》。抑制血癌細胞增生，誘導細胞凋亡。

其他補充

《全國中草藥彙編》及《雲南中草藥選》皆記載有抗癌作用。應找出萃取物中的抗癌活性化合物。

美登木
Maytenus hookeri

攝護腺癌

科　　別	衛矛科，美登木屬，灌木。美登木有許多品種，被子美登木 Maytenus royleanus 為其中之一。
外觀特徵	高 1 至 4 公尺，單葉，互生，葉橢圓形，花白綠色，蒴果倒卵形，種子棕色。
藥材及產地	以葉入藥，中藥名為雲南美登木。分佈於印度、緬甸以及中國雲南等地，藥材主產雲南西雙版納。
相關研究	未發現有其他功效的報導。
有效成分	美登木素 maytansine，分子量 692.20 克 / 莫耳

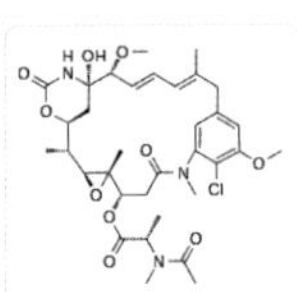

抗癌種類及研究

- **攝護腺癌**

美國威斯康辛大學「被子美登木萃取物針對攝護腺癌細胞的抗增生促凋亡活性：在體外和體內模式證據」，2015 年 3 月《公共科學圖書館一》期刊。可作為攝護腺癌的潛在治療劑。

其他補充

美登木素有潛力開發成抗癌藥物。香港浸會大學中醫藥學院《藥用植物圖像資料庫》及《全國中草藥彙編》皆記載有抗癌作用。

澳洲茶樹

Melaleuca alternifolia

黑色素瘤

科　　別｜桃金娘科，白千層屬，小喬木。

外觀特徵｜高可達 7 公尺，樹冠濃密，樹皮白色，紙質，葉線形，具油腺，花白色，蓬鬆，果杯形。

藥材及產地｜葉及嫩枝可提煉精油。澳洲為原產地，也分佈於紐西蘭，印尼。台灣已引進種植。

相關研究｜具抗炎，抗氧化，抗菌，抗微生物作用。

有效成分｜松油烯醇 terpinen-4-ol，分子量 154.25 克 / 莫耳

抗癌種類及研究

• 黑色素瘤

義大利薩尼塔研究院「茶樹油可對抗黑色素瘤」，2011 年 1 月《植物醫藥》期刊。能抑制黑色素瘤細胞生長，干擾遷移和侵入。

其他補充

南投微熱山丘很有名，假日需排隊半小時才能領到免費的鳳梨酥和一杯茶。從那兒往山坡下走可進入 29 號花園，園裡栽種許多澳洲茶樹，中央山脈就在對面幾十公里處。園內有結滿紅色黑色桑椹的桑樹，桉樹，還有正值花季的金銀花。

微熱山丘

川楝
Melia toosendan

胃癌 結腸癌　骨肉瘤　乳癌　肝癌
血癌　肺癌　卵巢癌　皮膚癌

科　　別	楝科，楝屬，落葉喬木。
外觀特徵	高可達 10 公尺，花淡紫色，核果橢圓形，黃棕色。
藥材及產地	以根皮、果實入藥，果實稱為川楝子。主產於中國甘肅、貴州、雲南等地，也分佈在日本、中南半島。
相關研究	透過減少澱粉樣蛋白沉積物，有治療阿茲海默症潛力。
有效成分	川楝素 toosendanin，分子量 574.61 克 / 莫耳

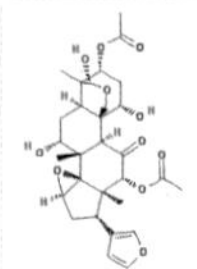

抗癌種類及研究

• **血癌**

中國南京中國藥科大學「川楝素透過抑制 HL-60 細胞信號傳遞，誘導細胞凋亡」，2013 年 2 月《體外毒理學》期刊。對血癌細胞有促凋亡作用。

• **肺癌、卵巢癌、皮膚癌、結腸癌**

中國第二軍醫大學「川楝莖皮的細胞毒性甘遂烷型三萜類化合物」，2012 年 11 月《藥物研究檔案》期刊。對肺癌、卵巢癌、皮膚癌和結腸癌細胞有細胞毒性。

• **胃癌**

中國浙江大學「川楝果實新多醣的物理化學特性、體外抗氧化和抗癌活性」，2011 年 10 月 1 日《國際生物大分子期刊》。在體外抑制人類胃癌細胞生長。

• **骨肉瘤、乳癌**

中國華東師範大學「川楝三萜類化合物和類固醇在兩種人類腫瘤細胞株的細胞毒性作用」，2010 年 11 月 29 日《天然物期刊》。抑制骨肉瘤和乳癌細胞。

• **肝癌**

中國重慶醫科大學「川楝素透過誘導粒線體依賴性細胞凋亡，抑制肝癌細胞」，2010 年 9 月《植物醫藥》期刊。抗肝癌細胞。

有毒。川楝素可開發成抗癌藥物。

香蜂草

Melissa officinalis

結腸癌

乳癌

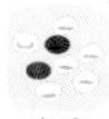
血癌

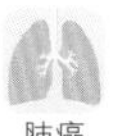
肺癌

科　　別｜唇形科，蜜蜂花屬，多年生草本植物，又名蜜蜂花，日文為香水薄荷。學名中的 Melissa 在希臘文中為「蜜蜂」之意。

外觀特徵｜高 70 至 150 公分，莖直立，多分枝，葉卵圓形，花冠乳白色，小堅果卵圓形。

藥材及產地｜全草及精油應可入藥。原產於南歐，後遍及亞洲、歐洲、中亞和北美。

相關研究｜具有鎮痛，抗高血糖，抗高血脂作用。

有效成分｜迷迭香酸 rosmarinic acid，分子量 360.31 克 / 莫耳

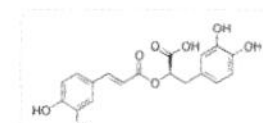

檸檬醛 citral，分子量 152.24 克 / 莫耳

抗癌種類及研究

• 結腸癌

西班牙納瓦拉大學「香蜂草對人類結腸癌細胞株的抗增生效應」，2011 年 11 月《人類營養與植物食品》期刊。迷迭香酸對結腸癌細胞有明顯的細胞毒性。

• 乳癌

土耳其康富也大學「香蜂草在體外和體內對乳癌的抗腫瘤效果」，2012 年《亞太癌症預防期刊》。體內研究表明，在治療組平均乳癌腫瘤體積抑制率為 40%，有預防乳癌的潛能。

• 血癌

伊朗席拉茲醫學大學「香蜂草二氯甲烷分餾部分透過激活人類血癌細胞株的內在和外在途徑誘導細胞凋亡」，2013 年 6 月《免疫藥理學與免疫毒理學》期刊。能誘導細胞凋亡，改變血癌細胞凋亡相關基因表達的能力。

• 肺癌、乳癌、結腸癌、血癌

巴西聯邦大學「香蜂草精油：抗腫瘤和抗氧化活性」，2004 年 5 月《藥學與藥理學期刊》。抑制肺癌、乳癌、結腸癌、血癌細胞，為潛在的抗腫瘤劑。

迷迭香酸與檸檬醛皆可開發成抗癌藥物。

蝙蝠葛
Menispermum dauricum

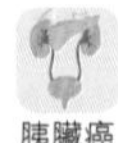

卵巢癌
子宮頸癌　胃癌　胰臟癌

科　別	防己科，蝙蝠葛屬，多年生纏繞草本。
外觀特徵	長達數公尺，全株無毛，葉互生，卵圓形，花小，淡綠色，紫黑色核果近球形。
藥材及產地	以乾燥根莖入藥，中藥名為北豆根。主要產於中國山東、山西、河北等地。
相關研究	有抗炎作用。
有效成分	多醣

M

抗癌種類及研究

- 胰臟癌

中國哈爾濱醫科大學「蝙蝠葛酚類生物鹼經信號通路阻斷，抑制胰臟癌細胞」，2015 年 10 月《生藥雜誌》。抑制胰臟癌細胞增生，並抑制腫瘤生長。

- 胃癌

中國哈爾濱醫科大學「蝙蝠葛酚類生物鹼在體內對胃癌的抑制作用」，2014 年《亞太癌症預防期刊》。顯著抑制胃癌異種移植小鼠模式腫瘤生長。

- 子宮頸癌

中國延邊大學「蝙蝠葛活性成分誘導人類子宮頸癌 Hela 細胞凋亡」，2014 年 2 月 13 日《遺傳學與分子研究》期刊。顯著抑制子宮頸癌細胞生長。

- 卵巢癌

中國哈爾濱醫科大學「蝙蝠葛根莖二個酸性多醣抗卵巢癌的可能性」，2013 年 2 月 15 日《碳水聚合物》期刊。對卵巢癌細胞具抗腫瘤活性，為潛在的天然抗腫瘤藥物。

有毒。做成抗癌藥物，需考慮安全性及有效性。

野薄荷

Mentha arvensis

 乳癌
攝護腺癌
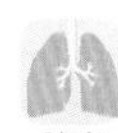 肺癌
 結腸癌
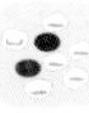 血癌

科　　別｜唇形科，薄荷屬，多年生草本植物。

外觀特徵｜高 10 至 60 公分，葉對生，邊緣為齒狀，花淡紫色。

藥材及產地｜以全草入藥。分佈於歐洲、北美等地。

相關研究｜薄荷葉和節點間的癒傷組織萃取物具抗菌活性。

有效成分｜精油

抗癌種類及研究

• 乳癌、結腸癌、肺癌、血癌、攝護腺癌

印度加姆大學「薄荷萃取物對人類癌細胞的體外抗癌活性」，2014 年 10 月《印度生化與生物物理學期刊》。對乳癌、結腸癌、肺癌、血癌、攝護腺癌細胞有抗增生作用。

• 乳癌、攝護腺癌

巴基斯坦 GC 大學「四種薄荷精油的季節變化含量、化學成分、抗菌和細胞毒性」，2010年8月30日《食品與農業科學期刊》。對乳癌和攝護腺癌有顯著細胞毒性。

其他補充

薄荷含25個種，野薄荷是其中之一。胡椒薄荷（peppermint）及綠薄荷（spearmint）最常見。

厚果崖豆藤
Millettia pachycarpa

肝癌

結腸癌
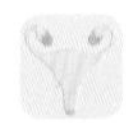
子宮頸癌

科　　別｜豆科，崖豆藤屬，藤本植物，在台灣俗稱魚藤。

外觀特徵｜藤本巨大，長可達 15 公尺，革質羽狀複葉，花淡紫色，莢果內有種子數顆。

藥材及產地｜以根、種子入藥。分佈於中國、印度、台灣等地。

相關研究｜具有抗炎作用。

有效成分｜查耳酮

抗癌種類及研究

• 肝癌

中國四川大學「新型查耳酮透過抑制 CDK1 活性和粒線體凋亡途徑，對人類肝癌細胞在體外和體內誘導週期停滯和細胞凋亡」，2013 年《癌變》期刊。可能是抗癌藥物的潛在先導化合物。

• 肝癌、結腸癌、子宮頸癌

中國四川大學「厚果崖豆藤成分的細胞毒性和凋亡作用」，2012 年 12 月《植物療法》期刊。對肝癌、結腸癌、子宮頸癌細胞誘導細胞凋亡。

阿草伯藥用植物園 提供

其他補充

有毒。因具毒性，只適合科學研究。魚藤常用於毒魚，將根莖打碎，絞出汁液混入水中，魚因麻痺而易於捕捉。

木鱉果

Momordica cochinchinensis

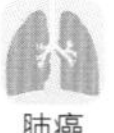

科　　別｜葫蘆科，苦瓜屬，草本植物，又名木鱉子。

外觀特徵｜開黃花，橢圓形果實，表面多軟刺，成熟時呈紅色，種子扁形，似鱉又似木頭，故名木鱉果。

藥材及產地｜以種子入藥。產於中國廣東、廣西，台灣等地，也分佈於越南及週邊國家。

相關研究｜具有胃保護及傷口癒合作用，所含的皂苷為主要活性成分。

有效成分｜萃取物

抗癌種類及研究

• 胃癌

中國復旦大學「木鱉果萃取物透過信號通路在胃癌細胞誘導細胞凋亡與細胞週期阻滯」，2012 年《營養與癌症》期刊。對胃癌細胞有細胞毒性作用。

• 結腸癌、肝癌

日本大宮醫療中心「木鱉果水萃取物抑制腫瘤的生長和血管新生」，2005 年 4 月《國際腫瘤學期刊》。顯著抑制結腸癌、肝癌細胞，具有潛在的抗腫瘤活性。

• 子宮頸癌、腎癌、肺癌

泰國瑪希隆大學「木鱉子的一種新穎核糖體失活蛋白科齊寧 B」，2007 年 3 月《生物與藥學通報》期刊。對人類子宮頸癌、腎癌、小細胞肺癌細胞有抗腫瘤活性。

其他補充

有毒。越南人食用木鱉果有長久的歷史，通常做法是將木鱉果種子外膜做糯米飯，它由木鱉果與煮熟的米飯混合，使其具紅色色澤及獨特香味。

辣木
Moringa oleifera

胰臟癌
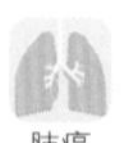
肺癌

鼻咽癌

科別	辣木科，辣木屬，常綠落葉喬木，又名鼓槌樹。
外觀特徵	高 3 至 12 公尺，樹皮軟木質，羽狀複葉，小葉 3 至 9 片，橢圓形，花白色，芳香，果莢含種子 12 至 35 粒。
藥材及產地	根、皮、葉、花、果、種子、樹膠等均可藥用。分佈在熱帶和亞熱帶地區國家。
相關研究	有解熱，抗癲癇，抗炎，抗潰瘍，解痙，利尿，降壓，降膽固醇，抗氧化，降糖，保肝，抗菌和抗真菌活性。
有效成分	萃取物

抗癌種類及研究

- 胰臟癌

以色列特拉維夫醫療中心「辣木葉水萃取物下調 NFkB 並增加胰臟癌細胞化療的細胞毒性作用」，2013 年 8 月 19 日《BMC 補充與替代醫學》期刊。證實能抑制胰臟癌細胞生長，並增強化療功效。

- 肺癌

南非誇祖魯納塔爾大學「辣木葉水萃取物對人類肺癌上皮細胞的抗增生作用」，2013 年 9 月 16 日《BMC 補充與替代醫學》期刊。誘導細胞凋亡，抑制肺癌細胞增生。

- 鼻咽癌

新加坡國立新加坡大學「辣木葉萃取物對人體癌細胞的抗增生和誘導凋亡作用」，2011 年 6 月《食品與化學毒理學》期刊。對鼻咽癌有抗增生及誘導細胞凋亡作用。

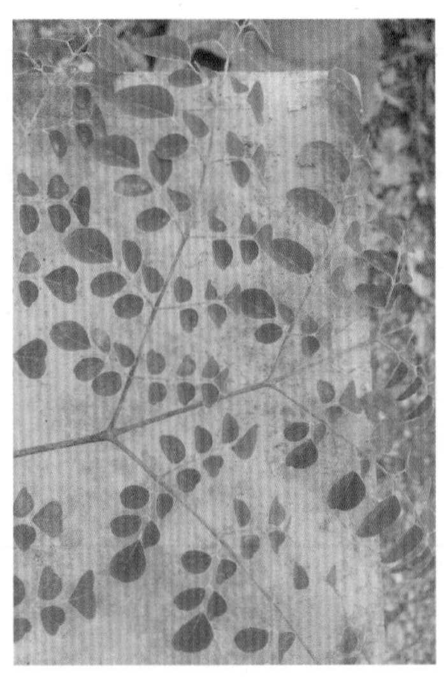

是一種高價值的植物。需進一步探索萃取物中的抗癌活性化合物。

桑樹
Morus alba

乳癌

結腸癌
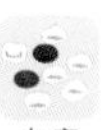
血癌
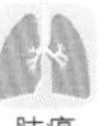
肺癌

科　　別｜桑科，桑屬，落葉灌木或小喬木。

外觀特徵｜高 3 至 7 公尺，葉卵形，邊緣有鋸齒，花黃綠色，聚合果長圓形，黑紫色或紅色。

藥材及產地｜以葉、根皮、嫩枝、果穗入藥，根皮稱為桑白皮，果實稱為桑椹。白桑原產於中國，在世界各地都有種植。

相關研究｜具有降血糖，降血脂，降血壓，抗氧化，抗炎，抗菌及免疫調節作用。

有效成分｜阿爾本酚 albanol，分子量 562.56 克 / 莫耳

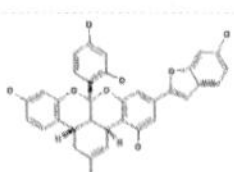

抗癌種類及研究

• 乳癌、結腸癌

印度 VIT 大學「桑葉純化凝集素在人類乳癌和結腸癌細胞誘導細胞凋亡和細胞週期阻滯」，2012 年 10 月 25 日《化學生物學交互作用》期刊。以半胱天冬酶依賴性方式誘導癌細胞凋亡。

• 血癌

日本東京日本大學「從桑白皮分離出的阿爾本酚在人類血癌 HL-60 細胞株誘導細胞凋亡」，2010 年 4 月《化學與醫藥通訊》期刊。阿爾本酚是治療血癌很有前途的先導化合物。

• 肺癌

台灣中山醫學大學「桑椹花青素，花青素芸香糖苷和矢車菊素葡萄糖苷，對人類肺癌細胞株遷移和侵入的抑制作用」，2006 年 4 月 28 日《癌症通信》期刊。可在體外降低肺癌細胞侵入。

其他補充

中藥典籍未發現有提到桑樹的抗癌作用。阿爾本酚有潛力開發成抗癌藥物。

蓮子心
Nelumbo nucifera

肺癌

肝癌

科　　別	蓮科，蓮屬，多年生草本水生植物，又稱蓮花、荷花。
外觀特徵	根莖橫生，肥厚，節間膨大，節上生葉，露出水面，葉柄圓柱形，著生於葉背中央，粗壯，葉片圓形，盾狀，花芳香，紅色、粉紅色或白色，果實倒錐形，有小孔 20 至 30 個，孔內含種子 1 枚。
藥材及產地	蓮子中心的嫩芽取出，稱為蓮子心，可入藥，在日本當成茶飲用。原產於印度，荷花地下莖為蓮藕，果實是蓮蓬，種子則稱為蓮子。蓮子心主產湖南、江蘇、浙江、江西等地。
相關研究	有改善記憶和神經保護作用，可用於治療和預防神經退化疾病。能防止血栓形成。
有效成分	甲基蓮心鹼 neferine，分子量 624.76 克 / 莫耳 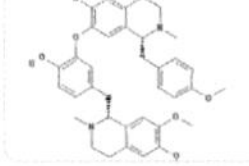

抗癌種類及研究

• 肺癌

印度巴拉錫耳大學「甲基蓮心鹼透過信號途徑和活性氧過度生成，抑制 A549 細胞，誘導自噬」，2013 年 12 月《食品化學》期刊。抑制肺癌細胞增生，誘導細胞凋亡。

• 肝癌

印度巴拉錫耳大學「甲基蓮心鹼誘導 HepG2 細胞凋亡，經由活性氧介導的內在途徑」，2013 年 1 月 15 日《食品化學》期刊。對肝癌細胞誘導細胞凋亡。

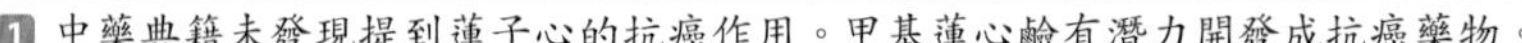

1. 中藥典籍未發現提到蓮子心的抗癌作用。甲基蓮心鹼有潛力開發成抗癌藥物。

2. 中興新村以荷花聞名，省府路上的松濤園餐廳，充滿西班牙建築師高第的風格，水池邊的大蠑螈，以及穿透心靈的西班牙歌曲，讓人有異國感受。服務生在木材堆中挑了幾根木頭，點火時，轟的一聲，不小心把前排頭髮給燒了。來吧，歡迎到這裡，參加屬於我們的夏之祭。

黑種草
Nigella sativa

科　別｜毛茛科，黑種草屬，一年生草本植物。Nigella sativa 為黑種草品種之一。

外觀特徵｜高 30 至 60 公分，葉線狀，花白或藍，蒴果球形。黑色種子約 0.3 公分，三面棱狀卵形。

藥材及產地｜以種子入藥。通常生長在中東、西亞和印度氣候乾燥地區。

相關研究｜藥理作用包括抗糖尿病，免疫調節，止痛，抗微生物，抗炎，解痙，支氣管擴張，保肝，保腎，保胃，抗氧化等，在阿拉伯地區得到相當高的評價。

有效成分｜百里醌 thymoquinone，分子量 164.20 克 / 莫耳

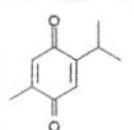

抗癌種類及研究

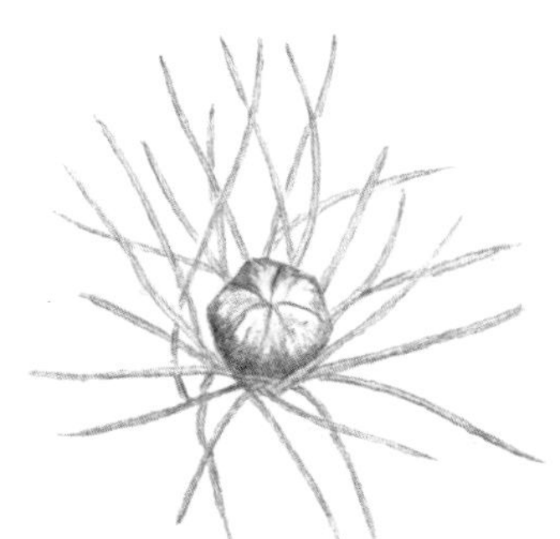

• 子宮頸癌

阿拉伯沙特國王大學「黑種草種子的甲醇萃取物透過細胞凋亡，抑制子宮頸癌 SiHa 細胞增生」，2013 年 2 月《天然物通訊》期刊。對子宮頸癌細胞增生表現出 88.3% 抑制率，可能是子宮頸癌治療的替代藥物。

• 乳癌

阿拉伯沙特國王健康科學大學「黑種草甲醇萃取物對乳癌細胞株的抗增生特性」，2012 年《亞太癌症預防期刊》。透過誘導凋亡，抑制人類乳癌細胞增生。

• 骨肉瘤

中國溫州醫學院「百里醌透過信號途徑對骨肉瘤的抗血管生成和抗腫瘤效果」，2013 年 2 月《腫瘤學報告》期刊。百里醌在體外和體內有效抑制骨肉瘤的生長和血管新生。

• 血癌

馬來西亞吉隆坡馬來亞大學「百里醌在體外對急性淋巴細胞血癌誘導粒線體介導的細胞凋亡」，2013 年 9 月 12 日《分子》期刊。抑制血癌細胞生長。

• 肝癌

埃及艾因夏姆斯大學「黑種草對肝癌細胞的抗腫瘤作用」，2012 年 12 月《整合癌症療法》期刊。能有效減少肝癌細胞的存活率，並誘導其凋亡。

• 大腸癌

黎巴嫩貝魯特美國大學「黑種草百里醌透過 p53 依賴機制在人類大腸癌細胞誘導細胞凋亡」，2004 年 10 月《國際腫瘤學期刊》。對結腸癌細胞有抗腫瘤和促凋亡作用。

1 百里醌有潛力成為抗癌藥物。未發現中藥典籍有記載黑種草的抗癌作用。

2 佛克曼（1933-2008），知名美國醫師及科學家，也是哈佛醫學院史上最年輕的正教授。1971 年提出腫瘤血管新生假說，認為腫瘤會吸引血管，以滋養自身，並維持其生存。他和合作者確定纖維母細胞生長因子是促進血管新生的因子。2004 年，第一個血管新生抑制劑「阿瓦斯汀」，一種重組人源化單株抗體，被食品藥物管理局批准，用於治療結腸癌。他於開會途中，在丹佛機場因心臟病去世。

羌活

Notopterygium incisum

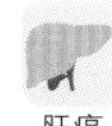
肝癌

乳癌

科　　別｜傘形科，羌活屬，多年生草本植物。

外觀特徵｜高60至150公分，莖直立，中空，淡紫色，花白色，羽狀複葉，果長圓形，有翅。

藥材及產地｜以根莖入藥。分佈於中國青海、四川、雲南等地。

相關研究｜羌活醇具有止痛及抗炎作用。

有效成分｜羌活醇 notopterol，分子量 354.1 克 / 莫耳

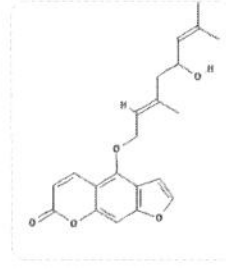

抗癌種類及研究

• 肝癌、乳癌

中國華東師範大學「羌活線狀呋喃香豆素對癌細胞株的抗增生和凋亡活性」，2010 年 1 月《植物醫藥》期刊。抑制人類肝癌和乳癌細胞增生。

其他補充

中藥典籍未發現有提到羌活的抗癌作用。羌活醇有潛力成為抗癌藥物。目前羌活的抗癌研究報告只有這一篇，希望未來有更多的探索及發現。

萍蓬草
Nuphar pumilum

科　　別	睡蓮科，萍蓬草屬，多年生草本植物。
外觀特徵	根莖橫臥，白色，根狀莖，葉寬卵形，漂浮，花黃色，漿果卵形，種子多數。
藥材及產地	以全草、種子、根莖入藥。分佈在俄羅斯、歐洲、曰本、台灣及中國等地。
相關研究	有免疫抑制作用。
有效成分	生物鹼

抗癌種類及研究

- 血癌

日本京都藥科大學「萍蓬草生物鹼細胞凋亡誘導活性和其活性的結構要求」，2006 年 3 月 15 日《生物有機與藥物化學通信》期刊。對人類血癌細胞具細胞毒性。

- 黑色素瘤

日本京都藥科大學「萍蓬草根莖倍半萜二聚體含硫生物鹼的強效抗轉移活性」，2003 年 12 月 15 日《生物有機與藥物化學通信》期刊。根莖甲醇萃取物在小鼠顯著抑制 90% 黑色素瘤的肺轉移。

其他補充

中藥典籍未發現有提到萍蓬草的抗癌作用。台北市民生社區的富民公園是一座生態主題公園。其中的埤塘生態區，有睡蓮、香蒲、萍蓬草等。在這裡第一次見到此植物。

月見草
Oenothera biennis

肝癌

結腸癌

科　　別	柳葉菜科，月見草屬，多年生草本植物。
外觀特徵	莖直立，莖生葉，互生，邊緣有鋸齒，花黃色，單生於葉腋，夜開晨閉，蒴果圓柱形，具四棱。
藥材及產地	全草可入藥。原產於美國南部和中美洲地區，中國東北和山東、江蘇等地有栽培。
相關研究	未發現有其他功效的報導。
有效成分	多酚

抗癌種類及研究

• 肝癌

中國第四軍醫大學「月見草多醣在 H22 腫瘤小鼠的免疫強化活性」，2013 年 1 月《生物大分子國際期刊》。調節免疫反應，抑制小鼠肝癌腫瘤生長。

• 結腸癌

波蘭羅茲工業大學「月見草脫脂種子多酚誘導人類結腸癌 Caco-2 細胞凋亡」，2011 年 7 月 13 日《農業食品化學期刊》。可作為結腸癌細胞凋亡誘導劑。

其他補充

中藥典籍未發現有提到月見草的抗癌作用。花黃色，夜間開放，又名宵待草。生長荒地和路邊，被視為雜草。原產於北美，明治時代歸化成日本植物。節錄一段日本很有名的歌曲《宵待草》

待てど暮らせど　來ぬ人を
宵待草の　やるせなさ
今宵は月も　出ぬそうな

暮れて河原に　星一つ
宵待草の　花が散る
更けては風も　泣くそうな

古城玫瑰樹

Ochrosia elliptica

科　　別	夾竹桃科，玫瑰樹屬，喬木。
外觀特徵	有乳汁，無毛，葉輪生，寬橢圓形，花冠筒細長，核果紅色，種子近圓形。
藥材及產地	以葉入藥。原產於澳洲東北、台灣及中國廣東也有分佈。
相關研究	未發現有其他功效的報導。
有效成分	橢圓玫瑰樹鹼 ellipticine，分子量 246.30 克 / 莫耳 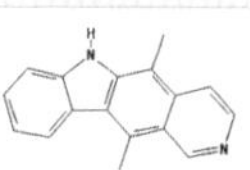

抗癌種類及研究

• 肝癌

台灣高雄醫學大學「橢圓玫瑰樹鹼透過信號途徑在人類肝癌 HepG2 細胞誘導細胞凋亡」，2006 年 4 月 25 日《生命科學》期刊。誘導細胞凋亡，抑制肝癌細胞生長。

其他補充

百度百科提到它有抗癌作用。橢圓玫瑰樹鹼有潛力開發成抗癌藥物。大陸出版的《國家執業藥師手冊》如此描述：「橢圓玫瑰樹鹼，主含於夾竹桃科植物古城玫瑰樹中，據報導具有顯著的抗癌作用」。紅色果實不可食，有白色黏稠果肉。已被引入巴哈馬群島及美國佛羅里達州，被認為是侵入性植物。

牛至
Origanum vulgare

肝癌

結腸癌

科　　別	唇形科，牛至屬，多年生草本植物，又名滇香薷、披薩草。
外觀特徵	高可達 60 公分，全株有芳香味，卵形葉對生，花紫紅或白色，小堅果圓形。
藥材及產地	以全草入藥。原產於歐洲地中海沿岸地區，中國、台灣等地有栽培。
相關研究	透過抗氧化，抗炎，可改善糖尿病。其精油也具有抗氧化和抗微生物作用。
有效成分	萃取物

抗癌種類及研究

• 肝癌

義大利卡拉布里亞大學「野生食用植物對脂質過氧化和人類癌細胞增生的抑制作用」，2015 年 12 月《食品化學毒理學》期刊。牛至對肝癌有選擇性抗增生活性。

• 結腸癌

義大利羅馬大學「牛至誘導人類結腸癌 Caco2 細胞凋亡」，2009 年《營養與癌症》期刊。萃取物導致結腸癌細胞生長抑制和細胞死亡。

其他補充

未發現中藥典籍有記載牛至的抗癌作用。值得深入探索萃取物中的抗癌活性化合物。全草可提取芳香油，也作藥用。牛至與羅勒是義大利菜的兩大用料，具獨特香味。

花櫚木
Ormosia henryi

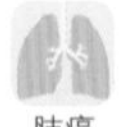
肺癌

肝癌

科　　　別	蝶形花科，紅豆屬，常綠喬木，又名花梨木。
外觀特徵	高可達 10 公尺，白色花小而香，莢果扁平狀。
藥材及產地	以根、根皮、莖及葉入藥。主產地東南亞、南美、非洲，中國已有栽培。
相關研究	未發現有其他功效的報導。
有效成分	二氫異黃酮、異黃酮。

抗癌種類及研究

• 肺癌、肝癌

中國南方植物園「花櫚木二氫異黃酮和異黃酮及其細胞毒性與抗氧化活性」，2012 年 1 月《植物療法》期刊。對肺癌和肝癌細胞生長有抑制作用。

其他補充

有毒。未發現中藥典籍有記載花櫚木的抗癌作用。唐朝時期花櫚木就被廣泛使用，製成器物。《本草拾遺》記載：「櫚木出安南及南海，用作床几，似紫檀而色赤，性堅好」。

木蝴蝶

Oroxylum indicum

乳癌
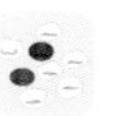
血癌

結腸癌

科別	紫葳科，木蝴蝶屬，喬木。
外觀特徵	高 7 至 12 公尺，羽狀複葉，對生，花橙紅色，木質蒴果扁平狀，長約 1 公尺，有多數連翅種子。
藥材及產地	以乾燥成熟種子、樹皮入藥。產於中國雲南、海南、廣東等地。
相關研究	其化學成分具有開發成新型鎮痛劑的潛力，可改善關節炎。
有效成分	黃芩素 baicalein， 分子量 270.24 克 / 莫耳 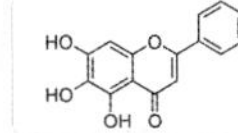

抗癌種類及研究

• 乳癌

印度 VIT 大學「木蝴蝶對人類乳癌細胞的細胞毒性、細胞凋亡誘導和抗轉移潛力」，2012 年《亞太癌症預防期刊》。對乳癌細胞有顯著的細胞毒性及抗轉移效果。

• 血癌

日本國家食品研究院「木蝴蝶甲醇萃取物黃酮類化合物黃芩素透過誘導細胞凋亡在體外抑制癌細胞增生的作用」，2007 年 2 月《藥學》期刊。對血癌細胞具有抗腫瘤效果，可輔助癌症治療。

• 結腸癌

法國波爾多大學「木蝴蝶黃酮類化合物對癌細胞增生和遷移有抑制作用」，2013 年《當今藥物化學》期刊。顯示黃芩素能有效抑制結腸癌細胞。

其他補充

中藥典籍未發現記載木蝴蝶有抗癌作用，僅百度百科提到。黃芩素有潛力開發成抗癌藥物。

桂花
Osmanthus fragrans

卵巢癌

科別	木樨科，木樨屬，常綠灌木或喬木，又名月桂、木樨。
外觀特徵	高可達18公尺，葉子對生，長橢圓形，邊緣有鋸齒。秋季開花，花簇生於葉腋，有乳白、黃、橙紅等色，芳香。
藥材及產地	以花、果實、枝葉、根入藥。分佈於中國南方，台灣，日本等地。
相關研究	抗炎，抗氧化，能減輕氧化壓力與氣管炎症。
有效成分	果樹酸 pomolic acid，分子量 472.7 克 / 莫耳 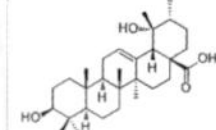

抗癌種類及研究

- 卵巢癌

韓國慶熙大學「果樹酸透過粒線體介導的內在和死亡受體誘導的外在途徑誘導人類卵巢癌細胞凋亡」，2013 年 1 月《癌症學通訊》。花朵萃取物能誘導卵巢癌細胞凋亡。

其他補充

中藥典籍未發現記載桂花有抗癌作用，所含的果樹酸有潛力開發成抗癌藥物。桂林因桂花而得名，桂花開放時整個城都是香的。「現在是枯水期，不適合從桂林到陽朔的漓江乘船行程，」大廳的旅遊服務員說，也許想推銷較貴的陽朔行程。隔日漓江滿水位，乘船從桂林至陽朔順水而下，航程4個半小時。

桂林漓江

芍藥
Paeonia lactiflora

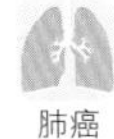
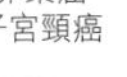

卵巢癌 子宮頸癌　肺癌

乳癌　膀胱癌　肝癌　大腸癌

科　別｜芍藥科，芍藥屬，多年生草本植物。

外觀特徵｜高 60 至 80 公分，地下有圓柱形塊根，複葉，初夏開白、紅、粉紅色大型花，有單瓣和重瓣等多種花型。

藥材及產地｜以根入藥，剝去外皮的稱為白芍。原產於中國、西伯利亞等地。

相關研究｜芍藥苷具有降血糖活性，可降低血脂和抑制炎性細胞因子的表達，減少動脈粥樣硬化。

有效成分｜芍藥苷 paeoniflorin，分子量 480.46 克 / 莫耳

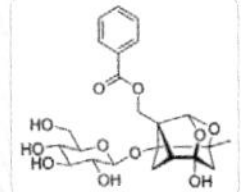

抗癌種類及研究

• 乳癌、卵巢癌

中國暨南大學「芍藥根的單萜衍生物及其抗增生活性」，2014 年 10 月《植物療法》期刊。對人類乳癌和卵巢癌細胞有抗增生活性。

• 膀胱癌

台灣中山醫學大學「芍藥在體外和體內抑制膀胱癌生長涉及 Chk2 的磷酸化」，2011 年 4 月 26 日《民族藥理學期刊》。萃取物對膀胱癌誘導細胞凋亡，具抗癌效果。

• 肝癌

中國香港中文大學「中藥芍藥萃取物透過信號途徑誘導細胞凋亡並抑制肝癌細胞生長」，2002 年 9 月 27 日《生命科學》期刊。抑制腫瘤細胞生長，可進一步開發為肝癌治療藥物。

• 大腸癌

中國廣州醫科大學「芍藥苷在體外和體內抑制人類大腸癌 HT29 細胞生長」，2012 年 5 月《食品與化學毒理學》期刊。對大腸癌有抗癌作用，是有效的化學預防劑。

• 子宮頸癌

中國瀋陽中國醫科大學「芍藥苷誘導子宮頸癌 HeLa 細胞凋亡的相關研究」，2010 年 12 月 21 日《中華醫學雜誌》。芍藥苷可透過下調抗凋亡基因，誘導子宮頸癌細胞凋亡。

• 肺癌

台灣高雄醫學大學「芍藥苷在人類非小細胞肺癌 A549 細胞的抗增生活性是透過細胞週期阻滯和信號介導的凋亡途徑」，2008 年 2 月《臨床實驗藥理生理學》期刊。具抗肺癌細胞增生活性。

中藥典籍未發現記載芍藥有抗癌作用。芍藥苷有潛力開發成抗癌藥物。芍藥是草本，牡丹則為木本，這是它們的主要區別。在日本，牡丹稱為「花王」，芍藥則是「花相」。

牡丹

Paeonia suffruticosa

胃癌
結腸癌

腎癌

肝癌

科別	芍藥科，芍藥屬，落葉小灌木。
外觀特徵	高 1 至 1.5 公尺，複葉，初夏開白、紅或紫色大型花。
藥材及產地	以根皮入藥，稱為牡丹皮。原產於中國，分佈在陝西、湖北、湖南、山東、貴州等地。
相關研究	有抗發炎，抗氧化，降血糖效果，透過抗炎活性，減輕高脂飲食誘導的動脈粥樣硬化。
有效成分	丹皮酚 paeonol，分子量 166.18 克 / 莫耳 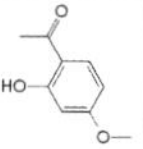

抗癌種類及研究

• 胃癌

韓國慶熙大學「牡丹皮乙醇萃取物透過凋亡途徑誘導胃癌 AGS 細胞凋亡」，2012 年 9 月 10 日《生物醫學期刊》。顯著抑制細胞增生，是胃癌的潛在抗癌劑。

• 腎癌

台灣國立台灣大學「牡丹水萃取物經由壓制信號途徑抑制腎癌細胞轉移」，2012 年《依據證據的補充替代醫學》期刊。抑制腎癌細胞遷移和侵入。

• 結腸癌

日本筑波大學「牡丹皮萃取物在體外對結腸癌細胞的抗腫瘤作用」，2010 年 1 月《分子醫學報告》期刊。丹皮酚對人類結腸癌細胞誘導細胞凋亡。

• 肝癌

韓國圓光大學「沒食子醯基葡萄糖對人類肝癌細胞在體外的抗增生作用」，2001 年 12 月 10 日《癌症通信》期刊。對肝癌細胞具有生長抑制效果。

其他補充

中藥典籍未發現記載牡丹皮有抗癌作用。丹皮酚有潛力開發成抗癌藥物。

垂穗石松

Palhinhaea cernua

科別	石松科，垂穗石松屬，多年生草本植物。
外觀特徵	主莖直立，基部有匍匐莖，孢子囊穗生於小枝頂端，圓柱形，常下垂，孢子葉覆瓦狀排列。
藥材及產地	以全草入藥，名為鋪地蜈蚣。分佈於中國浙江、台灣等地。
相關研究	所含的糖苷能抑制黃嘌呤氧化酶，有助於緩解痛風。
有效成分	三萜類

抗癌種類及研究

- 血癌、肝癌、胃癌

中國華南植物園「垂穗石松新三萜類化合物及其細胞毒性」，2012 年 8 月《植物醫藥》期刊。對人類血癌、肝癌、胃癌具有細胞毒性。

其他補充

中藥典籍未發現記載垂穗石松有抗癌作用。需進一步研究其抗癌活性分子。至今只有一篇相關的抗癌研究報告。

人參
Panax ginseng

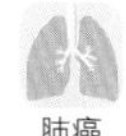
肺癌

肝癌

乳癌

胃癌
結腸癌

科別	五加科，人參屬，多年生草本植物。
外觀特徵	高 30 至 70 公分，主根肉質，外皮淡黃色，呈圓柱形，多鬚根，花小，淡黃色花瓣，漿果成熟時鮮紅色。
藥材及產地	以根、葉入藥。主產於中國遼寧、吉林、黑龍江等地。
相關研究	人參皂苷能誘導陰莖海綿體鬆弛，改善勃起功能，可能具有催情效果。也有降血糖，護肝，抗高血脂效果。
有效成分	人參皂苷

抗癌種類及研究

• 肺癌、肝癌

中國瀋陽醫科大學「人參三個新的三萜類化合物對人類肺癌 A549 和肝癌 Hep-3B 細胞表現出細胞毒性」，2012 年 7 月《天然藥物期刊》。對肺癌和肝癌細胞有不同程度的細胞毒性。

• 結腸癌

韓國慶熙大學「人參皂苷對結腸癌 HT-29 細胞誘導凋亡與信號傳遞途徑有關」，2010 年 9 月《分子醫學報告》期刊。能誘導結腸癌細胞凋亡。

• 胃癌

中國哈爾濱醫科大學「人參多醣透過調節蛋白表達，抑制胃癌轉移」，2013 年 6 月《國際生物大分子期刊》。可作為抗胃癌轉移的有效化學預防劑。

• 乳癌

韓國慶熙大學「韓國白參、紅參人參皂苷的細胞攝取與人類乳癌細胞凋亡活性」，2011 年 1 月《植物醫藥》期刊。紅參含皂苷較高，對乳癌有較大的抗增生活性。

其他補充

中藥典籍未發現記載人參有抗癌作用。近年來科學研究證實它能對抗多種癌細胞。紅參是經蒸煮過再曬乾的人參，與丹參不同。丹參為唇形科鼠尾草屬植物。

三七

Panax notoginseng

乳癌

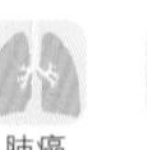
肺癌

肝癌

血癌

科　　別	五加科，人參屬，多年生草本植物，又名田七。
外觀特徵	根紡錘形，掌狀複葉，葉深綠，初夏開黃綠小花，漿果紅色。因有三個分枝，每枝七片葉子，故名三七。
藥材及產地	以根入藥。主產於中國雲南、廣西，日本也有種植。
相關研究	有降血糖，降血脂，抗發炎，減肥效果，可防止動脈粥樣硬化。
有效成分	三亞麻油酸 trilinolein，分子量 879.38 克 / 莫耳 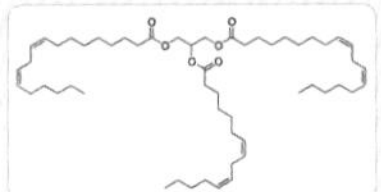

抗癌種類及研究

- 乳癌

美國德州理工大學「天然物人參皂苷透過下調蛋白抑制乳癌生長和轉移」，2012 年《公共科學圖書館一》期刊。在體外和體內對抗乳癌細胞。

- 肺癌

台灣國立中興大學「三亞麻油酸透過通路調節，抑制人類非小細胞肺癌 A549 細胞增生」，2011 年《美國中藥期刊》。三亞麻油酸誘導肺癌細胞凋亡。

- 肝癌

新加坡國立新加坡大學「三七萃取物及人參皂苷對人類肝癌細胞的抗增生作用」，2011 年 1 月 24 日《中國醫藥》期刊。人參皂苷對肝癌細胞有抑制作用。

- 血癌

中國上海交通大學「人參炔醇及人參環氧炔醇在人類早幼粒血癌 HL60 細胞的細胞凋亡作用」，2011 年 6 月 29 日《分子》期刊。可作為潛在的抗血癌藥物。

中藥典籍未發現記載三七有抗癌作用。近年來科學研究證實它能對抗多種癌細胞，是雲南白藥主成分，可止血，越戰期間越共隨身攜帶，用於處理傷口。

七葉一枝花

Paris polyphylla

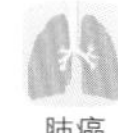

科　　別	黑藥花科，重樓屬，多年生草本植物，又名蚤休。
外觀特徵	高 30 至 100 公分，莖直立，葉 5 至 8 片，輪生於莖底，花梗從莖底抽出，花黃綠色，蒴果球形。
藥材及產地	以根莖入藥，中藥名為重樓。原產於喜馬拉雅山中國和印度邊界，分佈於中國廣西、陝西、四川等地。
相關研究	揮發油可抗菌。
有效成分	重樓皂苷 polyphyllin，分子量 855.01 克 / 莫耳

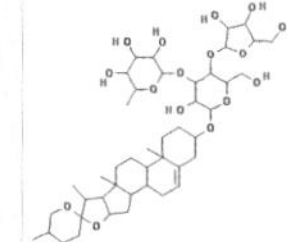

抗癌種類及研究

李日興 提供

• 肺癌

中國西安醫學院「重樓皂苷在人類肺癌 A549 細胞誘導細胞凋亡和自噬」，2015 年《亞太癌症預防》期刊。是對抗肺癌的潛在候選藥物。

• 乳癌

中國香港中文大學「七葉一枝花重樓皂苷 D 在移植的人類乳癌細胞生長抑制效果」，2005 年 11 月《癌症生物學與療法》期刊。可作為乳癌治療的候選藥物。

• 肝癌

中國香港中文大學「重樓皂苷 D 是耐藥 HepG2 細胞的有效細胞凋亡誘導劑」，2005 年 1 月 20 日《癌症通信》期刊。可克服肝癌細胞的耐藥性，引發程序性細胞死亡。

其他補充

有毒。重樓皂苷有潛力開發成抗癌藥物，雖然分子量稍大，但或許可做成注射劑，因為口服後的生物可用率會受影響。

墓頭回
Patrinia heterophylla

胃癌

血癌

子宮頸癌

科　　別	敗醬科，敗醬屬，多年生草本植物，又名異葉敗醬草。也有分類為忍冬科。
外觀特徵	高可達 1 公尺，具特殊味道，葉厚革質，狹卵形，花黃色，瘦果長圓柱形。
藥材及產地	以根入藥。分佈於內蒙古、青海、河北等地，是中國特有植物。
相關研究	揮發油有鎮靜作用。
有效成分	三萜類

抗癌種類及研究

- 胃癌

中國浙江中醫藥大學「墓頭回化合物對人類胃癌細胞具細胞毒性並誘導細胞凋亡，透過粒線體途徑和細胞週期阻滯」，2013 年《亞太癌症預防期刊》。是胃癌的潛在治療劑。

- 血癌

中國蘭州大學「墓頭回三萜類化合物對血癌 K562 細胞作用的蛋白質體學分析」，2012 年 12 月 18 日《民族藥理學期刊》。闡述了對血癌細胞的抗腫瘤機制。

- 子宮頸癌

美國楊百翰大學「中國藥用植物墓頭回萃取物的結構鑑定」，2007 年 7 月 10 日《天然物研究》期刊。對子宮頸癌細胞表現出細胞毒性。

所含的三萜類化合物可確認抗癌活性化合物。

白花敗醬草
Patrinia villosa

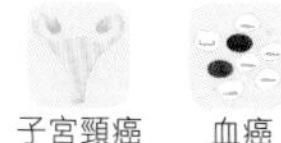

科　　別	敗醬科，敗醬屬，多年生草本植物。也有分類為忍冬科。
外觀特徵	高可達 1 公尺，葉簇生，卵圓形，花白色，瘦果卵形。
藥材及產地	以全草入藥。產於中國長江流域中下游各省。
相關研究	有抗發炎，止痛，抗氧化作用。
有效成分	皂苷

抗癌種類及研究

• 子宮頸癌

中國哈爾濱醫科大學「白花敗醬草萃取物皂苷對植入子宮頸癌 U14 小鼠的抗腫瘤作用」，2008 年 5 月《植物療法》期刊。有效降低子宮頸癌的腫瘤體積。

• 血癌

中國第二軍醫大學「白花敗醬草葉四個新的和兩個已知黃酮類化合物製備分離：逆相色譜法和體外抗癌活性評估」，2006 年 5 月 19 日《色層分析期刊》。對血癌細胞顯示出抗腫瘤活性。

阿草伯藥用植物園 提供

其他補充

中藥典籍未發現記載白花敗醬草有抗癌作用，其所含化合物有潛力開發成抗癌藥物。

駱駝蓬
Peganum harmala

黑色素瘤　胃癌　肝癌

科別	蒺藜科，駱駝蓬屬，多年生草本植物。
外觀特徵	高30至80公分，有特殊味道，花淺黃色或白色，種子三棱狀。
藥材及產地	以全草及種子入藥。原產於伊朗東部至印度地區。
相關研究	為傳統民間醫藥，對咳嗽具有強效鎮咳，祛痰，支氣管擴張活性，也有降血糖作用。
有效成分	駱駝蓬鹼 harmine， 分子量 212.25 克 / 莫耳 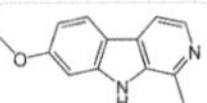

抗癌種類及研究

- 黑色素瘤

印度阿瑪拉癌症研究中心「駱駝蓬鹼在黑色素瘤細胞激活細胞凋亡的內在和外在途徑」，2011年3月23日《中國醫藥》期刊。誘導黑色素瘤細胞凋亡，抑制轉移。

- 胃癌

中國南京醫科大學「駱駝蓬鹼誘導細胞凋亡，並透過下調胃癌組織中環氧酶2的表達，抑制癌細胞增生、遷移和侵入」，2013年10月28日《植物藥》期刊。在體外和體內對人類胃癌具有抗腫瘤效果。

- 肝癌

中國暨南大學「駱駝蓬鹼透過粒線體信號通路誘導肝癌細胞凋亡」，2011年12月《國際肝膽與胰臟疾病》期刊。顯示腫瘤特異性，對人類肝癌可能是有潛力的新型抗癌藥物。

其他補充

有毒。對孕婦可能有毒性，需慎用。所含化合物駱駝蓬鹼有潛力開發成抗癌藥物。來自種子的紅色染料稱為「土耳其紅」，在西亞經常用來染地毯及羊毛。

紫蘇

Perilla frutescens

黑色素瘤

結腸癌
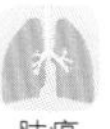
肺癌

肝癌

科　　別	唇形科，紫蘇屬，一年生草本植物。
外觀特徵	高 0.5 至 2 公尺，葉對生，橢圓形，邊緣有鋸齒，有些品種葉面皺縮，多為綠色或紫色，全株有香味。
藥材及產地	莖、葉和種子均可入藥。主產於東南亞、台灣、中國。
相關研究	所含的迷迭香酸，具有治療糖尿病和過敏症的潛力。
有效成分	異白蘇烯酮 isoegomaketone，分子量 164.20 克 / 莫耳 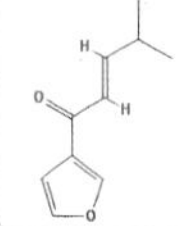

抗癌種類及研究

• 結腸癌、肺癌

韓國忠北國立大學「紫蘇葉萃取物對人類癌細胞黏附、生長、遷移的抑制活性」，2015 年 2 月《營養研究及運用》期刊。對結腸癌和肺癌有抗癌活性。

• 黑色素瘤

韓國慶北國立大學「異白蘇烯酮透過激活信號通路粒線體凋亡途徑誘導人類黑色素瘤細胞凋亡」，2014 年 11 月《國際腫瘤學期刊》。誘導黑色素瘤凋亡。

• 結腸癌

韓國原子能研究所「異白蘇烯酮透過半胱天冬酶依賴和非依賴途徑誘導細胞凋亡」，2011 年《生物學生物技術與生物化學》期刊。異白蘇烯酮是紫蘇的精油成分，能誘導結腸癌細胞凋亡。

• 肝癌

台灣國立交通大學「紫蘇萃取物對人類肝癌 HepG2 細胞生長抑制和凋亡誘導作用」，2007 年 7 月 25 日《民族藥理學期刊》。對肝癌細胞誘導凋亡，是有前途的肝癌治療藥物。

其他補充

異白蘇烯酮有潛力開發成抗癌藥物。台灣肝癌病患應多食紫蘇。

前胡
Peucedanum praeruptorum

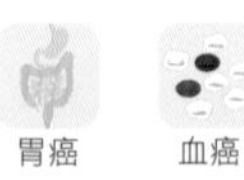

科　　別	傘形科，前胡屬，多年生草本植物，又名白花前胡。
外觀特徵	莖約 60 公分高，圓形粗大，上部有叉狀分枝。
藥材及產地	以根入藥。主產於浙江、四川、湖南等地，為中國特有植物。
相關研究	有抗炎作用。
有效成分	白花前胡甲素 praeruptorin，分子量 286.27 克 / 莫耳 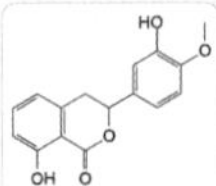

抗癌種類及研究

• 胃癌

中國山西醫科大學「白花前胡的主要成分對胃癌細胞的化學預防作用」，2010 年 11 月 9 日《分子期刊》。對胃癌細胞表現出抗增生和細胞毒性。

• 血癌

中國香港城市大學「白花前胡吡喃香豆素是人類血癌 HL-60 細胞分化誘導劑」，2003 年 3 月《植物醫藥》期刊。抑制 90%的血癌細胞生長，是細胞分化的強效誘導劑。

其他補充

中藥典籍未發現記載前胡有抗癌作用，白花前胡甲素有潛力開發成抗癌藥物。

牽牛子
Pharbitis nil

乳癌

胃癌

科　　別	旋花科，番薯屬，一年或多年生草本植物，又名喇叭花，在日本稱為朝顏。
外觀特徵	全株具短毛，葉基部心形，有深裂，花白色、紫紅或紫藍色，漏斗狀花，果實卵球形。
藥材及產地	以種子入藥，稱為牽牛子。原產於熱帶美洲，在中國廣西、雲南等地有生產。
相關研究	有抗氧化，抗炎作用。
有效成分	萃取物

抗癌種類及研究

• 乳癌

韓國漢陽大學「牽牛花萃取物在 HER-2 過度表達的 MCF-7 細胞中誘導凋亡性細胞死亡」，2011 年 1 月 7 日《民族藥理學期刊》。抑制乳癌細胞，誘導細胞凋亡。萃取物抗腫瘤活性特別針對 HER2 過度表達的乳癌。

• 胃癌

韓國首爾國立大學「雪蓮、牛蒡和牽牛花對胃癌 AGS 細胞誘導凋亡」，2004 年 10 月《生物與醫藥通訊》期刊。誘導胃癌細胞凋亡，抑制生長。

中藥典籍未發現記載牽牛子有抗癌作用。除了抗癌作用外，缺少其他功效的報導。期望未來可以純化出活性化合物，對抗乳癌及胃癌。此照片攝於高雄澄清湖，牽牛花攀爬在樹籬上。

桑黃

Phellinus linteus

攝護腺癌

黑色素瘤

肝癌

乳癌

膀胱癌

結腸直腸癌

科　　別	刺革菌科，木層孔菌屬，是一種藥用真菌。
外觀特徵	蹄形，味苦，生長在野外桑樹上，莖的顏色從深棕色到黑色。
藥材及產地	以子實體入藥。分佈中國東北、華北、四川、雲南等地，在日本、韓國、朝鮮也可發現。
相關研究	有抗炎，抗氧化作用，調節過敏性皮膚病，改善氣喘，強化免疫反應。
有效成分	桑黃化合物 hispolon， 分子量 220.22 克 / 莫耳 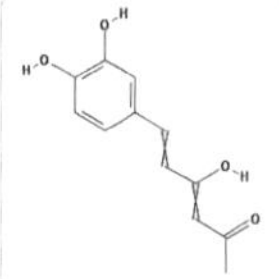

抗癌種類及研究

• 肝癌

台灣中國醫藥大學「桑黃萃取物 hispolon 抑制肝癌細胞轉移，透過信號通路抑制基質金屬蛋白酶和尿激酶纖溶酶原激活物」，2010 年 9 月 8 日《農業食品化學期刊》。具有抗氧化和抗癌活性，可作為抗轉移劑。

• 乳癌、膀胱癌

台灣中國醫藥大學「桑黃 hispolon 在乳癌和膀胱癌細胞的抗增生作用」，2009 年 8 月《食品與化學毒理學》期刊。是乳癌和膀胱癌的潛在抗腫瘤劑。

• 結腸癌

韓國大邱大學「桑黃萃取物在結腸癌小鼠模式的抗腫瘤作用及免疫調節活性」，2009 年 6 月《真菌生物學》期刊。在結腸癌小鼠模式，有效增強先天免疫反應。

• 攝護腺癌

美國哈佛大學醫學院「桑黃萃取物在無胸腺裸鼠增強晚期攝護腺癌細胞凋亡」，2010 年 3 月 31 日《公共科學圖書館一》期刊。體內研究表明，不僅能減輕腫瘤生長，而且還可透過誘導細胞凋亡，導致攝護腺腫瘤消退。

• 黑色素瘤

韓國建國大學「桑黃乙酸乙酯萃取物透過誘導細胞分化和凋亡抑制黑色素瘤細胞增生」，2010年10月28日《民族藥理學期刊》。萃取物抑制黑色素瘤細胞增生。

1 中藥典籍未發現記載桑黃有抗癌作用，萃取物成分 hispolon 可開發成抗癌藥物。韓國傳統醫學中當茶飲用。

2 哈佛醫學院 2008 年發佈馬可斯基金會贈款贊助天然物研究的新聞。馬可斯是家得寶共同創始人，為學院出身藥師，對草藥的治療潛力特別感興趣。此贈款用於研究亞洲傳統醫學中使用的草藥。哈佛醫學院生化和分子藥理學教授克拉迪與多個研究中心合作，包括北京中醫藥大學，將對馬可斯天然物實驗室中的植物藥材，有系統地進行驗證、篩選和鑑定，以確保其純度。其實驗室已從海綿萃取物找出信號傳遞特異性抑制劑，未來將有助於發展新的癌症療法。

黃蘗

Phellodendron amurense

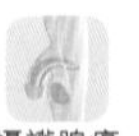

科別	芸香科，黃蘗屬，落葉喬木，又名黃柏。
外觀特徵	高 10 至 15 公尺，羽狀複葉對生，小黃花，軟木樹皮，外樹皮灰色，內樹皮鮮黃色，核果近球形，黑色。
藥材及產地	樹皮入藥。原產於東北亞地區，全日本皆有分佈。
相關研究	含黃連素，味苦，具有抗氧化，抗菌和抗單純皰疹病毒活性。
有效成分	黃連素 berberine，分子量 336.36 克 / 莫耳 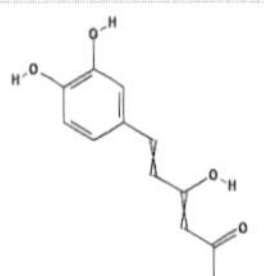

抗癌種類及研究

- 攝護腺癌

美國德州大學「黃連素或相關化合物抑制攝護腺癌細胞，透過信號誘導凋亡」，2009 年 4 月 1 日《攝護腺》期刊。黃連素誘導攝護腺癌細胞凋亡。

- 乳癌

美國托馬斯傑佛森大學「黃蘗萃取物對乳癌細胞誘導細胞週期阻滯，伴隨細胞凋亡或細胞自噬」，2013 年 11 月 9 日《營養與癌症》期刊。萃取物顯示對雌激素受體陰性乳癌細胞有抗癌作用。

- 黑色素瘤

印度毒理學研究院「Nexrutine 在小鼠人類皮膚鱗狀細胞癌 A431 和人類黑色素瘤 A375 細胞抑制腫瘤和誘導凋亡」，2012 年 10 月《致癌性》期刊。體內和體外研究，證明對皮膚癌有效果。

其他補充

中藥典籍未發現記載黃蘗有抗癌作用，黃連素可開發成抗癌藥物。王維的《山中與裴秀才迪書》，末句寫道：「因馱黃蘗人往，不一。」

餘甘子
Phyllanthus emblica

卵巢癌
子宮頸癌

肝癌
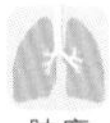
肺癌

乳癌

大腸癌

科　　別	葉下珠科，葉下珠屬，落葉小喬木或灌木。
外觀特徵	高 1 至 3 公尺，羽狀複葉，開黃色小花，蒴果球形，種子略帶紅色。
藥材及產地	以成熟果實入藥。分佈於中國四川、海南、廣西等地。
相關研究	有抗糖尿病及抗氧化潛力，能降低心血管疾病風險。
有效成分	沒食子酸 gallic acid， 分子量 170.12 克 / 莫耳 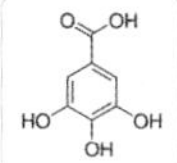

抗癌種類及研究

阿草伯藥用植物園 提供

• 子宮頸癌

中國同濟大學「餘甘子多酚萃取物對子宮頸癌細胞抑制細胞增生，並誘發細胞凋亡」，2013 年 11 月 19 日《歐洲醫學研究期刊》。能有效抑制子宮頸癌細胞增生。

• 肝癌

中國廣西中醫藥大學「餘甘子葉中萃取的沒食子酸對人類肝癌細胞凋亡機制研究」，2011 年 2 月《中藥材》期刊。證實餘甘子能誘導肝癌細胞凋亡。

• 肺癌、肝癌、子宮頸癌、乳癌、大腸癌、卵巢癌

泰國清邁大學「餘甘子的抗腫瘤作用：誘導癌細胞凋亡，抑制體內腫瘤和體外癌細胞侵入」，2010 年 9 月《植物療法研究》期刊。萃取物對肺癌、肝癌、子宮頸癌、乳癌、大腸癌、卵巢癌細胞能顯著抑制細胞生長。

其他補充

中藥典籍未發現記載餘甘子有抗癌作用，所含的沒食子酸可開發成抗癌藥物，對抗多種癌症。

苦蘵
Physalis angulata

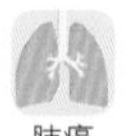

肺癌 乳癌 血癌 肝癌
胃癌 結腸直腸癌 腎癌 攝護腺癌 口腔癌 子宮頸癌

科　　　別	茄科，酸漿屬，一年生草本植物。
外觀特徵	高 30 至 50 公分，葉卵形，邊緣有不規則鋸齒，花淡黃色，五瓣，漿果球形，種子圓盤狀。
藥材及產地	以根和果實入藥。分佈於中國南方，東南亞、印度、日本也有。
相關研究	有鎮痛，抗發炎及抗瘧疾活性。
有效成分	魏察苦蘵素 withangulatin，分子量 526.61 克 / 莫耳 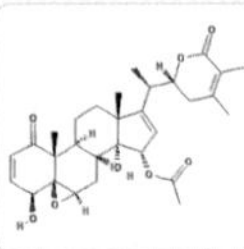
	酸漿苦素 physalin F，分子量 526.53 克 / 莫耳 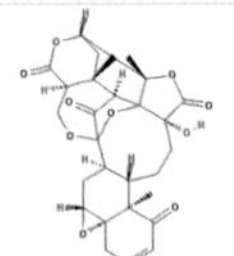

抗癌種類及研究

阿草伯藥用植物園 提供

• 攝護腺癌

美國路易斯維爾大學「苦蘵成分擾亂細胞週期，誘導攝護腺癌細胞死亡」，2013 年 1 月 25 日《天然物期刊》。化合物誘導攝護腺癌細胞凋亡。

• 腎癌

台灣國立台灣大學「酸漿苦素透過標靶和產生活性氧誘導人類腎癌細胞凋亡」，2012 年《公共科學圖書館一》期刊。誘導腎癌細胞凋亡，有希望成為抗癌藥物。

• 結腸直腸癌、胃癌

台灣嘉南藥理科技大學「苦蘵新的細胞毒性苦蘵素」，2008 年 2 月《化學與醫藥通報》。化合物在體外對結腸直腸癌和胃癌細胞具有細胞毒性。

• 口腔癌

台灣中國醫藥大學「苦蘵對人類口腔癌細胞有氧化壓力參與，誘導細胞凋亡」，2009 年 3 月《食品與化學毒理學》期刊。證實誘導口腔癌細胞凋亡。

• 大腸癌、肺癌

中國上海藥物研究所「苦蘵的細胞毒性睡茄內酯」，2007 年 3 月《化學與生物多樣性》期刊。對人類大腸癌和非小細胞肺癌細胞具有抗增生活性。

• 乳癌

台灣中國醫藥大學「苦蘵在人類乳癌細胞誘導週期阻滯」，2006 年 7 月《食品與化學毒理學》期刊。可作為癌症化學預防劑。

• 血癌

台灣國立台灣大學「酸漿苦素在體外對不同人類血癌細胞的抑制作用」，1992 年 7 月《抗癌研究》期刊。可抑制多種人類血癌細胞生長。

• 肝癌、子宮頸癌

台灣國立台灣大學「苦蘵的抗腫瘤劑酸漿苦素」，1992 年 5 月《抗癌研究》期刊。抗肝癌作用最強，抗子宮頸癌其次。

其他補充

藥用植物圖像資料庫（香港浸會大學中醫藥學院）提到苦蘵的抗癌作用。所含的魏察苦蘵素及酸漿苦素有潛力成為抗癌藥物，能對抗多種癌細胞。

商陸
Phytolacca acinosa

肉瘤

科別	商陸科，商陸屬，多年生草本植物。
外觀特徵	高70至150公分，莖直立，綠色或紫紅色，葉互生，花序頂生，漿果橢圓形，紫黑色。
藥材及產地	根可作藥。中國大部分地區皆有分佈，也產於朝鮮、日本及印度。
相關研究	缺少其他功效的報導。
有效成分	多醣

抗癌種類及研究

• 肉瘤

中國第二軍醫大學「商陸多醣對腫瘤小鼠的抗腫瘤效率和產生介白素，腫瘤壞死因子，CSF 活性在正常小鼠的不同時間表」，1997 年 5 月《免疫藥理學與免疫毒理學》期刊。多醣在肉瘤小鼠具有抗腫瘤效果。

其他補充

有毒。未發現中藥典籍有記載商陸的抗癌作用。2007 年一篇論文報導商陸和幾種中藥的混合萃取物有抗肝癌效果。

苦木
Picrasma quassioides

子宮頸癌

鼻咽癌

科　　別	苦木科，苦木屬，落葉喬木，又名黃楝。
外觀特徵	葉及枝條味苦，故名苦木，羽狀複葉，小葉橢圓狀，有鋸齒，黃綠色小花，小核果紅色。
藥材及產地	以乾燥枝及葉入藥。分佈於中國、印度、朝鮮及日本等地。
相關研究	有抗炎作用，或許也可抗蛇咬。
有效成分	鐵屎米酮 canthin-6-one，分子量 220.22 克 / 莫耳 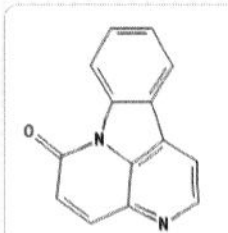

抗癌種類及研究

- 子宮頸癌

韓國全北國立大學「苦木甲醇萃取物透過調節特異性蛋白 1 對人類子宮頸癌細胞的凋亡作用」，2013 年 9 月 13 日《細胞生物化學與功能》期刊。可能是子宮頸癌的潛在抗癌藥。

- 鼻咽癌

中國中南大學「苦木鐵屎米酮生物鹼及其細胞毒性」，2008 年 11 月《亞洲天然物研究期刊》。化合物對人類鼻咽癌細胞表現出顯著的細胞毒性。

其他補充

藥用植物圖像資料庫（香港浸會大學中醫藥學院）記載苦木有抗癌作用。鐵屎米酮有潛力開發成抗癌藥物，但為何取這樣的名稱，有點難以理解。

印度胡黃連
Picrorhiza kurroa

肝癌

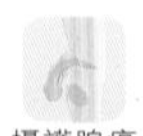
攝護腺癌

乳癌

科　別	玄參科，胡黃連屬，多年生草本植物。
外觀特徵	根莖木質，花白色或淡藍色，葉有鋸齒。
藥材及產地	以乾燥根莖入藥。分佈於印度、巴基斯坦、越南以及中國西藏、雲南等地。
相關研究	有心臟保護作用，也能改善結腸發炎。
有效成分	萃取物

抗癌種類及研究

• 肝癌、攝護腺癌、乳癌

印度 VIT 大學「印度胡黃連萃取物的抗氧化和抗腫瘤活性」，2011 年 2 月《食品與化學毒理學》期刊。萃取物對肝癌、攝護腺癌和乳癌細胞具有細胞毒性。

其他補充

未發現中藥典籍有記載印度胡黃連的抗癌作用。印度 2015 年發表一篇印度胡黃連水醇萃取物對小鼠腹水癌的強力抗癌活性研究報告。

虎掌
Pinellia pedatisecta

科別	天南星科，半夏屬，多年生草本植物，又名天南星、掌葉半夏。
外觀特徵	塊莖近圓形，葉片足狀分裂，開黃色小花，漿果卵形，熟時綠白色。
藥材及產地	以塊莖入藥。分佈於中國河南、廣西、福建等地，是中國特有植物。
相關研究	未發現有其他功效的報導。
有效成分	萃取物

抗癌種類及研究

• 卵巢癌

中國溫州醫科大學「虎掌萃取物治療卵巢癌細胞株及其轉錄網絡」，2016年7月《腫瘤學報告》期刊。能誘導細胞凋亡，可能是卵巢癌的新治療劑。

• 子宮頸癌

中國復旦大學「虎掌新型脂溶性萃取物在體外誘導人類子宮頸癌細胞凋亡和人類乳突病毒E6下調」，2010年10月28日《民族藥理學期刊》。誘導子宮頸癌細胞凋亡，但對正常細胞副作用小。

有毒。未發現中藥典籍有記載虎掌的抗癌作用。

半夏
Pinella ternata

科　　別	天南星科，半夏屬，多年生草本植物。
外觀特徵	高 15 至 30 公分，複葉，莖有綠色佛焰苞，局部帶深紫色，漿果橢圓形，綠色。
藥材及產地	以塊莖入藥。原產於中國，但也生長在北美部分地區。
相關研究	能減輕過敏性氣管炎症，也有抗微生物，止吐，抗肥胖功效。
有效成分	半夏凝集素

P

半夏 *Pinellia ternata*

抗癌種類及研究

- 肝癌

中國浙江理工大學「半夏凝集素結合甘露糖誘導 Bel-7404 細胞凋亡」，2014 年 1 月《蛋白表達和純化》期刊。半夏凝集素可誘導肝癌細胞凋亡，證明具有生物活性和藥理活性。

其他補充

有毒。香港政府管制的毒劇中藥。因有毒性，所以多採用炮製品。未發現中藥典籍有記載半夏的抗癌作用。半夏與土半夏為不同屬植物，請勿混淆。

紅松
Pinus koraiensis

子宮頸癌　結腸癌

科　　別	松科，松屬，常綠喬木，又名果松。
外觀特徵	高可達40公尺，針葉粗硬，圓錐形球果，種子無翅，心材微紅，故名紅松。
藥材及產地	以樹皮、松果入藥。分佈在中國小興安嶺、長白山以及日本、朝鮮、俄羅斯等地。
相關研究	精油可抗糖尿病，抗微生物，抗愛滋病毒。
有效成分	原花青素

抗癌種類及研究

- 結腸癌

中國哈爾濱工業大學「紅松松果多酚抗腫瘤活性，純化優化，鑑定和評估」，2015年6月5日《分子》期刊。抑制人類結腸癌幹細胞生長，活性成分包括兒茶素，甲基槲皮素，木犀草素等。

- 子宮頸癌

中國燕山大學「紅松樹皮原花青素對子宮頸癌U14小鼠的抗腫瘤活性」，2007年7月《藥學雜誌》。顯示抗子宮頸癌效果。

1. 未發現中藥典籍有記載紅松的抗癌作用。
2. 騎單車靠著道路左側在輕井澤漫遊。在路上或店裡聽到的都是台語，可以說來此地旅遊的幾乎都是台灣人。拍了租用的單車及掛在圍欄上開藍色花朵的花盆，看到路對面停車場停了幾部載台灣遊客的遊覽車，車旁是一棵高大的紅松。以前在韓國首爾幾個宮殿外見過，如今再次遇上，實在是個難得的機會，連拍好幾張。雲場池邊櫻花仍未凋落，此時已是日本初夏，故稱晚櫻。

馬尾松
Pinus massoniana

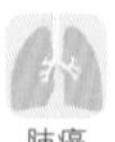

卵巢癌 子宮頸癌　皮膚癌　肺癌　肝癌

科　　別	松科，松屬，常綠喬木。
外觀特徵	高達 45 公尺，針狀葉，2 針一束，花黃色或淡紫紅色，球果圓錐形，栗褐色，果鱗木質，種子有翅。
藥材及產地	以樹皮、花粉、瘤狀節及樹脂入藥。分佈於中國陝西、江蘇、雲南等地，台灣也有栽種。
相關研究	有抗 EB 病毒功效。
有效成分	萃取物

抗癌種類及研究

- 卵巢癌

中國大連醫科大學「馬尾松樹皮原花色素透過細胞凋亡誘導和細胞遷移抑制作用，對卵巢癌的抗腫瘤作用」，2015 年 11 月《公共科學圖書館一》期刊。有潛力開發成抗卵巢癌藥物。

- 皮膚癌、肺癌

中國南京中醫藥大學「馬尾松樹脂二萜化合物對 A431 和 A549 細胞的細胞毒性」，2010 年 9 月《植物化學》期刊。對皮膚癌和肺癌的細胞毒性作用強。

- 子宮頸癌

中國中山大學「馬尾松樹皮萃取物誘導 Bcl-2 家族成員參與的 HeLa 細胞凋亡」，2008 年 11 月《植物療法研究》期刊。可能是潛在的子宮頸癌治療劑。

- 肝癌

中國中山大學「馬尾松樹皮萃取物對人類肝癌細胞凋亡和細胞增生的作用」，2005 年 9 月 14 日《世界胃腸道學》期刊。顯著抑制肝癌細胞增生。

其他補充

藥用植物圖像資料庫（香港浸會大學中醫藥學院）提到馬尾松花粉能抑制腫瘤細胞。

蓽拔

Piper longum

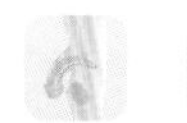
攝護腺癌
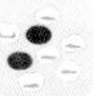
淋巴瘤

乳癌

科　　別	胡椒科，胡椒屬，草質藤本植物，又名長椒，也稱為印度長椒。
外觀特徵	長達數公尺，枝有縱棱，葉紙質，卵形，穗狀花序，漿果，頂端臍狀凸起。
藥材及產地	以成熟果穗入藥。分佈在中國、馬來西亞、印度等地，主產於印尼。
相關研究	抗炎，抗蛇毒，抗 B 型肝炎病毒，降血糖和降血脂。
有效成分	蓽拔明鹼 piperlongumine，分子量 317.34 克 / 莫耳 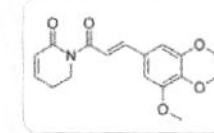
	胡椒鹼 piperine，分子量 285.34 克 / 莫耳 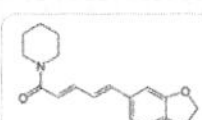

P

蓽拔 *Piper longum*

抗癌種類及研究

- 攝護腺癌

美國費城法克斯雀斯癌症中心「蓽拔明鹼抑制 NFkB 活性，減弱攝護腺癌細胞的侵入特性」，2013 年 10 月 22 日《攝護腺》期刊。抑制攝護腺癌細胞生長。

- 淋巴瘤

美國愛荷華大學「蓽拔明鹼抑制小鼠 B 淋巴瘤細胞」，2013 年 7 月 12 日《生物化學與生物物理通訊》。選擇性殺死淋巴瘤細胞，不傷害正常細胞。

- 乳癌

中國浙江大學「胡椒鹼在體外和體內抑制小鼠乳癌模式中腫瘤生長和轉移」，2012 年 4 月《中國藥理學報》。胡椒鹼能抗乳癌，有開發成新抗癌藥物的潛力。

其他補充

通常乾燥後用作香料和調味料。長椒類似胡椒，但更辣，味道也近似胡椒。未發現中藥典籍有記載蓽拔的抗癌作用，蓽拔明鹼及胡椒鹼有潛力開發成抗癌藥物。

車前草
Plantago asiatica

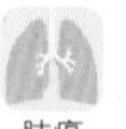
肺癌

胃癌

腎癌 膀胱癌

淋巴瘤

骨癌

子宮頸癌

科　　別	車前科，車前屬，多年生草本植物。
外觀特徵	卵形葉叢生，有長柄，穗狀花由葉叢中央生出，橢圓形蒴果，種子長圓形，黑褐色。
藥材及產地	以全草、種子入藥。成熟種子稱為車前子。分佈於全國各地。
相關研究	有抗炎及免疫增強作用。
有效成分	萃取物

抗癌種類及研究

- 淋巴瘤、膀胱癌，骨癌，子宮頸癌，腎癌，肺癌、胃癌

台灣高雄醫學大學「寬葉車前和車前草在體外的細胞毒性、抗病毒和免疫調節作用」，2003 年《美國中醫藥期刊》。對淋巴瘤、膀胱癌，骨癌，子宮頸癌，腎癌，肺癌、胃癌細胞增生有顯著抑制活性，也表現出免疫調節功能。

1. 未發現中藥典籍有記載車前草的抗癌作用，所含化學成分有潛力開發成抗癌藥物。車前草在鄉間到處可見，來源豐富。

2. 「車前草，其名奇異，想到其矜持之心，便覺有趣。」林文月翻譯的《枕草子》書中這樣描述。此草名，日語發音與「矜持」諧音，故云。另外書中記載可憎恨之事、掃興事、情人幽會等等，皆述及作者本人對事物的觀察及各種感受。清少納言（966-1025）是日本平安時代女作家，曾入宮侍奉中宮藤原定子，隨筆集《枕草子》為其所著，英文直譯為枕頭書（The Pillow Book）。

側柏
Platycladus orientalis

腎癌

黑色素瘤

科別	柏科，側柏屬，常綠針葉喬木。
外觀特徵	高 15 至 20 公尺，小枝直展，針葉扁平，花藍綠色，毬果長型木質，種子無翅。
藥材及產地	種子、枝葉、精油可入藥，50 種基本中藥之一。原產於中國西北，廣泛分佈於亞洲大陸，包括朝鮮、日本、印度等地。
相關研究	有抗炎作用。
有效成分	精油

抗癌種類及研究

• 腎癌、黑色素瘤

義大利卡拉布里亞大學「側柏精油及其主要成分在人類腎癌和無色素性黑色素瘤細胞的抗增生作用」，2008 年 12 月《細胞增生》期刊。側柏精油能抑制腎癌和黑色素瘤。

其他補充

未發現中藥典籍有記載側柏的抗癌作用，所含化學成分有潛力開發成抗癌藥物。

桔梗

Platycodon grandiflorum

血癌

肺癌

結腸癌

肝癌

乳癌
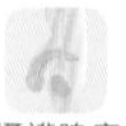
攝護腺癌

卵巢癌

科　　別	桔梗科，桔梗屬，多年生草本植物。
外觀特徵	高 40 至 90 公分，全株無毛，有乳汁，根粗大肉質，莖直立，有分枝，葉互生，長卵形，邊緣有鋸齒，花冠鐘形，藍紫或藍白色，裂片 5 個，蒴果卵形。
藥材及產地	以根入藥。分佈於中國、韓國，日本及西伯利亞東部地區。
相關研究	可降血糖，保肝和抗 C 型肝炎病毒，抗動脈粥樣硬化，抗過敏，防止脂肪肝，降膽固醇，抗肥胖。
有效成分	桔梗皂苷 platycodin D，分子量 1225.32 克 / 莫耳

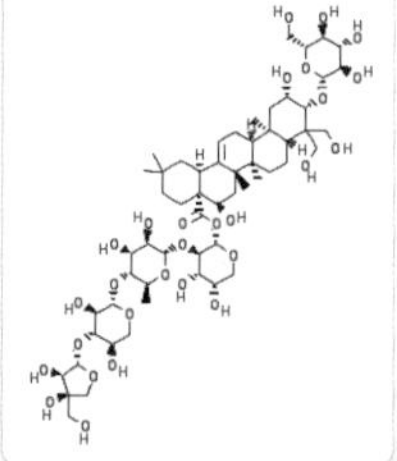

抗癌種類及研究

台中市藥用植物研究會范有量 提供

• 肝癌

中國第四軍醫大學「桔梗皂苷透過調節信號通路，誘導肝癌細胞週期阻滯和人類肝癌 HepG2 細胞凋亡」，2013年9月19日《腫瘤生物學》期刊。桔梗皂苷顯著抑制肝癌細胞的增生。

• 乳癌

韓國首爾國立大學「桔梗皂苷抑制遷移、侵入，並透過表皮生長因子受體介導的信號通路，抑制人類乳癌細胞生長」，2013 年 10 月 5 日《化學生物交互作用》期刊。桔梗皂苷 D 顯著抑制乳癌生長。

• 攝護腺癌

韓國順天大學「桔梗皂苷透過蛋白酶和凋亡誘導因子的活化，誘導攝護腺癌細胞凋亡」，2013 年 4 月《腫瘤學報告》期刊。對攝護腺癌細胞具有抗癌作用。

• 卵巢癌

中國協和醫科大學「桔梗透過粒線體依賴性途徑誘導人類卵巢癌細胞凋亡」，2010 年《美國中國醫藥期刊》。抑制卵巢癌細胞生長。

• 血癌

韓國釜山國立大學「桔梗皂苷在體外誘導有絲分裂阻滯，導致核內複製抑制和血癌細胞凋亡」，2008 年 6 月 15 日《國際癌症期刊》。桔梗皂苷誘導血癌細胞死亡。

• 肺癌

韓國東友大學「桔梗水萃取物在人類肺癌細胞抑制端粒酶活性，誘導細胞凋亡」，2005 年 5 月《藥理學研究》期刊。對人類肺癌細胞有誘導細胞凋亡作用。

• 結腸癌

韓國慶北國立大學「桔梗皂苷粗萃取物在結腸癌 HT-29 細胞的細胞凋亡作用」，2008 年 12 月《食品與化學毒理學》期刊。對結腸癌細胞有抑制作用。

其他補充

未發現中藥典籍有記載桔梗的抗癌作用，所含桔梗皂苷有潛力開發成抗癌藥物，能對抗多種癌細胞。嫩葉可製成鹹菜。在朝鮮半島和中國延邊地區，桔梗是有名的泡菜原料。《桔梗謠》為韓國知名歌曲。

多拉基，多拉基，多拉基，
白白的桔梗喲，長滿山野，
只要挖出一兩棵，就可以裝滿我的小菜筐

美洲鬼臼

Podophyllum peltatum

乳癌

科　　別	小蘗科，鬼臼屬，多年生植物，別名五月蘋果、美國八角蓮。
外觀特徵	莖 30 至 40 公分，葉掌狀，裂成 5 至 9 片，花白色，果實橢圓形，黃綠色。
藥材及產地	根稱為鬼臼根，萃取樹脂即鬼臼樹脂，可入藥。原產於北美洲。
相關研究	目前缺少其他功效的研究。
有效成分	鬼臼毒素 podophyllotoxin，分子量 414.40 克 / 莫耳 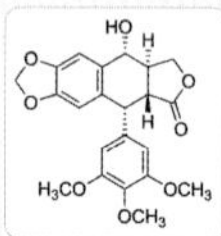

抗癌種類及研究

• 乳癌

美國佛羅里達農工大學「人類乳癌細胞抗有絲分裂作用的天然物高通量篩選」，2014 年 6 月《植物療法研究》期刊。美洲鬼臼是最有效的抗有絲分裂天然物之一。

其他補充

全株有毒。未發現中藥典籍有記載美洲鬼臼的抗癌作用，所含鬼臼毒素已被開發成抗癌藥物，鬼臼乙叉苷 Etoposide 為其人工合成衍生物。

廣藿香
Pogostemon cablin

科　別	唇形科，刺蕊草屬，多年生草本植物。
外觀特徵	高 30 至 60 公分，方形莖，多分枝，橢圓形葉，對生，有細毛，花淡紅色，結小堅果。
藥材及產地	以全草入藥。原產地印度、非洲，分佈於中國福建、海南、廣西及台灣等地。
相關研究	可抗炎，抗流感病毒，抗菌，止痛，止吐。
有效成分	廣藿香醇 patchouli alcohol，分子量 222.36 克 / 莫耳 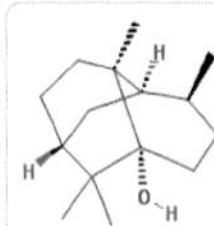

抗癌種類及研究

- 子宮內膜癌

台灣長庚醫院「廣藿香水萃取物誘導子宮內膜癌細胞凋亡」，2015 年 6 月《國際分子科學期刊》。抑制子宮內膜癌細胞生長，誘導凋亡。

- 大腸癌

美國馬里蘭大學「廣藿香醇、廣藿香精油在人類大腸癌細胞的抗腫瘤生成活性」，2013 年 6 月《國際免疫藥理學》期刊。對大腸癌細胞透過增加凋亡及降低細胞生長，表現抗癌活性。

其他補充

未發現中藥典籍有記載廣藿香的抗癌作用，所含廣藿香醇可開發成抗癌藥物。全草含揮發油，可製成香水。

遠志

Polygala tenuifolia

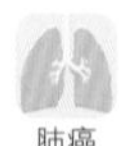
肺癌

卵巢癌

科　　別	遠志科，遠志屬，多年生草本植物。
外觀特徵	高 25 至 40 公分，根圓柱形，莖叢生，單葉互生，線形，花淡紫色，蒴果圓形，種子微扁，棕黑色。
藥材及產地	以根入藥。分佈於中國東北、華北、西北及山東等地。
相關研究	有抗炎，抗焦慮和鎮靜催眠，抗神經退化作用。根萃取物能增強記憶，顯著改善認知功能。
有效成分	多醣

抗癌種類及研究

• 肺癌

中國哈爾濱醫科大學「遠志根兩個酸性多醣的分離純化和抗腫瘤活性」，2012 年 11 月 6 日《碳水聚合物》期刊。預防肺癌發生，是有效的抗腫瘤劑。

• 卵巢癌

中國哈爾濱醫科大學「遠志根水溶性多醣萃取、純化和抗腫瘤活性」，2012 年 10 月 1 日《碳水聚合物》期刊。證實對卵巢癌的治療有益。

阿草伯藥用植物園 提供

其他補充

未發現中藥典籍有記載遠志的抗癌作用，所含多醣可開發成抗癌藥物。

玉竹

Polygonatum odoratum

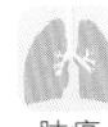
肺癌

乳癌

纖維肉瘤

黑色素瘤

科　　別	假葉樹科，黃精屬，多年生草本植物。
外觀特徵	高可至 85 公分，橢圓形葉互生，鍾形花白綠色，腋生，漿果藍色。
藥材及產地	以根莖入藥。中國及日本都有分佈。
相關研究	具有降血糖效果。
有效成分	凝集素

抗癌種類及研究

• 肺癌

中國四川大學「玉竹凝集素經由微小 RNA 調控，在人類肺癌 A549 細胞誘導細胞凋亡和自噬」，2016 年 4 月《國際生物大分子期刊》。凝集素誘導肺癌細胞凋亡。

• 乳癌

中國四川大學「玉竹凝集素透過表皮生長因子受體介導途徑，在人類乳癌 MCF-7 細胞誘導細胞凋亡和自噬」，2014 年《植物醫藥》期刊。能抗乳癌細胞。

• 纖維肉瘤

中國四川大學「玉竹凝集素在小鼠纖維肉瘤 L929 細胞誘導細胞凋亡的分子機制」，2009 年 8 月《生化與生物物理學報》期刊。對纖維肉瘤細胞有顯著抗增生活性。

• 黑色素瘤

中國四川大學「玉竹新甘露糖結合凝集素具有抗 HSV-II 和細胞凋亡誘導活性的晶片分析、表徵和分子克隆」，2011 年 6 月 15 日《植物醫藥》期刊。對黑色素瘤細胞具細胞毒性。

未發現中藥典籍有記載玉竹的抗癌作用，所含凝集素可開發成抗癌藥物。

拳蓼

Polygonum bistorta

肝癌
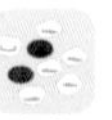
血癌
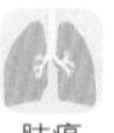
肺癌

科　　　別	蓼科，蓼屬，多年生草本植物，又名拳參。
外觀特徵	高 50 至 90 公分，根莖肥厚，莖直立，橢圓形葉叢生，有長柄，花白色或淡紅色，瘦果橢圓形。
藥材及產地	以根莖入藥。原產於歐洲、北美和西亞，分佈於中國、日本、蒙古、俄羅斯。
相關研究	有抗炎效果。
有效成分	萃取物

抗癌種類及研究

- 肝癌

中國華東科技大學「拳蓼甲醇水萃取物的抗癌成分與細胞毒性」，2012 年 10 月《非洲傳統補充替代醫學》期刊。抗癌成分對肝癌細胞有細胞毒性。

- 血癌、肺癌

新加坡國立新加坡大學「拳蓼對癌細胞株的抗癌潛力評估」，2007 年 3 月《藥物化學》期刊。對血癌、肺癌細胞有顯著的抑制活性。

未發現中藥典籍有記載拳蓼的抗癌作用，其萃取物可純化出活性分子，有潛力開發成抗癌藥物。

虎杖

Polygonum cuspidatum

黑色素瘤

口腔癌
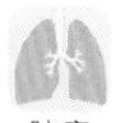
肺癌

科　　別	蓼科，蓼屬，多年生草本植物，又名日本蓼。
外觀特徵	高 3 至 4 公尺，莖有節且中空，似手杖，葉三角形，嫩葉有紅色斑紋。
藥材及產地	以莖和根入藥。產於東亞地區，分佈在中國、韓國、日本及台灣。
相關研究	是抗氧化，抗酪氨酸酶，免疫刺激藥物。
有效成分	大黃素 emodin， 分子量 270.24 克 / 莫耳 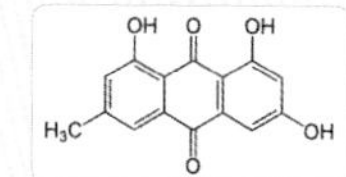

抗癌種類及研究

- 黑色素瘤

台灣中興大學「虎杖萃取物是具生物活性的抗氧化，抗酪氨酸酶，免疫刺激和抗癌藥物」，2015 年 4 月《生物科學與生物工程期刊》。對黑色素瘤細胞有抗增生效果。

- 口腔癌

韓國全北國立大學「虎杖在口腔癌細胞透過特異性蛋白 1 調控細胞凋亡的作用」，2011 年 3 月《口腔疾病》期刊。抑制口腔癌細胞，大黃素可能是具有生物活性物質。

- 肺癌

台灣國立嘉義大學「虎杖根萃取物的自由基清除活性和抗增生潛力」，2010 年 4 月《天然藥物》期刊。誘導細胞凋亡，對人類肺癌細胞有抗增生作用。

所含的大黃素有潛力開發成抗癌藥物。
大黃素可當成瀉劑。

何首烏

Polygonum multiflorum

乳癌

結腸癌

科　　別	蓼科，何首烏屬，多年生纏繞性草本植物。
外觀特徵	塊狀根莖粗壯，葉心形，花黃白色，圓錐花序，瘦果。
藥材及產地	以塊根、藤莖入藥。主產於河南、廣西、湖北等地。
相關研究	能促進毛髮生長。長期使用會造成肝臟損傷。
有效成分	大黃素 emodin， 分子量 270.24 克 / 莫耳 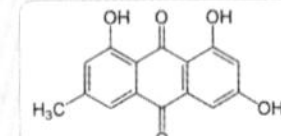

抗癌種類及研究

• 乳癌

中國哈爾濱醫科大學「何首烏根萃取物對人類乳癌 MCF-7 細胞的抗增生作用和可能機制」，2011 年 11 月《分子醫學報告》期刊。調節參與細胞週期和凋亡的蛋白表達水平，抑制癌細胞增生，預防乳癌。

• 結腸癌

韓國科技大學「何首烏根分離出蒽醌類，一種磷酸酶抑制劑」，2007 年 5 月《天然物研究》期刊。所含的大黃素和其他化合物，強烈抑制人類結腸癌細胞。

未發現中藥典籍有記載何首烏的抗癌作用，活性成分大黃素有潛力開發成抗癌藥物。

蓼藍

Polygonum tinctorium

大腸癌

科　　別	蓼科，蓼屬，一年生草本植物，又名藍或靛青。
外觀特徵	高 50 至 80 公分，葉互生，橢圓形，花紫紅色，瘦果橢圓形。
藥材及產地	以葉入藥。原產於中南半島、中國，亦有在歐洲生長。
相關研究	具有強效抗愛滋病毒活性。
有效成分	色胺酮 tryptanthrin， 分子量 248.23 克 / 莫耳 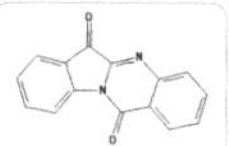

抗癌種類及研究

• 大腸癌

日本藤崎研究所「蓼藍萃取的色胺酮和乙酸乙酯粗萃取物防止氧化偶氮甲烷誘發的腸道腫瘤」，2001 年 9 月《抗癌研究》期刊。色胺酮具有癌症化學預防活性。

其他補充

主要用於染色及藥用。「青出於藍」的藍即是蓼藍。未發現中藥典籍有記載蓼藍的抗癌作用，活性成分色胺酮有潛力開發成抗癌藥物。

豬苓
Polyporus umbellatus

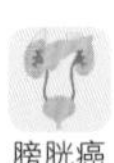

科別	多孔菌科，多孔菌屬，多年生菌核。
外觀特徵	塊狀，表面棕黑至灰黑色。
藥材及產地	以菌核入藥。產於中國山西、陝西、湖北等地。
相關研究	含免疫刺激、抗炎和保肝的生物活性化合物。
有效成分	麥角甾四烯酮 ergone， 分子量 392.61 克 / 莫耳

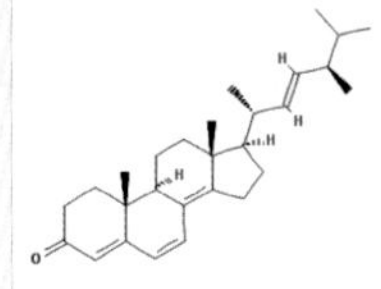

抗癌種類及研究

• 肝癌

中國西北大學「麥角甾四烯酮在人類肝癌 HepG2 細胞誘導細胞週期阻滯和凋亡」，2011 年 4 月《生物化學與生物物理學報》期刊。對肝癌細胞有顯著的抗增生活性。

• 膀胱癌

中國廣州中醫藥大學「豬苓和豬苓菌核多醣水萃取物抑制膀胱癌」，2011 年《美國中醫藥期刊》。抑制大鼠膀胱癌非常有效。

• 血癌

日本三和公司研究組「研究豬苓子實體及其細胞毒性的活性成分」，1992 年 1 月《化學與醫藥通報》期刊。表現出對血癌的細胞毒性作用。

其他補充

未發現中藥典籍有記載豬苓的抗癌作用，活性成分麥角甾四烯酮有潛力開發成抗癌藥物。

枳

Poncirus trifoliata

乳癌

肝癌

結腸癌

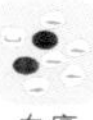
血癌

科別	芸香科，枳屬，灌木或小喬木，又稱枸橘、枳殼。
外觀特徵	有粗刺，複葉，小葉 3 片，花白色，果實小，成熟時為黃色。
藥材及產地	以未成熟果實、種子、葉、根皮、樹皮、棘刺入藥。產於江西、福建、台灣等地。
相關研究	具抗炎作用。大鼠實驗顯示，長期服用能抑制體重增加。
有效成分	新橙皮苷 neohesperidin，分子量 610.56 克 / 莫耳 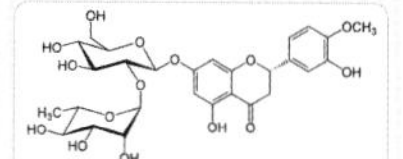

抗癌種類及研究

阿草伯藥用植物園 提供

• 乳癌

中國無錫市婦幼保健醫院「新橙皮苷透過激活信號傳導途徑誘導人類乳癌細胞凋亡」，2012 年 11 月《天然物通訊》期刊。證實新橙皮苷能誘導人類乳癌細胞凋亡。

• 肝癌

韓國梨花女子大學「枳的新三萜類化合物對人類肝癌細胞生長抑制和細胞週期阻滯」，2008 年 2 月《植物醫藥》期刊。對肝癌細胞有抗增生作用。

• 結腸癌

美國德州農工大學「枳的生物活性化合物抗氧化活性及抑制結腸癌細胞生長」，2007 年 7 月 15 日《生物有機與藥物化學》期刊。可作為結腸癌化學預防劑。

• 血癌

韓國慶熙大學「枳誘導人類早幼粒血癌細胞凋亡」，2004 年 2 月《臨床化學期刊》。是抗血癌的候選藥劑。

其他補充

果肉酸苦，不適合食用。橘、枳為不同屬植物。未發現中藥典籍有記載枳的抗癌作用，所含的新橙皮苷有潛力開發成抗癌藥物。

茯苓

Poria cocos

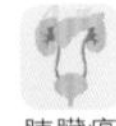

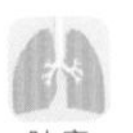

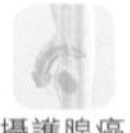

科　別	擬層孔菌科，茯苓屬，為真菌菌核。
外觀特徵	菌核體不規則塊狀，表皮灰棕色或黑褐色，呈瘤狀皺縮。
藥材及產地	以乾燥菌核入藥。主產於中國安徽、江西、浙江等地。
相關研究	抗高血糖，抗炎，抗氧化。
有效成分	茯苓酸 pachymic acid，分子量 528.76 克 / 莫耳 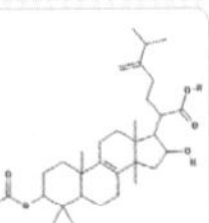
	豬苓酸 polyporenic acid C，分子量 482.69 克 / 莫耳 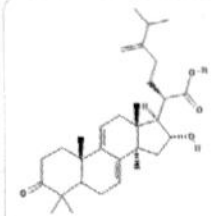

抗癌種類及研究

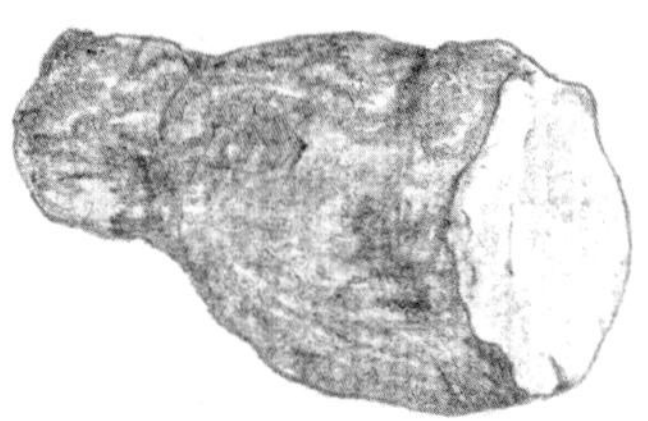

- 胰臟癌

中國華南農業大學「茯苓三萜類化合物透過 MMP-7 表達下調，抑制胰臟癌細胞生長和侵入」，2013 年 6 月《國際腫瘤學期刊》。茯苓酸對人類胰臟癌細胞具抗侵入效果，可成為胰臟癌的新治療劑。

- 肺癌

新加坡國立新加坡大學「豬苓酸誘導人類 A549 細胞半胱天冬酶介導的凋亡」，2009 年 6 月《分子致癌》期刊。對非小細胞肺癌細胞抑制生長，可成為肺癌治療候選藥物。

- 乳癌

中國香港中文大學「茯苓 β 葡聚醣對人類乳癌 MCF-7 細胞生長有抑制作用：細胞週期阻滯和凋亡誘導」，2006 年 3 月《腫瘤學報告》期刊。為一種水溶性抗腫瘤劑。

- 攝護腺癌

美國科羅拉多大學「茯苓酸在攝護腺癌細胞誘導細胞凋亡」，2005 年 7 月《生物化學與生物物理研究通訊》期刊。抑制攝護腺癌細胞生長。

其他補充

茯苓與土茯苓名稱相似，容易弄錯。土茯苓是菝葜科，與茯苓無關。未發現中藥典籍有記載茯苓的抗癌作用，所含的茯苓酸及豬苓酸有潛力開發成抗癌藥物。

夏枯草
Prunella vulgaris

肝癌

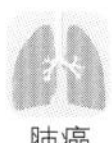
肺癌

結腸癌

淋巴瘤
血癌

科別	唇形科，夏枯草屬，多年生草本植物。
外觀特徵	莖高 15 至 30 公分，匍匐莖，節上有鬚根，花唇形，紫、藍或紅紫色，小堅果，長卵形，因為夏至之後即枯萎，故名。
藥材及產地	以全草入藥。主產於中國江蘇、安徽、河南等地。
相關研究	有抗糖尿病及動脈粥樣硬化效果。
有效成分	齊墩果酸 oleanolic acid，分子量 456.70 克 / 莫耳 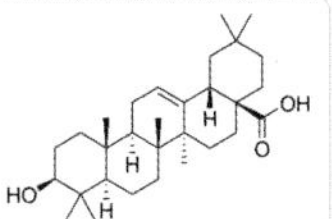 迷迭香酸 rosmarinic acid，分子量 360.31 克 / 莫耳

抗癌種類及研究

阿草伯藥用植物園 提供

• 淋巴瘤

中國鄭州大學「夏枯草萃取物誘導 B，T 淋巴瘤細胞凋亡實驗研究」，2012 年 3 月《中藥材》期刊。抑制淋巴瘤細胞增生，誘導細胞凋亡。

• 肝癌

台灣國立台灣師範大學「夏枯草水萃取物透過減弱基質金屬蛋白酶，抑制人類肝癌細胞侵入和遷移」，2012 年《美國中醫藥期刊》。抑制肝癌細胞侵入和遷移。

• 肺癌

中國澳門科技大學「夏枯草齊墩果酸透過調節蛋白表達。誘導 SPC-A-1 細胞凋亡」，2011 年《亞太癌症預防期刊》。齊墩果酸誘導肺癌細胞凋亡，可成為肺癌的化學預防劑。

• 結腸癌

中國華東科技大學「迷迭香酸透過細胞外信號調節激酶和氧化還原途徑，抗 LS174-T 細胞侵入」，2010 年 10 月 1 日《細胞生物化學期刊》。迷迭香酸在體外和體內能有效抑制結腸癌轉移。

• 血癌

韓國慶北國立大學「夏枯草透過 Bcl-2 調節的粒線體依賴性半胱天冬酶活化，在人類急性血癌 Jurkat T 細胞的凋亡作用」，2011 年 6 月 1 日《民族藥理學期刊》。能誘導血癌細胞凋亡。

其他補充

嫩葉和莖做成沙拉，可生吃，全株當野菜煮食，植物地上部分磨成粉狀後可釀造飲料。夏枯草是王老吉涼茶的主要原料之一。未發現中藥典籍有記載夏枯草的抗癌作用，所含的齊墩果酸及迷迭香酸有潛力開發成抗癌藥物。

番石榴葉
Psidium guajava

子宮頸癌
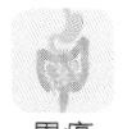
胃癌

肺癌
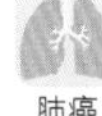
攝護腺癌
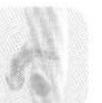
血癌

口腔癌

骨髓瘤

科　　別	桃金娘科，番石榴屬，喬木或灌木，在台灣俗稱芭樂。
外觀特徵	高可達 10 公尺，樹皮光滑，淡紅褐色，葉對生，橢圓形，果實甜酸，種子黃色，腎形。
藥材及產地	以果實、葉、樹皮、根入藥。原產於墨西哥及南美洲北部，現分佈於世界上熱帶和亞熱帶地區，台灣及中國華南均有栽種。
相關研究	樹皮萃取物具有抗炎，鎮痛作用。
有效成分	萃取物

抗癌種類及研究

- **血癌、口腔癌、骨髓瘤**

巴基斯坦農業大學「番石榴葉萃取物的化學組成，抗氧化，抗腫瘤，抗癌和細胞毒性作用」，2016 年 2 月 3 日《醫藥生物學》期刊。對血癌、口腔癌、骨髓瘤具強效抗腫瘤和細胞毒性。

- **子宮頸癌、胃癌、肺癌**

中國瀋陽藥科大學「番石榴葉的抗氧化成分和細胞毒性」，2015 年《生物有機與藥物化學通信》期刊。對子宮頸癌、胃癌、肺癌細胞有顯著細胞毒性。

- **攝護腺癌**

韓國慶熙大學「番石榴葉己烷分餾部分抑制人類攝護腺癌細胞」，2012 年 3 月《藥用食物期刊》。番石榴葉萃取物具抗癌作用，是潛在的治療性化合物來源。

其他補充

有白色、粉紅或紅色果肉，有些品種則有紅色果皮。香港浸會大學中醫藥學院記載番石榴葉有防癌作用。需進一步從葉中純化出抗癌化合物。德國阿琛大學也做了相關研究。

補骨脂
Psoralea corylifolia

口腔癌

血癌

科　　別	豆科，補骨脂屬，一年生草本植物。
外觀特徵	高 60 至 150 公分，葉為單葉，花白色或淡紫色，莢果卵形，種子扁平。
藥材及產地	以果實及種子入藥。產於雲南、四川，印度、緬甸也有分佈。
相關研究	可減輕糖尿病，也有抗氧化作用。
有效成分	補骨脂素 psoralen，分子量 186.16 克 / 莫耳 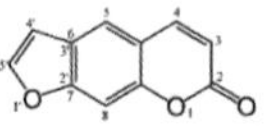
	異補骨脂素 isopsoralen，分子量 186.16 克 / 莫耳 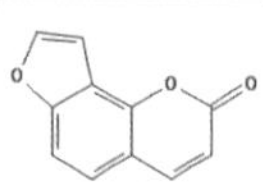

抗癌種類及研究

• 口腔癌、血癌

中國浙江大學「補骨脂種子篩選抗腫瘤化合物補骨脂素和異補骨脂素」，2011 年《依據證據的補充與替代醫學》期刊。補骨脂素和異補骨脂素，在口腔癌、血癌細胞株呈現抗腫瘤活性。

阿草伯藥用植物園 提供

其他補充

含多種香豆素類化合物，在印度阿育吠陀醫學和中國醫學中是重要的藥草。補骨脂素和異補骨脂素是潛在的抗癌藥物。

鳳尾草

Pteris multifida

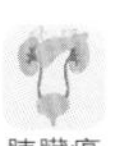

血癌　胰臟癌　肺癌

科　　別	鳳尾蕨科，鳳尾蕨屬，多年生草本植物，又名鳳尾蕨，井欄邊草。
外觀特徵	高 30 至 70 公分，葉叢生，孢子葉羽狀分裂，孢子囊沿孢子葉羽片下緣著生。
藥材及產地	以全草或根入藥。分佈于中國華東、山西、陝西等地。
相關研究	有降血脂，自由基清除活性。
有效成分	蕨素 pterosin， 分子量 248.31 克 / 莫耳 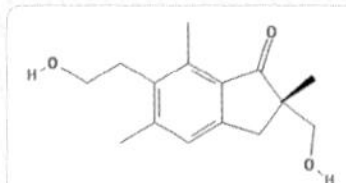

抗癌種類及研究

- 血癌

中國江西財經大學「鳳尾草兩個新蕨素二聚體」，2011 年 12 月《植物療法》期刊。對血癌表現出細胞毒性。

- 胰臟癌、肺癌

中國上海醫藥工業研究院「鳳尾草蕨素」，2010 年 11 月《植物醫藥》期刊。對胰臟癌和非小細胞肺癌細胞顯示出強力的細胞毒性作用。

其他補充

鳳尾草蕨素有潛力成為抗癌藥物。

鳳尾草歌詞：

　鳳尾草長在草原上
　迎風搖曳真美麗
　苗條的身影好像一個少女
　令人著迷

楓楊

Pterocarya stenoptera

乳癌

科別	胡桃科，楓楊屬，落葉喬木，又名麻柳。
外觀特徵	高可達 30 公尺，樹皮灰黑色，葉互生，小堅果長橢圓形，有果翅。
藥材及產地	以樹皮、葉、果實、根或根皮入藥。分佈於中國陝西，甘肅、四川等地。
相關研究	樹皮萃取成分顯示抗單純皰疹病毒活性。
有效成分	pterocarnin A

抗癌種類及研究

• 乳癌

台灣嘉南藥理科技大學「楓楊樹皮 pterocarnin A 經由信號途徑，在人類乳癌 MCF-7 細胞誘導細胞凋亡」，2007 年 6 月《抗癌藥物》期刊。對乳癌細胞有抗增生活性。

其他補充

有毒。未發現中藥典籍有記載楓楊的抗癌作用，所含的 pterocarnin A 有潛力開發成抗癌藥物。

葛
Pueraria lobata

肝癌

乳癌

結腸癌

科別	豆科，葛屬，多年生落葉藤本植物。
外觀特徵	長可達 10 公尺，塊根圓柱狀，肥厚，粉質，葉互生，具長柄，三出複葉，葉片菱狀圓形，花藍紫色，莢果線形。
藥材及產地	以根入藥，稱為葛根。主產於湖南、河南、四川等地。
相關研究	對心血管、神經、高血糖症有益。有抗血栓、抗過敏、刺激雌激素活性。
有效成分	葛根素 puerarin，分子量 416.38 克 / 莫耳 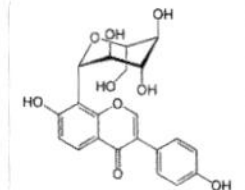

抗癌種類及研究

- 肝癌

中國山東大學「葛根素抑制肝癌細胞生長和誘導細胞凋亡」，2014 年 11 月《分子醫學報告》期刊。葛根素是葛根提取的異黃酮，對肝癌細胞能抑制增生和誘導凋亡。

- 乳癌

台灣中國醫藥大學「葛根異黃酮及其代謝物抑制乳癌細胞生長和誘導細胞凋亡」，2009 年 1 月《生化與生物物理研究通訊》期刊。透過降低細胞存活力和誘導細胞凋亡，可當成乳癌化學預防和化療劑。

- 結腸癌

中國鄭州大學「葛根素誘導結腸癌 HT-29 細胞凋亡」，2006 年 7 月《癌症通信》期刊。對結腸癌細胞有化學預防和化療作用。

中藥典籍未發現有葛根抗癌作用的記載，葛根素可開發成抗癌藥物。根據日本《生藥單》一書，屬名 Pueraria 來自哥本哈根大學植物學教授 Marc-Nicolas Puerari（1765-1845）。

白頭翁
Pulsatilla chinensis

神經膠質瘤

乳癌

血癌

肝癌

胰臟癌

科別	毛茛科，銀蓮花屬，多年生草本植物。
外觀特徵	高 15 至 35 公分，根狀莖，葉寬卵形，三裂，花紫色，果實多枚，聚成頭狀，花柱披覆白毛，像是一頭白髮，瘦果紡錘形。
藥材及產地	以根入藥，是 50 種基本中藥之一。主要分佈於中國東北、華北以及陝西、四川等地。
相關研究	研究多為化學成分解析，缺少效能方面的探討。
有效成分	多醣、皂苷

P

白頭翁 *Pulsatilla chinensis*

抗癌種類及研究

• 乳癌

中國北京中醫藥大學「多被銀蓮花皂苷抑制乳癌細胞增生，侵入和轉移」，2016 年 1 月《腫瘤生物學》期刊。白頭翁多被銀蓮花皂苷在體外及裸鼠體內，表現出抗乳癌增生和抗轉移能力。

• 血癌

中國海洋大學「白頭翁皂苷化合物的細胞毒性和羥基白樺酸誘導的細胞凋亡」，2015 年 1 月《醫藥生物學》期刊。對血癌具抗癌活性。

• 肝癌、胰臟癌

中國蘇州大學「白頭翁活性分子白頭翁皂苷 A 誘導癌細胞死亡，抑制小鼠異種移植模式腫瘤生長」，2014 年 5 月 15 日《外科研究》期刊。在體外及小鼠異種移植腫瘤模式，顯著抑制肝癌和胰臟癌細胞生長。

• 神經膠質瘤

中國哈爾濱醫科大學「白頭翁多醣對腦膠質瘤的抑制作用」，2012 年 6 月 1 日《國際生物大分子期刊》。在體外和體內對神經膠質瘤有抑制作用。

未發現中藥典籍有記載白頭翁的抗癌作用，所含的多醣及皂苷有潛力開發成抗癌藥物。蘇州大學也發現它能抑制肺癌及胃癌細胞。

毛葉香茶菜

Rabdosia japonica

膠質母細胞瘤

血癌

黑色素瘤

科　　別｜唇形科，香茶菜屬，多年生草本植物。

外觀特徵｜根莖木質，莖直立，高 0.4 至 1.5 公尺，分枝具花序，花淡紫或紫藍，具深色斑點，堅果三棱形。

藥材及產地｜以全草入藥。產於中國江蘇，河南，四川等地，日本也有分佈。

相關研究｜具有抗氧化活性，能抑制尿酸生成，可防止痛風發作。

有效成分｜藍萼甲素 glaucocalyxin A，分子量 332.43 克 / 莫耳

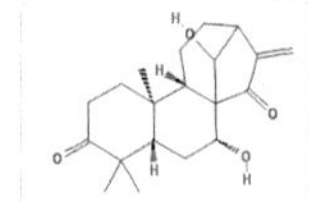

胡麻素 pedalitin，分子量 316.26 克 / 莫耳

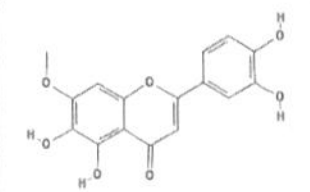

抗癌種類及研究

- 膠質母細胞瘤

中國第四軍醫大學「藍萼甲素誘導人類腦膠質母細胞瘤細胞凋亡」，2013 年 11 月《生物化學與生物物理學報》期刊。抑制膠質母細胞瘤增生，促進細胞凋亡，但在正常神經膠質細胞無此作用。

- 血癌

中國蘇州大學「藍萼甲素透過粒線體介導的凋亡途徑，誘導人類血癌 HL-60 細胞凋亡」，2011 年 2 月《體外毒理學》期刊。誘導血癌細胞凋亡。

- 黑色素瘤

美國加州大學「毛葉香茶菜酚類化合物對黑色素瘤細胞的作用」，2008 年 7 月《植物療法研究》期刊。胡麻素對小鼠黑色素瘤細胞有細胞毒性。

阿草伯藥用植物園 提供

未發現中藥典籍有記載毛葉香茶菜的抗癌作用。藍萼甲素與胡麻素有潛力開發成抗癌藥物。

冬凌草
Rabdosia rubescens

胃癌 結腸癌　卵巢癌 子宮頸癌

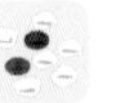

乳癌　喉癌　血癌　膠質細胞瘤

科　別	唇形科，香茶菜屬，多年生草本植物，又名冰凌草、碎米椏。
外觀特徵	高 30 至 130 公分，葉對生，花淡紫紅色，堅果卵形。
藥材及產地	全株入藥。分佈於中國太行山南部。
相關研究	能改善腦澱粉樣病變，抗炎，抗菌。
有效成分	冬凌草甲素 oridonin，分子量 364.43 克 / 莫耳

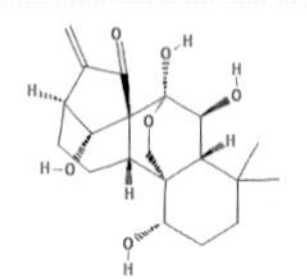

抗癌種類及研究

- 胃癌

中國哈爾濱商業大學「冬凌草甲素透過粒線體途徑，誘導人類胃癌細胞凋亡」，2016 年 6 月《國際腫瘤學期刊》。抑制胃癌細胞增生。

- 卵巢癌

中國復旦大學「冬凌草甲素透過阻斷信號通路，壓制人類卵巢癌細胞增生」，2016 年《亞太癌症預防期刊》。抑制卵巢癌細胞增生，轉移和侵入，以及體內腫瘤生長。

- 膠質瘤

中國解放軍總醫院「冬凌草甲素透過誘導細胞週期阻滯和凋亡，抑制膠質瘤生長」，2014 年 12 月 30 日《細胞與分子生物學》期刊。有抗膠質瘤作用。

- 乳癌

中國澳門大學「冬凌草甲素誘導細胞凋亡，抑制高轉移性人類乳癌細胞遷移和侵入」，2013 年《美國中醫藥期刊》。冬凌草甲素抑制乳癌細胞生長和誘導細胞凋亡。

• 結腸癌

中國香港浸會大學「冬凌草甲素對人類結腸癌細胞的抗癌作用是由脂肪酸合成酶抑制所介導」，2013 月 2 月《胃腸道學期刊》。冬凌草甲素對大腸癌有抗癌作用。

• 喉癌

中國瀋陽藥科大學「冬凌草甲素在人類喉癌細胞誘導週期阻滯和凋亡」，2010 年 6 月 25 日《天然物期刊》。冬凌草甲素是治療喉鱗狀細胞癌的潛在有效藥物。

• 子宮頸癌

中國皖南醫學院「冬凌草甲素透過信號通路在子宮頸癌 HeLa 細胞株誘導細胞凋亡」，2007 年 11 月《中國藥理學報》。誘導子宮頸癌細胞凋亡，涉及幾個分子途徑。

• 血癌

中國上海生物科學研究院「冬凌草甲素以血癌為標靶，產生腫瘤抑制蛋白樣蛋白」，2012 年 3 月《科學轉譯醫學》。冬凌草甲素是治療血癌的潛在先導化合物。

其他補充

冬凌草甲素也能抑制肺癌細胞。冬季溫度在 0 度以下時，冬凌草全株結滿銀白色冰片，閃閃發光，故名。上海血液學研究所應用全反式維甲酸和三氧化二砷在白血病治療獲得了很大成功，近年更發現冬凌草甲素可以選擇性地殺傷白血病細胞，王振義院士，陳竺院士以及現任所長陳賽娟院士研究成果豐碩。冬凌草甲素與全反式維甲酸合併使用，能強化血癌細胞的分化。這也是此城市以學術實力為世界留下的印記。

上海外白渡橋

地黃

Rehmannia glutinosa

膀胱癌

肝癌

科　　別	列當科，地黃屬，多年生草本植物。
外觀特徵	高 15 至 30 公分，初夏開花，花淡紅紫色。
藥材及產地	其根為傳統中藥，是 50 種基本中藥之一。主要產地為中國北方，河南省焦作市一帶最為著名，在朝鮮和日本也有分佈。
相關研究	所含的多醣可改善高血糖症，高脂血症和血管炎症。
有效成分	梓醇 catalpol， 分子量 362.33 克 / 莫耳 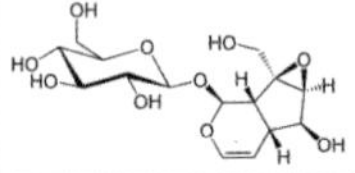

抗癌種類及研究

阿草伯藥用植物園 提供

- 膀胱癌

中國上海交通大學「梓醇透過阻斷抗凋亡信號，誘導凋亡，抑制人類膀胱癌 T24 細胞增生」，2014 年 11 月《細胞生物化學與生物物理學》期刊。是膀胱癌潛在治療藥物。

- 肝癌

台灣台北醫學大學「枸杞與地黃熱水萃取物抑制增生，誘導肝癌細胞凋亡」，2006 年 7 月 28 日《世界腸胃道期刊》。抑制細胞增生，促進肝癌細胞凋亡。

其他補充

1. 梓醇有潛力開發成抗癌藥物。四物湯通常以熟地黃入藥，治療經痛。
2. 地黃與毛地黃不同。地黃為玄參科，地黃屬，經加工蒸製後的地黃，稱為熟地。毛地黃是車前科，毛地黃屬，可提取強心苷地高辛。

毛地黃

掌葉大黃

Rheum palmatum

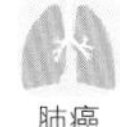

科　　　別	蓼科，大黃屬，多年生草本植物。
外觀特徵	高 1.5 至 2 公尺，根及根莖粗壯，木質，莖直立，中空，葉大，三角形，葉柄肥厚，花細小，綠白至紅色，瘦果三角形，有翅。
藥材及產地	以乾燥根及根莖入藥。主產四川、甘肅等地。
相關研究	有輕瀉作用，可用於便秘。
有效成分	大黃素 emodin， 分子量 270.24 克 / 莫耳 蘆薈大黃素 aloe emodin， 分子量 270.24 克 / 莫耳

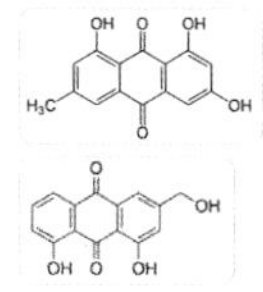

抗癌種類及研究

- **結腸癌**

台灣中國醫藥大學「大黃粗萃取物對人類結腸癌細胞誘導細胞死亡，透過半胱天冬酶依賴和獨立途徑」，2013 年 1 月 12 日《環境毒理學》期刊。大黃對人類結腸癌細胞誘導細胞凋亡。

- **胰臟癌**

中國溫州醫學院「大黃素對人類胰臟癌抗增生和抗轉移作用」，2011 年 7 月《腫瘤學報告》期刊。可治療人類胰臟癌。

- **乳癌**

美國加州大學舊金山分校「中國藥材對乳癌細胞在體外的抗增生活性」，2002 年 11 月《抗癌研究》期刊。大黃抑制乳癌細胞生長。

- **胃癌**

中國寧波大學「蘆薈大黃素增加 S 期和鹼性磷酸酶活性抑制，對胃癌細胞生長的抑制作用」，2007 年 1 月《癌症生物學與療法》期刊。具有胃癌治療潛在價值，透過細胞週期阻斷和誘導分化。

R

掌葉大黃 *Rheum palmatum*

- **肺癌**

台灣中國醫藥大學「大黃素透過活性氧依賴性粒線體信號通路，誘導人類肺癌細胞凋亡」，2005 年 7 月 15 日《生化藥理學》期刊。有抗肺癌作用。

- **肝癌**

台灣中國醫藥大學「大黃素抑制肝癌細胞生長：細胞中常見的抗癌途徑」，2010 年 2 月 19 日《生物化學與生物物理學研究通訊》期刊。大黃素引起肝癌細胞週期停滯，可用於肝癌治療。

- **攝護腺癌**

美國加州大學舊金山分校「十二個中國藥材體外抗癌活性」，2005 年 7 月《植物療法研究》期刊。發現大黃可對抗攝護腺癌。

其他補充

有毒。大黃有許多品種，可食用或藥用。葉片有毒，必須謹慎，但可食用的莖或葉柄毒性很低。

白鶴草

Rhinacanthus nasutus

子宮頸癌

科　　別｜爵床科，靈芝草屬，灌木，又名白鶴靈芝、靈芝草。

外觀特徵｜高 1 至 2 公尺，莖圓柱形，節膨大，葉對生，花唇形，白色，如白鶴飛翔，蒴果長橢圓形。

藥材及產地｜以全草入藥。原產印度，分佈於中國雲南、廣東、廣西及東南亞等地。

相關研究｜有抗菌，抗炎作用。

有效成分｜rhinacanthone，分子量 242.26 克 / 莫耳

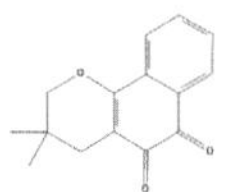

抗癌種類及研究

- 子宮頸癌

美國國家癌症研究所「白鶴草根分離出的 rhinacanthone 對人類子宮頸癌細胞誘導細胞凋亡」，2009 年 7 月《生物與醫藥通信》期刊。其作用機制為透過粒線體依賴性信號傳導途徑，誘導細胞凋亡，可能成為子宮頸癌的治療藥劑。

其他補充

注意：泰國國家癌症研究所 2009 年發現白鶴草根水萃取物會增加小鼠結腸癌腫瘤發生率，原因需進一步探討。

紅景天

Rhodiola rosea

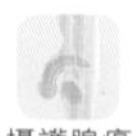

神經膠質瘤　膀胱癌　乳癌　攝護腺癌

科　　別｜景天科，紅景天屬，多年生草本植物。

外觀特徵｜莖高 20 至 30 公分，葉長圓形，花黃綠色，密集，果實紅色。

藥材及產地｜以根莖入藥。分佈於中國、日本、朝鮮、俄羅斯、以及蒙古。

相關研究｜能改善糖尿病，高血壓，高山症。

有效成分｜紅景天苷 salidroside，分子量 300.30 克 / 莫耳

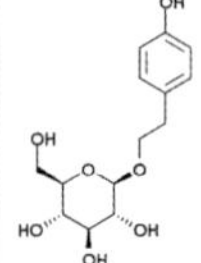

抗癌種類及研究

• **神經膠質瘤**

中國武威腫瘤醫院「紅景天苷對神經膠質瘤形成、生長抑制與改善腫瘤微環境」，2013 年 10 月《中國癌症研究期刊》。在體內和體外抑制神經膠質瘤生長。

• **膀胱癌**

美國加州大學「紅景天萃取物和紅景天苷減少膀胱癌細胞株生長，經由抑制信號途徑及誘導自噬」，2012 年 3 月《分子致癌》期刊。是新型膀胱癌化學預防劑。

• **乳癌**

中國浙江大學「紅景天苷在人類乳癌細胞誘導細胞週期停滯和細胞凋亡」，2010 年 7 月 16 日《生化與生物物理學研究通訊》期刊。有希望成為抗乳癌藥物。

• **攝護腺癌**

加拿大英屬哥倫比亞大學「紅景天生物活性化合物」，2005 年 9 月《植物療法研究》期刊。對攝護腺癌細胞有抑制作用。

其他補充

紅景天苷有潛力開發成抗癌藥物。紅景天可當食物添加到沙拉上。

鹽膚木
Rhus chinensis

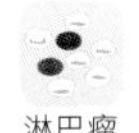
淋巴瘤

乳癌

科　　別｜漆樹科，鹽膚木屬，落葉小喬木或灌木，也稱為五倍子樹。

外觀特徵｜高 2 至 10 公尺，羽狀複葉，花小，黃白色，核果球形。

藥材及產地｜以枝、葉、樹皮、花、果實、根和根皮入藥。此樹可生產蟲癭，由中國漆樹蚜蟲侵擾所導致，稱為五倍子。分佈於印度、印尼、日本、朝鮮、中南半島以及中國等地。

相關研究｜所含化合物具有抗愛滋病毒活性。

有效成分｜沒食子酸 gallic acid，分子量 170.12 克 / 莫耳

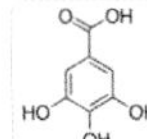

抗癌種類及研究

• 淋巴瘤

韓國又石大學「沒食子酸抑制細胞生存，誘導人類單核細胞株 U937 凋亡」，2011 年 3 月《藥用食物期刊》。是針對淋巴瘤的一種潛在化學治療劑。

• 乳癌

韓國慶熙大學「沒食子化合物處理的乳癌細胞全基因組表達譜：癌症代謝的分子標靶」，2011 年 8 月《分子與細胞》期刊。沒食子化合物是潛在的乳癌抗癌藥物。

沒食子酸有潛力開發成抗癌藥物。

蓖麻
Ricinus communis

科　　別	大戟科，蓖麻屬，一年或多年生草本植物。
外觀特徵	全株光滑，被蠟粉，莖圓形中空，有分枝，葉互生，掌狀分裂，蒴果有刺，種子橢圓形。
藥材及產地	以葉、種子入藥。中國各地均有栽培。
相關研究	具有抗炎、抗氧化作用。
有效成分	石竹烯 caryophyllene， 分子量 204.36 克 / 莫耳

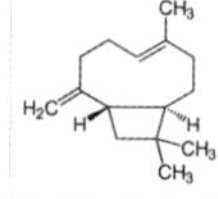

抗癌種類及研究

• 黑色素瘤

馬爾他大學「蓖麻葉萃取物具細胞毒性，誘導人類黑色素瘤細胞凋亡」，2009 年《天然物研究》期刊。誘導黑色素瘤細胞凋亡，石竹烯為主成分之一。

其他補充

有毒。蓖麻毒蛋白（ricin）是蓖麻種子萃取的致命植物毒素。萜類混合物可當作潛在的腫瘤細胞凋亡誘導劑，石竹烯可開發成抗癌藥物。

刺梨

Rosa roxburghii

科　別	薔薇科，薔薇屬，落葉小灌木，又稱繅絲花。
外觀特徵	高 1 至 1.5 公尺，分枝多，具短刺，羽狀複葉，花粉紅色，果實扁球形，黃色，果皮密生小刺，果肉脆，具香味。
藥材及產地	以果實入藥。分佈於中國江蘇、雲南、廣東等地。
相關研究	所含的類黃酮可作為輻射防護劑。
有效成分	萃取物

抗癌種類及研究

- 卵巢癌

中國大連醫科大學「刺梨多醣在體外抑制卵巢癌細胞轉移和侵入」，2014 年《亞太癌症預防期刊》。有潛力發展為卵巢癌患者抗腫瘤轉移藥物。

- 子宮內膜癌

中國桂林醫學院「刺梨萃取物的抗癌作用」，2007 年 7 月《中國中藥雜誌》。在體內和體外具抗子宮內膜癌作用。

其他補充

香港浸會大學中醫藥學院藥用植物圖像資料庫提到，刺梨有抗腫瘤作用。需進一步探討抗癌活性分子。

玫瑰花
Rosa rugosa

科　　別	薔薇科，薔薇屬，落葉灌木。
外觀特徵	莖帶刺，羽狀複葉，橢圓形小葉，夏季開紅或白花，具有香味，瘦果紅色，扁球形。
藥材及產地	以花蕾或花瓣入藥。藥材主產於浙江、江蘇等地。
相關研究	有抗氧化，抗微生物，降血糖，抗過敏效果。
有效成分	萃取物

抗癌種類及研究

• 子宮頸癌、乳癌

波蘭醫科大學「玫瑰花瓣的細胞毒性、抗氧化、抗微生物性質和化學組成」，2013 年 7 月 1 日《食品與農業科學期刊》。對子宮頸癌、乳癌細胞具有細胞毒性。

其他補充

香港浸會大學中醫藥學院藥用植物圖像資料庫提到，玫瑰花有抗腫瘤作用。建議女生可以多喝玫瑰花茶。

茜草
Rubia cordifolia

科別	茜草科，茜草屬，多年生攀緣草本植物。
外觀特徵	高可至 1.5 公尺，葉 4 片輪生，莖有倒刺，花小，淡黃花，漿果紅黑色。
藥材及產地	以根入藥。分佈於亞洲暖帶，藥材主產於陝西、河南、安徽等地。
相關研究	具有輻射防護，抗炎，抗氧化作用。
有效成分	大葉茜草素 mollugin，分子量 284 克 / 莫耳

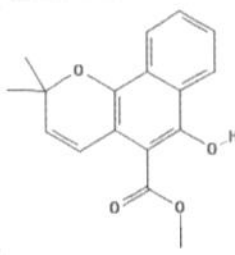

抗癌種類及研究

- 乳癌、卵巢癌

韓國忠南大學「大葉茜草素抑制增生並透過抑制脂肪酸合成酶在 HER-2 過度表達的腫瘤細胞誘導細胞凋亡」，2013 年 5 月《細胞生理學期刊》。對人類乳癌和卵巢癌有治療和預防作用。

- 喉癌

印度馬德拉斯大學「茜草甲醇萃取物經由活性氧介導對喉癌 HEp-2 細胞株誘導細胞凋亡」，2012 年《亞太癌症預防期刊》。有治療喉鱗狀細胞癌的潛力。

大葉茜草素有潛力開發成抗癌藥物。根部含有茜素，可做紅色染料。

茅莓

Rubus parvifolius

血癌

黑色素瘤

科　　別｜薔薇科，懸鉤子屬，小灌木，又名紅梅消。

外觀特徵｜高1至2公尺，枝有倒刺，羽狀複葉，花紫紅色，球形聚合果。

藥材及產地｜以根或地上部分入藥。分佈於中國、台灣、日本、朝鮮等地。

相關研究｜有保肝和抗氧化活性。

有效成分｜皂苷

抗癌種類及研究

- 血癌

中國杭州紅十字會醫院「茅莓在體外和體內抑制血癌 K562 細胞生長」，2014 年《中華整合醫學期刊》。萃取物對骨髓性血癌細胞具抗增生活性。

- 黑色素瘤

中國杭州第三醫院「茅莓總皂苷對惡性黑色素瘤的抗腫瘤作用」，2007 年 10 月《中國中藥雜誌》。在體內和體外顯著抑制惡性黑色素瘤細胞增生，透過細胞凋亡，發揮抗腫瘤活性。

其他補充

期待確認茅莓所含的抗癌活性化合物。

芸香

Ruta graveolens

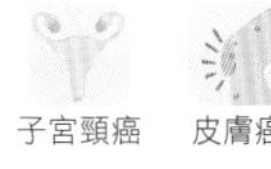

科　　別｜芸香科，芸香屬，小灌木植物。

外觀特徵｜高 20 至 60 公分，綠色羽狀複葉，味苦，花黃色，蒴果，內含許多種子。

藥材及產地｜以枝、葉、根入藥。原產於地中海及亞洲西南地區，歐亞大陸，中國，加那利群島也有分佈。

相關研究｜有抗炎作用。

有效成分｜山柑子鹼 arborinine，分子量 285.29 克 / 莫耳

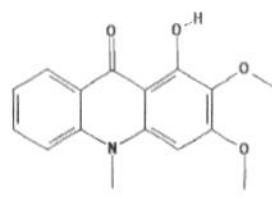

抗癌種類及研究

• 結腸癌、乳癌、攝護腺癌

美國塔斯基吉癌症研究中心「芸香萃取物誘導 DNA 損傷途徑，阻止 Akt 活化，抑制腫瘤細胞增生和存活」，2011 年 1 月《抗癌研究》期刊。有效抑制結腸癌、乳癌和攝護腺癌細胞。

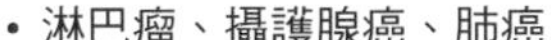

• 淋巴瘤、攝護腺癌、肺癌

伊朗西拉癌症研究院「芸香對人類腫瘤細胞株的細胞週期和細胞毒性潛力分析」，2009 年《腫瘤新生》期刊。對淋巴瘤、攝護腺癌、大細胞肺癌細胞表現出較高的細胞毒性。

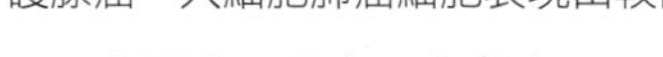

• 子宮頸癌、乳癌、皮膚癌

匈牙利塞格德大學「芸香分離的細胞毒性山柑子鹼和酮類化合物在人類腫瘤細胞株的研究」，2007 年 1 月《植物醫藥》期刊。山柑子鹼抑制子宮頸癌、乳癌和皮膚癌細胞增生。

山柑子鹼有潛力開發成抗癌藥物。接觸芸香葉會造成皮膚起水泡。

華鼠尾草
Salvia chinensis

科　　別｜唇形科，鼠尾草屬，一年生草本植物，又名石見穿。

外觀特徵｜莖直立，高20至60公分，葉橢圓形，花唇形，藍紫色，小堅果。

藥材及產地｜以全草入藥。分佈於台灣及中國福建、四川、湖南等地。

相關研究｜未發現有其他功效的報導。

有效成分｜萃取物

抗癌種類及研究

- **肝癌**

中國北京中醫藥大學「華鼠尾草萃取物對腫瘤血管新生的影響」，2012 年 5 月《中國中藥雜誌》。對肝癌小鼠表現出抗癌作用，抑制腫瘤血管新生。

- **攝護腺癌、乳癌、胰臟癌**

美國加州大學舊金山分校「十二種中國藥材體外抗癌活性」，2005 年 7 月《植物療法研究》期刊。華鼠尾草有效抑制攝護腺癌、乳癌、胰臟癌細胞。

其他補充

未發現中藥典籍有記載華鼠尾草的抗癌作用。需從萃取物中進一步找出抗癌活性化合物。

藥用鼠尾草

Salvia officinalis

子宮頸癌

淋巴瘤
血癌

大腸癌

膠質瘤

科　　別	唇形科，鼠尾草屬，多年生草本植物。
外觀特徵	高 50 至 70 公分，木質莖，葉子灰綠色，唇形花白色或紫色。
藥材及產地	全草入藥。原產於地中海地區及歐洲南部。
相關研究	可降血糖，抗氧化，抗炎，抗菌，抗高血脂症。鼠尾草茶可改善血脂和抗氧化防禦系統。
有效成分	邁諾醇 manool， 分子量 290.48 克 / 莫耳

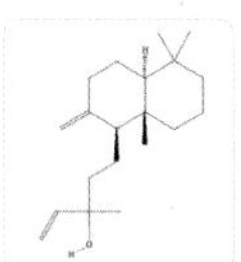

抗癌種類及研究

• 子宮頸癌、膠質瘤

巴西帕克大學「藥用鼠尾草二萜邁諾醇對癌細胞引起選擇性細胞毒性」，2015 年 7 月《細胞技術》期刊。對子宮頸癌、膠質瘤細胞顯示較高細胞毒性。

• 淋巴瘤、血癌

伊朗塔不裡茲醫科大學「鼠尾草萃取物透過誘導細胞凋亡，對人類淋巴瘤和血癌細胞抑制和細胞毒性作用」，2013 年《進階醫藥通報》期刊。抑制淋巴瘤和血癌細胞增生。

• 大腸癌

葡萄牙米尼奧大學「丹參紫穗槐，鼠尾草和迷迭香酸誘導細胞凋亡，抑制人類大腸癌細胞株增生：經由信號通路作用」，2009 年《營養與癌症》期刊。誘導大腸癌細胞凋亡。

期待早日確認更多藥用鼠尾草所含的抗癌活性化合物。

丹參
Salvia miltiorrhiza

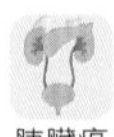
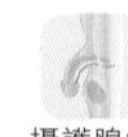

胃癌
大腸癌　　胰臟癌　　攝護腺癌

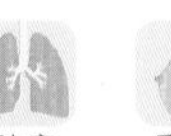

肝癌　　肺癌　　乳癌　　血癌

科　　別｜唇形科，鼠尾草屬，多年生草本植物。

外觀特徵｜莖高 40 至 80 公分，花藍紫色，根丹紅色，稱為紅根。

藥材及產地｜以根入藥。分佈於甘肅、四川、雲南等地。

相關研究｜有抗糖尿病，降血脂功效，保護心血管，預防冠心病。也能改善記憶，減低阿茲海默症風險。

有效成分｜丹參酮 tanshinone，
分子量 294.34 克 / 莫耳

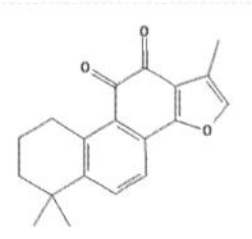

隱丹參酮 cryptotanshinone，
分子量 296.36 克 / 莫耳

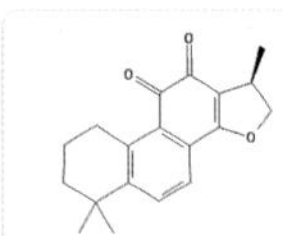

抗癌種類及研究

• 胰臟癌

中國浙江中醫藥大學「隱丹參酮經由信號途徑，抑制胰臟癌細胞增生並誘導凋亡」，2015 年 11 月《分子醫學報告》期刊。丹參有抗胰臟癌作用。

• 血癌

德國古騰堡大學「丹參迷迭香酸在急性淋巴性血癌細胞的分子機制」，2015 年 12 月 24 日《民族藥理學期刊》。抑制血癌細胞，但對正常淋巴細胞毒性較小。

• 肝癌

韓國慶熙大學「隱丹參酮誘導細胞週期阻滯和自噬性細胞死亡，透過激活肝癌的蛋白激酶信號通路」，2013 年 10 月 31 日《細胞凋亡》期刊。在體內異種移植肝癌模式顯著減少腫瘤生長。

• 大腸癌

台灣台北醫學大學「DHTS 在人類大腸癌細胞誘導細胞凋亡：ATF3 參與其中」，2013 年 8 月《抗癌研究》期刊。誘導細胞凋亡作用，也取決於結腸直腸癌的惡性程度。

• 肺癌

國立中興大學「丹參活性成分丹參酮減輕肺癌發生，透過血管內皮生長因子，細胞週期蛋白 A 和細胞週期蛋白 B 表達的抑制作用」，2013 年《依據證據的補充替代醫學》期刊。丹參酮在體外和體內有抗肺癌作用。

• 乳癌

美國哈佛大學醫學院「丹參酮抑制乳癌細胞生長，透過基因外修飾極光 A 表達和功能」，2012 年《公共科學圖書館一》期刊。丹參酮以劑量依賴方式，在體外抑制乳癌細胞生長。

• 攝護腺癌

美國明尼蘇達大學「中藥丹參的丹參酮抑制攝護腺癌生長和雄激素受體信號」，2012 年 6 月《藥學研究》期刊。在體外和體內抑制攝護腺癌細胞生長。

• 胃癌

中國復旦大學「丹參酮在體外和體內誘導胃癌細胞凋亡和生長抑制」，2012 年 2 月《腫瘤學報告》期刊。表現出抗腫瘤活性，可成為胃癌治療的輔助藥劑。

1 丹參酮與隱丹參酮有潛力開發成抗癌藥物。
《神農本草經》將丹參列為上品，即沒有毒性。

2 丹參與紅參不同。紅參是人參的熟製品。

血根草
Sanguinaria canadensis

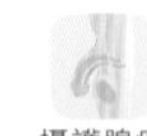

黑色素瘤　結腸癌　血癌　攝護腺癌

科　別	罌粟科，血根草屬，多年生草本植物。
外觀特徵	高 20 至 50 公分，根狀莖橙色，花白色，雄蕊與雌蕊黃色，根狀莖折斷時，會流出血液般的紅色汁液，故名。
藥材及產地	全草可入藥。原產於北美洲，從加拿大至美國佛羅里達州皆有分佈。
相關研究	有抗微生物作用，能抑制幽門螺旋桿菌。
有效成分	血根鹼 sanguinarine，分子量 332.32 克 / 莫耳

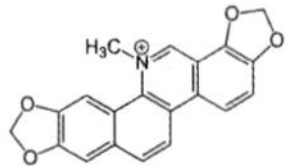

抗癌種類及研究

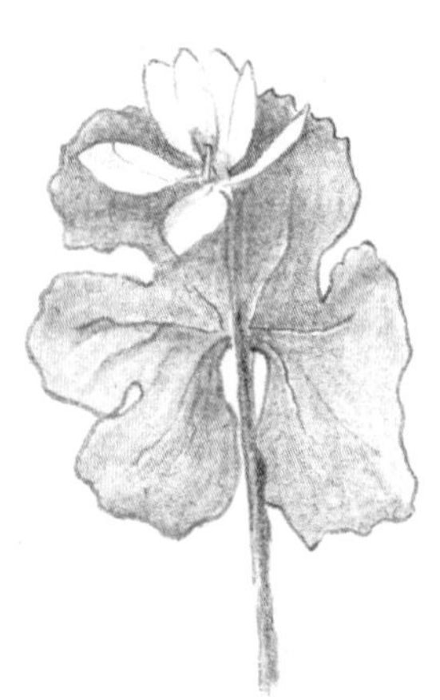

- 黑色素瘤

西班牙薩拉曼卡大學「血根鹼透過氧化壓力快速引起人類黑色素瘤細胞死亡」，2013 年 4 月 5 日《歐洲藥理學期刊》。誘導黑色素瘤細胞死亡。

- 結腸癌

韓國全南國立大學「血根鹼透過調節半胱天冬酶 9 依賴性途徑，誘導人類結腸癌 HT-29 細胞凋亡」，2012 年 1 月《國際毒理學期刊》。可應用在人類結腸癌治療。

- 血癌

韓國東貴大學「血根鹼透過 Bcl-2 表達下調和半胱天冬酶 3 活化，在人類血癌 U937 細胞誘導細胞凋亡」，2008 年《化學療法》期刊。誘導血癌細胞凋亡。

- 攝護腺癌

美國威斯康辛大學「血根鹼透過調節機制，誘導人類攝護腺癌細胞凋亡和細胞週期阻滯」，2004 年 8 月《分子癌症療法》期刊。可開發成攝護腺癌治療劑。

血根鹼有潛力開發成抗癌藥物。

地榆

Sanguisorba officinalis

口腔癌
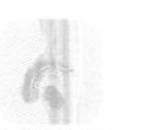
攝護腺癌

乳癌

胃癌

科別	薔薇科，地榆屬，多年生草本植物。
外觀特徵	高 1 至 2 公尺，莖直立，花小，球形穗狀花序，生於莖頂，紫紅色，瘦果暗棕色。
藥材及產地	以根入藥。分佈於中國、亞洲及歐洲地區。
相關研究	抗愛滋病毒，抗氣喘，保護神經系統，抗皺紋，抗過敏。
有效成分	地榆皂苷 ziyuglycoside II，分子量 604.8 克 / 莫耳 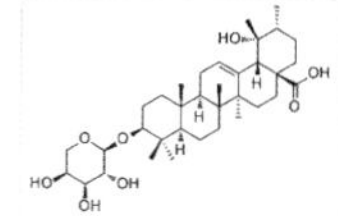 沒食子酸 gallic acid，分子量 170.12 克 / 莫耳 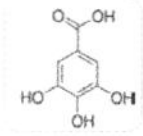

抗癌種類及研究

• **口腔癌**

韓國全北國立大學「地榆熱水萃取物對人類口腔癌細胞的凋亡作用」，2012 年 9 月《腫瘤學通信》期刊。抑制口腔癌細胞生長，可作為預防口腔癌的潛在候選藥物。

• **攝護腺癌**

韓國全北國立大學「地榆甲醇萃取物對人類攝護腺癌 PC3 細胞的細胞毒性」，2012 年 9 月《分子醫學報告》期刊。是有潛力的攝護腺癌治療候選藥物。

• **乳癌**

中國香港大學「地榆對乳癌生長和血管新生的影響」，2012 年 3 月《治療標靶專家意見》期刊。透過誘導細胞凋亡和抑制血管新生，可作為乳癌的預防和治療藥物。

• **胃癌**

中國南京中醫藥大學「地榆皂苷誘導人類胃癌細胞凋亡，透過調節蛋白表達和激活半胱天冬酶途徑」，2013 年 8 月《巴西醫學與生物學研究期刊》。將來可能成為胃癌治療劑。

其他補充

地榆皂苷與沒食子酸有潛力開發成抗癌藥物，對抗多種癌症。

檀香
Santalum album

黑色素瘤　乳癌　攝護腺癌　血癌　肺癌

科　　別	檀香科，檀香屬，常綠小喬木。
外觀特徵	高8至15公尺，葉子對生，長卵形，花初為黃色，後變為紅色。
藥材及產地	心材可入藥。原產地為印度，後隨佛教傳至中國。主產印度、印尼、馬來西亞等地。
相關研究	抗幽門螺旋桿菌，止瀉。
有效成分	檀香醇 santalol， 分子量 220.35 克 / 莫耳

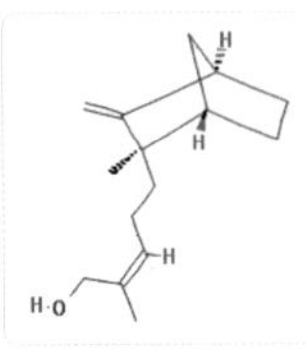

抗癌種類及研究

阿草伯藥用植物園 提供

- **黑色素瘤、乳癌、攝護腺癌**

美國南達科塔州立大學「檀香的抗癌作用」，2015年6月《抗癌研究》期刊。對黑色素瘤，乳癌和攝護腺癌有抗癌功效。

- **血癌、肺癌**

日本東京大學「檀香木脂素及其細胞毒性」，2010年4月《化學與藥學通報》期刊。透過誘導細胞凋亡，對血癌、肺癌細胞具有細胞毒性。

檀香醇有潛力開發成抗癌藥物。台灣南投中台禪寺內有兩根巨大的檀香木。

防風

Saposhnikovia divaricata

乳癌

血癌
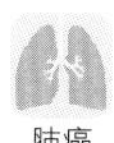
肺癌

科別	傘形科，防風屬，多年生草本植物。
外觀特徵	高 30 至 100 公分，葉羽狀，花黃色。
藥材及產地	以根入藥。主產於中國黑龍江、四川、內蒙古等地。
相關研究	抑制類風濕關節炎，抗炎，抗氧化。
有效成分	人參炔醇 panaxynol， 分子量 244.37 克 / 莫耳

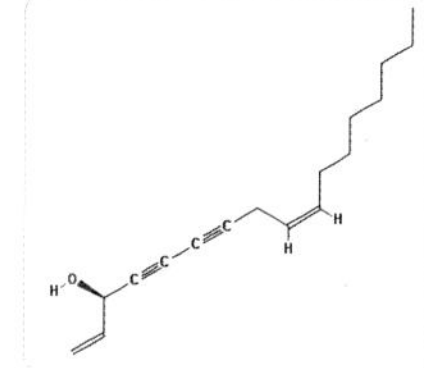

抗癌種類及研究

• 乳癌、血癌

加拿大兒童與家庭研究所「防風抗增生和抗氧化活性」，2007 年 7 月《腫瘤學報告》期刊。對乳癌、血癌有抑制作用。

• 血癌、肺癌

台灣輔仁大學「來自防風的腫瘤細胞生長抑制劑」，2002 年《癌症調查》期刊。防風人參炔醇對血癌、肺癌細胞增生的抑制作用最強。

其他補充

希望不久能從萃取物中找出抗癌活性分子，值得深入研究。

草珊瑚
Sarcandra glabra

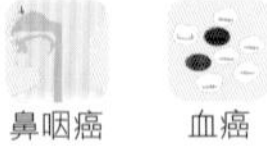

鼻咽癌　血癌

骨肉瘤　子宮頸癌　結腸直腸癌　乳癌

科　　別	金粟蘭科，草珊瑚屬，半灌木，又名九節茶、腫節風。
外觀特徵	高 50 至 120 公分，葉對生，葉緣齒狀，夏季開黃綠色花，穗狀花序，核果紅色。
藥材及產地	以全草入藥。分佈於中國、越南、台灣、日本及朝鮮等地。
相關研究	有降血糖，降血脂，抗氧化，抗炎作用。
有效成分	白朮內酯 atractylenolide III，分子量 248.31 克 / 莫耳

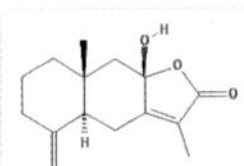

抗癌種類及研究

阿草伯藥用植物園 提供

- **骨肉瘤**

中國天然藥物國家重點實驗室「草珊瑚酸性多醣抑制人類骨肉瘤細胞增生和遷移」，2013 年 12 月 18 日《食物與功能》期刊。酸性多醣具有抗癌潛力。

- **子宮頸癌、結腸直腸癌、乳癌**

中國北京協和醫學院「草珊瑚的新倍半萜內酯」，2013 年《天然物研究》期刊。表現顯著的細胞毒性，抗子宮頸癌、結腸直腸癌和乳癌細胞。

- **鼻咽癌**

中國廣西醫科大學「草珊瑚萃取物對鼻咽癌細胞株凋亡及在體內作用機制」，2008 年 10 月《中藥材》期刊。草珊瑚抑制體內鼻咽癌腫瘤生長，促進細胞凋亡。

- **血癌**

中國香港中文大學「中國藥用植物草珊瑚乙酸乙酯萃取物對人類血癌 HL-60 細胞誘導細胞週期阻滯和上調促凋亡相關的生長抑制」，2007 年 2 月《腫瘤學報告》期刊。萃取物可作為有效的抗癌藥物。

白朮內酯可開發成抗癌藥物。葉可提取精油。

三白草
Saururus chinensis

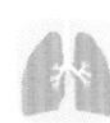

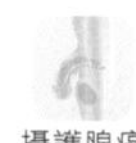

科　　別｜三白草科，三白草屬，多年生草本植物。

外觀特徵｜高 30 至 80 公分，有強烈味道，莖直立，花小，葉片有二或三片變白，因此稱為三白草，蒴果近球形。

藥材及產地｜以根、莖、全草入藥。原產於台灣、中國、日本、菲律賓等地。

相關研究｜抗病毒，抗紫外線造成的皮膚老化，抑制黑色素生成，抗氧化，抗炎，抗氣喘。

有效成分｜新木脂素

抗癌種類及研究

• 肝癌

韓國首爾國立大學「三白草透過內質網壓力誘導肝癌細胞凋亡」，2015 年 9 月《食品化學毒理學》期刊。有抗肝癌作用。

• 胃癌

韓國東國大學「三白草及其成分對胃癌細胞的抑制效果」，2015 年 2 月《植物醫藥》期刊。誘導胃癌細胞凋亡，是潛在的化學治療候選藥物。

• 骨肉瘤

中國吉林大學「內醯胺化合物抑制人類骨肉瘤細胞增生，遷移和侵入」，2015 年 1 月《細胞生物化學與生物物理學》期刊。對人類骨肉瘤細胞具有抗癌活性。

• 子宮頸癌、肺癌

韓國東方醫學研究院「三白草對人類癌細胞株的抗增生新木脂素」，2012 年《生物學與醫藥通報》。顯示出對子宮頸癌和肺癌的抗增生活性。

• 攝護腺癌、乳癌

韓國慶熙大學「三白草二氯甲烷分餾部分透過半胱天冬酶 3 在攝護腺癌和乳癌細胞誘導細胞凋亡」，2011 年 5 月 15 日《植物醫藥》期刊。誘導攝護腺癌和乳癌細胞凋亡。

未發現中藥典籍有記載三白草的抗癌作用，需進一步探討在動物體內的抗癌效果。

雪蓮

Saussurea involucrata

科　　別	菊科，風毛菊屬，多年生草本植物，又名天山雪蓮。
外觀特徵	高 10 至 30 公分，莖圓柱形，中空，莖生葉密集排列，葉片兩面有柔毛，紫紅色管狀花。
藥材及產地	以帶根全草入藥。主產於中國新疆、青海、甘肅等地。
相關研究	有抗缺氧作用，能有效預防急性高原反應，即高山症。也有抗炎止痛效果。
有效成分	高車前素 hispidulin，分子量 300.26 克 / 莫耳 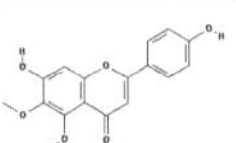

抗癌種類及研究

• 肝癌

韓國韓京大學「雪蓮乙醇萃取物對肝癌細胞的體外抗癌潛力」，2014 年《亞太癌症預防期刊》。雪蓮促使人類肝癌細胞凋亡。

• 胃癌

台灣國立宜蘭大學「高車前素透過信號誘導凋亡，在胃癌的潛在治療角色」，2013 年《依據證據的補充替代醫學》期刊。抑制胃癌細胞生長。

• 攝護腺癌

台灣中國醫藥大學「珍貴中國傳統中草藥雪蓮在人體激素抗性攝護腺癌 PC-3 細胞抑制表皮生長因子受體信號傳遞」，2010 年 3 月 24 日《農業與食品化學期刊》。是激素抗性攝護腺癌細胞的有效抑制劑。

高車前素有潛力開發成抗癌藥物。

雲木香

Saussurea lappa

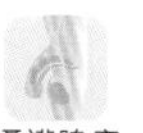

科　　別	菊科，風毛菊屬，多年生草本，又名廣木香或青木香。
外觀特徵	高 1.5 至 2 公尺，花小，暗紫色，瘦果三棱狀。
藥材及產地	以根入藥，是 50 種基本中藥之一。分佈於四川、雲南、貴州及廣西等地，藥材主產於雲南。
相關研究	具有抗氧化活性，抗炎，抗菌治潰瘍，抗關節炎。
有效成分	去氫木香內酯 dehydrocostus lactone，分子量 230.30 克 / 莫耳

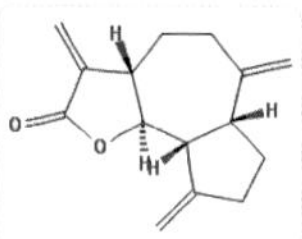

抗癌種類及研究

• 口腔癌

韓國朝鮮大學「雲木香萃取物透過細胞凋亡途徑對人類口腔癌 KB 細胞的抗癌活性」，2013 年 11 月《藥物生物學》期刊。萃取物抑制口腔癌細胞增生。

• 攝護腺癌

韓國翰林大學「從雲木香根中分離的去氫內酯對人類攝護腺癌 DU145 細胞誘導細胞凋亡」，2008 年 12 月《食物與化學毒理學》期刊。活性成分抑制細胞生長，誘導攝護腺癌細胞凋亡。

• 胃癌

韓國首爾國立大學「雲木香誘導胃癌 AGS 細胞週期停滯和凋亡」，2005 年 3 月 18 日《癌症通信》期刊。根萃取物可能是對付胃癌的候選藥物。

• 乳癌、卵巢癌

韓國德成女子大學「去氫木香內酯體外抗癌活性評估」，2010 年 1 月《分子醫學報告》期刊。對乳癌和卵巢癌細胞具抗增生活性。

去氫木香內酯能抑制多種癌細胞，有潛力開發成抗癌藥物。

五味子
Schisandra chinensis

肝癌

結腸癌

乳癌

肺癌

科別	木蘭科，五味子屬，多年生落葉藤本植物，日文稱為朝鮮五味子。
外觀特徵	莖長 4 至 8 公尺，花小，淡黃白色，花梗細長，葉深綠，鋸齒狀，夏秋結漿果，成熟時為紫紅色。
藥材及產地	以乾燥果實入藥。藥材主產於河北、內蒙古等地。
相關研究	能抑制接觸性皮膚炎，抗 B 肝病毒，抗帕金森症，止咳，抗菌，抗氧化，防止神經退化。
有效成分	戈米辛 gomisin A，分子量 416.47 克 / 莫耳 五味子素 schizandrin A，分子量 416.51 克 / 莫耳

抗癌種類及研究

- 肝癌

韓國釜山國立大學「五味子化合物誘導肝癌細胞 p53 依賴性途徑介導的凋亡」，2012 年 9 月《腫瘤學報告》期刊。誘導細胞凋亡，是抗肝癌候選藥物。

- 結腸癌

韓國建國大學「從五味子中分離的化合物誘導細胞凋亡」，2011 年 10 月 15 日《生物有機與藥物化學通信》期刊。對結腸癌細胞有細胞凋亡作用。

- 乳癌

韓國梨花女子大學「五味子分離的木酚素在人類乳癌 T47D 細胞生長抑制和細胞週期阻滯」，2010 年 2 月《植物療法研究》期刊。抑制乳癌細胞增生。

- 肺癌

韓國梨花女子大學「五味子木酚素在人類癌細胞的抗增生作用」，2008 年 1 月 15 日《生物有機與藥物化學通信》期刊。抑制肺癌細胞生長。

戈米辛與五味子素有潛力開發成抗癌藥物。因甜、酸、辣、苦、鹹五味而得名。韓國有五味子茶。

翼梗五味子
Schisandra henryi

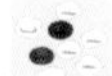
血癌

子宮頸癌

科　別	木蘭科，五味子屬，落葉木質藤本植物。
外觀特徵	小枝紫褐色，葉卵形，花黃色，紅色漿果，種子扁球狀。
藥材及產地	以枝條入藥。主產於中國浙江、江西、雲南等地。
相關研究	未發現有其他功效的報導。
有效成分	三萜類

抗癌種類及研究

• 血癌、子宮頸癌

中國雲南師範大學「翼梗五味子三萜類化合物對血癌及 HeLa 細胞的體外細胞毒性作用」，2003 年 11 月《藥物研究檔案》期刊。對血癌和子宮頸癌細胞具有細胞毒性。

1. 需進一步研究抗癌活性化合物及機制。至今僅有此篇抗癌報告。
2. 客家植物誌稱翼梗五味子果實為「和尚珠子」。3至6月間採集，砍取藤莖，鋸段曬乾。乾燥藤莖呈圓柱形，粗壯，少有分枝。

綿棗兒
Scilla scilloides

肉瘤

科別	風信子科，綿棗兒屬，多年生草本植物。
外觀特徵	高 15 至 40 公分，鱗莖卵球形，花淡紫紅色，蒴果，種子黑色。
藥材及產地	以鱗莖入藥。分佈於中國、俄羅斯、朝鮮、日本、台灣等地。
相關研究	有抗炎及抗氧化作用。
有效成分	寡糖苷

抗癌種類及研究

- 肉瘤

韓國生物科學與技術研究院「綿棗兒寡糖苷類化合物及其抗腫瘤活性」，2002 年 9 月化學與醫藥通報》期刊。動物實驗顯示增加肉瘤小鼠壽命。

其他補充

葉和根可食。應進行更多不同癌細胞株實驗及動物活體內評估抗癌效果。相關的抗癌研究報告目前只有這一篇。

玄參
Scrophularia ningpoensis

血癌

黑色素瘤

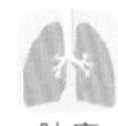
肺癌

科　　別	玄參科，玄參屬，多年生草本植物。
外觀特徵	高 60 至 120 公分，根肥大，圓柱形，棕色或黑褐色，莖方形，直立，葉對生，花暗紫色，蒴果卵形，種子細小。
藥材及產地	以根入藥。分佈於中國東北、華北、南方各地。
相關研究	抗微生物，也可改善多巴胺能神經變性和運動障礙
有效成分	桂皮酸 cinnamic acid，分子量 148.15 克 / 莫耳

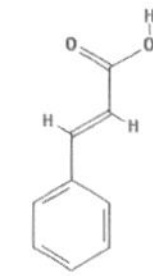

抗癌種類及研究

• 血癌、黑色素瘤、肺癌

比利時布魯塞爾自由大學「玄參的糖酯和環烯醚萜苷」，2005 年 5 月《植物化學》期刊。對血癌、黑色素瘤、肺癌有抑制活性。

其他補充

1. 桂皮酸可開發成抗癌藥物。玄參，俗稱寧波玄參或中國玄參，二名法中以產地寧波（Ningpo）來描述。介紹當地出生的一位著名科學家。

2. 屠呦呦（1930-），中國藥學家，生於浙江省寧波市。北京大學醫學院藥學系畢業。抗瘧藥青蒿素和雙氫青蒿素發現者，2015 年獲諾貝爾生理醫學獎。其名取自《詩經》中的「呦呦鹿鳴，食野之蒿」。曾說「青蒿素的發現是中國傳統醫學給人類的一份禮物」。從葛洪《肘後備急方》獲得靈感，以乙醚萃取黃花蒿，獲得青蒿素。

黃芩
Scutellaria baicalensis

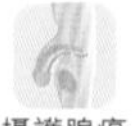

骨髓瘤　乳癌　攝護腺癌　肝癌
卵巢癌 子宮頸癌　胰臟癌 膀胱癌　結腸癌　食道癌　血癌

科　　別｜唇形科，黃芩屬，多年生草本植物。

外觀特徵｜高30公分，莖直立，根肥大，葉對生，花期7、8月，花頂生，花紫紅色或藍色。

藥材及產地｜以乾燥根入藥，是50種基本中藥之一。分佈於俄國遠東地區、蒙古、中國及朝鮮半島。

相關研究｜能降低體重和血中三酸甘油酯，抗糖尿病，抗自由基，抗氧化。

有效成分｜黃芩素 baicalein，分子量 270.24 克 / 莫耳
漢黃芩素 wogonin，分子量 284.26 克 / 莫耳

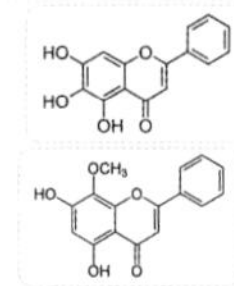

抗癌種類及研究

阿草伯藥用植物園 提供

• 卵巢癌

中國天津聯合醫學中心「黃芩素透過抑制信號通路抑制卵巢癌細胞基質金屬蛋白酶2表達」，2015年7月《抗癌藥物》期刊。抑制卵巢癌細胞侵入能力，有潛力作為卵巢癌治療藥物。

• 結腸癌

韓國釜山國立大學「黃芩的有效成分黃芩素誘導人類結腸癌細胞凋亡，抑制小鼠體內結腸癌」，2013年11月《國際腫瘤學期刊》。黃芩素顯著降低腫瘤形成與炎症的發生，是預防結腸癌候選藥物。

• 子宮頸癌

韓國建國大學「漢黃芩素透過抑制蛋白表達和激活內在信號傳導途徑，誘導子宮頸癌 HPV-16 細胞凋亡」，2013年8月《細胞生物學與毒理學》期刊。促進子宮頸癌細胞凋亡。

• 膀胱癌

台灣國立嘉義大學「黃芩的黃芩素抗膀胱腫瘤作用及其體內應用」，2013年《依據證據的補充替代醫學》期刊。在體內有抗膀胱癌作用。

• **食道癌**

中國鄭州大學「黃芩素透過調節信號通路，誘導食道鱗狀癌細胞凋亡」，2013 年 2 月《腫瘤學通信》期刊。在體外顯著抑制食道癌細胞生長，誘導凋亡。

• **骨髓瘤**

中國廣州中山大學「漢黃芩素誘導人類骨髓瘤細胞株細胞凋亡，透過下調磷酸化蛋白的過度表達」，2013 年 1 月 17 日《生命科學》期刊。漢黃芩素可能是多發性骨髓瘤的潛在治療劑。

• **乳癌**

中國泉州華僑大學「漢黃芩素透過調節信號通路，下調生存素，誘導人類乳癌 MCF-7 細胞凋亡」，2012 年 2 月《國際免疫藥理學》期刊。誘導乳癌細胞凋亡。

• **攝護腺癌**

美國紐約大學「黃芩萃取物抗攝護腺癌的分子機制」，2007 年《營養與癌症》期刊。黃芩可能是新型的攝護腺癌治療藥物。

• **乳癌，肝癌，攝護腺癌、結腸癌**

美國紐約大學「黃芩及其抗癌活性的潛在機制」，2002 年 10 月《替代與補充醫學期刊》。抑制乳癌，肝癌，攝護腺癌和結腸癌。黃芩可作為新型抗癌劑，治療各種癌症。

• **胰臟癌**

美國加州大學洛杉磯分校「黃芩有效成分黃芩素下調蛋白誘導人類胰臟癌細胞凋亡」，2011 年 8 月《生物化學與生物物理學報》期刊。黃芩素誘導胰臟癌細胞凋亡。

• **血癌**

台灣長庚大學「黃芩活性化合物漢黃芩素對血癌 HL-60 細胞誘導細胞凋亡，降低端粒酶活性」，2010 年 1 月《植物醫藥》期刊。漢黃芩素可能是抑制血癌生長的主要化合物。

黃芩素及漢黃芩素極有潛力開發成抗癌藥物。

半枝蓮

Scutellaria barbata

卵巢癌
子宮頸癌

口腔癌
鼻咽癌

血癌

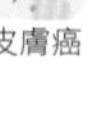
皮膚癌

結腸直腸癌

乳癌

攝護腺癌

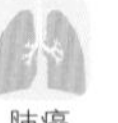
肺癌

肝癌

科　　別｜唇形科，黃芩屬，一或二年生草本植物，又名向天盞、牙刷草。

外觀特徵｜高 30 至 40 公分，莖直立，綠色，葉對生，藍紫色唇形花，外披柔毛。

藥材及產地｜以全草入藥。產於中國江蘇、廣東、雲南等地。

相關研究｜精油具抗菌活性。

有效成分｜黃半枝蓮鹼 scutebarbatine，分子量 573.63 克 / 莫耳

抗癌種類及研究

• 結腸直腸癌

中國福建中醫藥大學「半枝蓮透過多條信號通路，抑制大腸癌生長」，2013 年 11 月 13 日《整合癌症療法》期刊。誘導結腸癌細胞凋亡，在結腸直腸癌小鼠模式有抗腫瘤活性。

• 乳癌、攝護腺癌

美國加州大學柏克萊分校「半枝蓮萃取物透過癌細胞表型的不同機制，抑制人類乳癌和攝護腺癌細胞增生」，2010 年 8 月 15 日《癌症生物學與療法》期刊。對乳癌和攝護腺癌細胞有抑制作用。

• 肺癌

中國右江民族醫學院「半枝蓮萃取物對人類 SPC-A-1 細胞誘導凋亡及凋亡相關基因表達的作用」，2007 年 10 月《中藥材》期刊。能抗肺癌細胞。

• 肝癌

中國西安交通大學「半枝蓮萃取物透過粒線體途徑及半胱天冬酶 3 誘導肝癌 H22 細胞凋亡」，2008 年 12 月 28 日《世界腸胃道學期刊》。有效抑制小鼠肝癌細胞增生，誘導凋亡。

• 血癌

韓國全北國立大學「半枝蓮在人類早幼粒細胞血癌 HL-60 細胞株誘導週期阻滯和凋亡」，2007 年 7 月《國際分子醫學期刊》。抑制血癌細胞生長，可能是由於細胞週期阻滯和誘導細胞凋亡。

• 鼻咽癌、口腔癌、結腸癌

中國煙台大學「半枝蓮新克羅二萜類生物鹼具有細胞毒性」，2008 年 2 月《化學與醫藥通報》期刊。對人類鼻咽癌、口腔表皮樣癌和結腸癌細胞有顯著細胞毒性。

• 子宮頸癌、卵巢癌、皮膚癌

韓國成均館大學「半枝蓮對人體癌細胞和皮膚癌腫瘤發生的化學預防」，2007 年2 月《植物療法研究》期刊。半枝蓮對子宮頸癌和卵巢癌細胞生長有抑制作用，並抑制小鼠皮膚癌模式的腫瘤發生。

其他補充

半枝蓮、半邊蓮、穿心蓮為 3 種不同科屬植物。這 3 種中藥皆能抗癌。台灣立景生技公司與中國醫藥大學張建國教授產學合作，證實半枝蓮對大腸癌細胞有抑制作用。在東莞一家藥房買了半枝蓮，相當便宜，一大包人民幣 15 元，沖熱水當茶喝，味道佳。珠海往廣州，情侶南路沿海北上，一路林木花草，修整得很仔細。夜裡從珠江船上看去，廣州塔由遠而近，燈光變化出各種色彩。民間抗癌藥方半枝蓮與白花蛇舌草，確實具有一定的功效。

一葉萩
Securinega suffruticosa

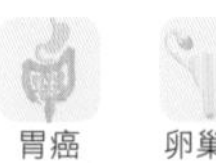

乳癌　結腸癌

科　　別｜大戟科，白飯樹屬，落葉灌木，又名葉底珠。

外觀特徵｜高 1 至 3 公尺，莖分枝密，單葉互生，淡黃色小花，蒴果扁球狀，熟時紅褐色，種子卵形。

藥材及產地｜以枝葉、花或根入藥，是 50 種基本中藥之一。分佈在中國、蒙古、俄羅斯、朝鮮及日本。

相關研究｜未發現有其他功效的報導。

有效成分｜一葉秋鹼 securinine，分子量 217.26 克 / 莫耳

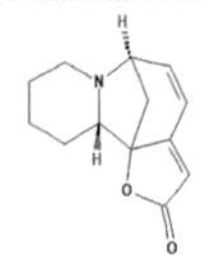

抗癌種類及研究

- **乳癌**

中國皖南醫學院「一葉秋鹼對人類乳癌 MCF-7 細胞抗增生活性及細胞凋亡誘導機制」，2014 年 3 月《藥學》期刊。抗乳癌細胞，可開發為抗腫瘤藥物。

- **結腸癌**

中國皖南醫學院「一葉秋鹼透過影響蛋白表達在人類結腸癌 SW480 細胞誘導細胞凋亡」，2012 年 5 月《藥學》期刊。以細胞凋亡模式，導致結腸癌細胞死亡。

- **肺癌、肝癌、胃癌、結腸癌，卵巢癌**

中國北京協和醫學院「一葉萩癒傷組織的三個新二萜類化合物」，2005 年 12 月《化學與醫藥通報》期刊。化合物顯示出對肺癌、肝癌、胃癌、結腸癌，卵巢癌具有細胞毒性。

天然物是抗腫瘤藥物的珍貴來源。一葉秋鹼是從一葉萩的葉或根中萃取的天然物，有潛力開發成抗癌藥物。

垂盆草
Sedum sarmentosum

肝癌

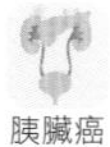
胰臟癌

科　　別｜景天科，景天屬，多年生草本植物。

外觀特徵｜莖匍匐地面，葉三片輪生，夏季開黃色小花。

藥材及產地｜以全草入藥。分佈於中國、朝鮮及日本。

相關研究｜抗炎，抗菌，抗氧化和抗疼痛作用。

有效成分｜萃取物

抗癌種類及研究

• 胰臟癌

中國重慶醫科大學「垂盆草萃取物誘導細胞凋亡，並透過信號通路抑制胰臟癌細胞增生」，2016年5月《腫瘤學報告》期刊。在體外和體內對胰臟癌有抗癌活性，抑制腫瘤生長。

• 肝癌

中國南京大學「垂盆草水萃取物在體外的抗腫瘤活性」，2010年2月《癌症生物療法與放射性藥物》期刊。有潛力預防和抑制肝癌。

1. 期待從萃取物中找出抗癌活性化合物。
2. 南京藥用植物園位於南京市北郊，隸屬中國藥科大學中藥學院，佔地25公頃，年均溫15.4度。種植藥用植物1100餘種，收集金銀花、柴胡、元胡、石斛、射干、太子參、玄參等大量品種資源，並參與編著《藥用植物化學分類學》、《中國藥用植物栽培學》等書。作者在上海工作期間曾訪問南京中國藥科大學。

石上柏
Selaginella doederleinii

肝癌

鼻咽癌

科　　別	卷柏科，卷柏屬，多年生蕨類植物，又名生根卷柏、深綠卷柏。
外觀特徵	高 25 至 45 公分，莖匍匐生長，分枝處常生出細根，可將莖葉撐起，孢子囊群集枝條頂端。
藥材及產地	以乾燥全草入藥。原產地中國、日本、中南半島、台灣。
相關研究	有抗氧化作用。
有效成分	萃取物

抗癌種類及研究

• 肝癌

中國湖北中醫藥大學「石上柏乙酸乙酯萃取物在體外和體內的抗腫瘤活性及其機制」，2015 年《依據證據的補充與替代醫學》期刊。有抗肝癌活性，但對正常細胞無明顯毒性。

• 鼻咽癌

中國第二軍醫大學「活性氧介導的粒線體功能障礙參與石上柏萃取物誘導的人類鼻咽癌 CNE 細胞凋亡」，2011 年 10 月 31 日《民族藥理學期刊》。提供了治療鼻咽癌的分子理論基礎。

阿草伯藥用植物園 提供

其他補充

石上柏是流行的抗癌草藥，但可能包含尚未確定的物質，會導致可逆的骨髓抑制。

卷柏

Selaginella tamariscina

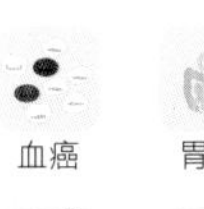

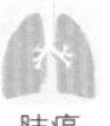

科　　別｜卷柏科，卷柏屬，多年生常綠草本植物，又名還魂草。

外觀特徵｜高 5 至 15 公分，呈蓮座形，莖短，直立，匍匐地面，分枝具簡單鱗狀小葉，葉下有孢子囊，含大孢子和小孢子。乾燥條件下會捲成棕色球，地面潮濕時，棕色球則變綠。

藥材及產地｜以全草入藥。分佈於中國東北、華北、四川等地。

相關研究｜有降脂，抗氧化，抗糖尿病作用。

有效成分｜阿曼托黃素 amentoflavone，分子量 538.46 克 / 莫耳

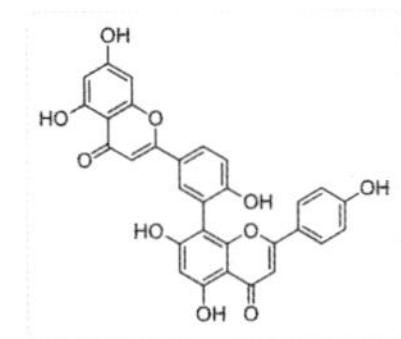

抗癌種類及研究

• 骨肉瘤

台灣中山醫學大學「卷柏經由信號通路降低基質金屬蛋白酶分泌，對人類骨肉瘤細胞有抗轉移作用」，2013 年 9 月《食品化學毒理學》期刊。可能是預防骨肉瘤轉移的候選藥物。

• 乳癌

台灣桃園醫院「阿曼托黃素透過粒線體依賴性途徑誘導乳癌 MCF-7 細胞週期阻滯和凋亡」，2012 年 11 月《體內實驗》期刊。誘導乳癌細胞凋亡，可能是潛在的乳癌治療劑。

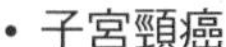

• 子宮頸癌

韓國建國大學「雙黃酮類阿曼托黃素透過抑制蛋白表達，細胞週期阻滯及粒線體內在途徑誘導人類子宮頸癌細胞凋亡」，2011 年 7 月《藥用食物期刊》。具有作為治療子宮頸癌藥物的潛力。

• **肺癌**

台灣中山醫學大學「卷柏對肺癌細胞在體外和體內的抗轉移活性」，2007 年 4 月 4 日《民族藥理學期刊》。是肺癌的抗轉移候選藥物。

• **血癌**

韓國圓光大學「卷柏透過半胱天冬酶介導的機制誘導人類早幼粒血癌細胞凋亡」，2006 年夏季《藥用食物期刊》。誘導血癌細胞凋亡。

• **胃癌**

韓國啟明大學「卷柏對體外腫瘤細胞生長，p53 表達，細胞週期阻滯和體內胃癌細胞增生的作用」，1999 年 9 月 20 日《癌症通信》期刊。可能成為胃癌的化學預防候選藥物。

其他補充

阿曼托黃素有潛力開發成抗癌藥物。目前關於卷柏的研究，主要國家為韓國和台灣，表示這兩國的科學家對其抗癌效果有很大的興趣。

天葵
Semiaquilegia adoxoides

肝癌

科別	毛茛科，天葵屬，多年生草本植物。
外觀特徵	高 10 至 30 公分，塊根棕黑色，莖直立，複葉，花白色，帶淡紫，蓇葖果，黑褐色種子多數。
藥材及產地	以乾燥塊根入藥，稱為天葵子。分佈於中國陝西、江蘇、貴州等地。
相關研究	所含成分可作為治療嗜中性球炎症疾病的先導化合物。
有效成分	萃取物

抗癌種類及研究

• 肝癌

中國新鄉醫學院「天葵萃取物對人類肝癌細胞的抑制作用研究」，2013 年 8 月 12 日《非洲傳統補充與替代醫學期刊》。具有抗肝癌和抗增生活性。

1. 應進一步從天葵萃取物中找出抗癌活性化合物。
2. 百度百科記載的天葵別名，充滿鄉土氣息，別有趣味。雷丸草《外丹本草》，夏無踪《植物名實圖考》，小烏頭《植物學大辭典》，老鼠屎草《江蘇植藥誌》，旱銅錢草《湖南藥物誌》。

鋸棕櫚
Serenoa repens

膠質瘤
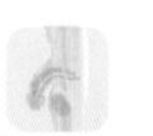
攝護腺癌

骨髓瘤

科　　別｜棕櫚科，鋸葉棕屬植物，又名鋸齒棕。

外觀特徵｜高 2 至 4 公尺，莖直立，掌狀棕櫚葉，葉柄佈滿細尖刺，花淺黃色，結暗紅色核果。

藥材及產地｜以果實、種子入藥。原產於美國南部，從大西洋沿岸至墨西哥灣沿岸。

相關研究｜臨床研究顯示，鋸棕櫚萃取物能改善雄性禿。市面上宣稱能改善攝護腺腫大。

有效成分｜萃取物

抗癌種類及研究

- **膠質瘤**

中國瀋陽醫科大學「鋸棕櫚在人類膠質瘤細胞誘導生長停滯，細胞凋亡和信號去活化」，2015 年 12 月《癌症研究治療技術》期刊。對膠質瘤患者可能有幫助。

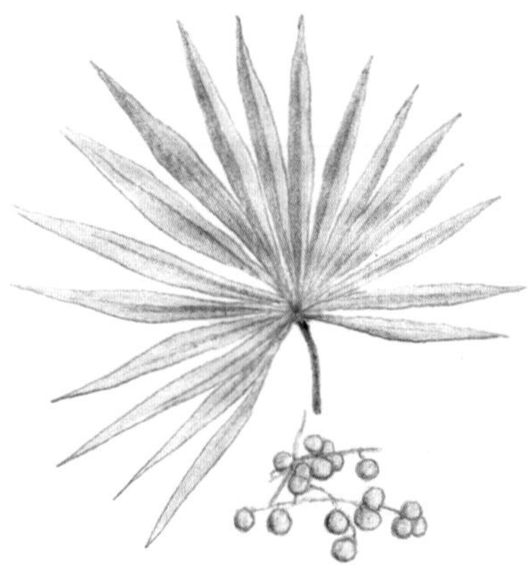

- **攝護腺癌**

義大利帕多瓦大學「鋸棕櫚萃取物在人類攝護腺癌細胞激活內在凋亡途徑」，2009 年 5 月《BJU 國際》期刊。誘導攝護腺癌細胞凋亡。

- **骨髓瘤**

中國瀋陽中醫藥大學「鋸棕櫚經由信號去活化誘導人類多發性骨髓瘤細胞生長停滯和凋亡」，2009 年 8 月《腫瘤學報告》期刊。也許可用於治療多發性骨髓瘤。

期待從鋸棕櫚萃取物中找出抗癌活性化合物。

乳薊

Silybum marianum

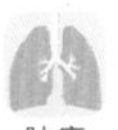

科別	菊科，乳薊屬，二年生草本植物，又名水飛薊。
外觀特徵	高 30 至 200 公分，莖有溝槽，空心、無毛，羽狀複葉，刺狀邊緣，白色葉脈，開紫紅色花。
藥材及產地	以種子入藥。原產於地中海沿岸地區。
相關研究	治療糖尿病，預防阿茲海默症。保肝，抗氧化，抗炎。
有效成分	水飛薊賓 silibinin，分子量 482.44 克 / 莫耳

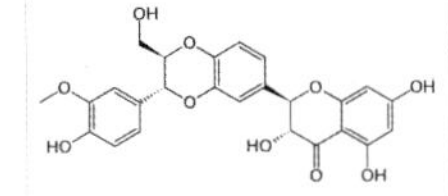

抗癌種類及研究

• 黑色素瘤

美國阿拉巴馬大學「水飛薊素在體外和體內抑制黑色素瘤細胞生長」，2015 年 11 月《分子癌症發生學》期刊。對黑色素瘤細胞生長有化學治療效果。

• 乳癌

中國同濟大學「天然黃酮類化合物水飛薊賓在人類乳癌 MCF7 細胞誘導自噬」，2015 年 6 月《腫瘤學報告》期刊。有抗乳癌作用。

• 攝護腺癌

美國科羅拉多大學「水飛薊素介導的癌症化學預防分子機制」，2013 年 7 月《AAPS 期刊》。是攝護腺癌化學預防劑的候選藥物。

• 肺癌

美國科羅拉多大學「水飛薊素對肺癌生長和進展的化學預防和抗癌功效」，2013 年《營養與癌症》。提出抗肺癌的機制。

水飛薊賓極有潛力開發成抗癌藥物。乳薊可食用，春季時嫩芽可水煮或加上奶油烹調。

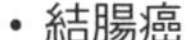

• 結腸癌

法國斯特拉斯堡大學「水飛薊素在人類結腸癌細胞觸發凋亡信號途徑及自噬反應」，2011 年 10 月《細胞凋亡》期刊。具有抗結腸癌特性。

青風藤
Sinomenium acutum

乳癌

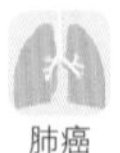
肺癌

科　別	防己科，風龍屬，多年生木質藤本植物，又名青藤。
外觀特徵	長可達 20 公尺，塊狀根，莖圓柱形，灰褐色，葉互生，革質卵圓形，花淡綠色，扁球裝核果，熟時暗紅色，種子半月形。
藥材及產地	以根、藤莖入藥。分佈於中國河南、廣西、四川、貴州等地。
相關研究	治療風濕。
有效成分	青藤鹼 sinomenine，分子量 329.39 克 / 莫耳

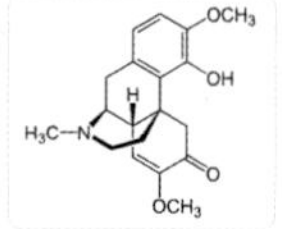

抗癌種類及研究

• 乳癌

中國西安交通大學「青藤鹼誘導血管正常化，抑制乳腺腫瘤生長和轉移」，2015 年 3 月《科學報告》期刊。在小鼠乳癌模式中，它誘導血管成熟，對乳癌有抗腫瘤及抗轉移效果。

• 肺癌

中國醫科大學附屬盛京醫院「青藤鹼在體外對人類肺癌細胞株的增生和凋亡作用」，2010 年 1 月《分子醫學報告》期刊。青藤鹼透過粒線體途徑，抑制細胞增生，對肺癌細胞有顯著的凋亡作用，是具潛力的肺癌化學預防候選藥物。

中藥典籍中未發現有青風藤的抗癌作用，青藤鹼有希望開發成抗癌藥物。

菝葜

Smilax china

卵巢癌
子宮頸癌

乳癌

皮膚癌

血癌

科　　別｜菝葜科，菝葜屬，多年生藤本植物。

外觀特徵｜高 1 至 3 公尺，莖有刺，葉互生，開黃綠色花，漿果紅色。

藥材及產地｜根莖可入藥。分佈於中國、朝鮮半島和日本。

相關研究｜有抗肥胖效果及抗愛滋病毒活性。

有效成分｜山柰酚葡萄糖苷 kaempferol glucopyranoside，分子量 448.38 克 / 莫耳

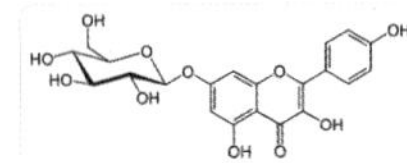

抗癌種類及研究

• 卵巢癌

中國三峽大學「菝葜根莖萃取物在卵巢癌細胞抑制核因子，誘導細胞凋亡」，2015 年 12 月《中國整合醫學期刊》。提供治療卵巢癌的分子基礎。

• 乳癌

中國安徽醫科大學「菝葜多酚對乳癌細胞的細胞毒性」，2010 年 8 月 9 日《民族藥理學期刊》。多酚活性成分能抗乳癌細胞。

• 子宮頸癌

中國華東大學「從菝葜根莖分離的山柰酚葡萄糖苷誘導 HeLa 細胞週期阻滯和凋亡」，2008 年 6 月 18 日《癌症通信》期刊。具顯著的抗腫瘤效果，可能有治療子宮頸癌的潛力。

• 皮膚癌、血癌

中國華東科技大學「菝葜根莖黃酮苷在體外對人類腫瘤細胞株的抗癌作用」，2007 年 8 月 15 日《民族藥理學》期刊。誘導皮膚癌和血癌細胞凋亡及細胞週期阻滯。

山柰酚葡萄糖苷可開發成抗癌藥物。葉可用來製作日本柏餅。菝葜在婦女癌症中可能扮演重要的抗癌角色。

土茯苓

Smilax glabra

乳癌

肝癌

胃癌
結腸癌

科別	菝葜科，菝葜屬，多年生常綠灌木。
外觀特徵	莖無刺，單葉互生，開白色或黃綠色花，漿果紅色。
藥材及產地	以根莖入藥。原產於中國南部和台灣。
相關研究	有抗過敏，抗氧化和抗炎活性。
有效成分	萃取物

抗癌種類及研究

• 乳癌、結腸癌、胃癌

中國北京大學「粒線體凋亡與土茯苓的抗癌作用有關」，2011 年 11 月 30 日《毒理學通信》期刊。抑制人類乳癌、結腸癌和胃癌細胞生長。

• 肝癌

中國澳門大學「土茯苓萃取物對肝癌細胞抗增生及促凋亡作用」，2008 年 1 月 10 日《化學生物學交互作用》期刊。具有抗肝腫瘤生長活性。

其他補充

土茯苓與茯苓為不同科屬植物，龜苓膏裡不含茯苓。龜苓膏是香港、廣東一帶的傳統食品，製成膏狀，土茯苓是主成分之一，其他藥材包括龜板、金銀花、生地、甘草等，許留山甜品店為有名的龜苓膏販賣店，創辦人許留山早期在街頭售賣龜苓膏、涼茶和中藥。香港浸會大學設有中醫藥學院。一般在各個中草藥條目下，維基百科都有香港浸會大學藥用植物圖像數據庫及中藥材圖像數據庫的連結，提供學名、圖像等資料。從澳門乘噴射船往香港，珠江水染黃了這片海，海水打在船艙窗戶，於是雲山多了一條一條的水紋。

港澳間的黃色海洋

牛尾菜

Smilax riparia

血癌　肝癌　肺癌　乳癌　結腸癌

科　　別	菝葜科，菝葜屬，多年生草質藤本植物，又名烏蘇里山馬薯。
外觀特徵	莖中空，葉互生，花腋生，淡綠色，漿果黑色。
藥材及產地	以根及根狀莖入藥。分佈於中國廣東、廣西、貴州等地。
相關研究	增強尿酸排出，有效減輕高尿酸血症及痛風症狀。
有效成分	苯丙苷

抗癌種類及研究

• 血癌、肝癌、肺癌、乳癌、結腸癌

中國南京理工大學「牛尾菜的腫瘤細胞毒性和抗氧化苯丙苷」，2013 年 9 月 16 日《民族藥理學期刊》。對血癌、肝癌、肺癌、乳癌、結腸癌有細胞毒性。

其他補充

苯丙苷具抗癌作用，未來需以動物實驗進一步確認抗癌效果。抗癌報告僅此一篇。嫩苗可供蔬食，外形就像牛尾。百度百科記載，採尚未展葉的牛尾菜幼苗，鮮用、鹽漬、涼拌、炒食均可，也可做成什錦鹹菜。

黃水茄

Solanum incanum

肝癌

乳癌
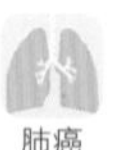
肺癌

科　　別｜茄科，茄屬，多年生草本植物，又名野茄、刺蘋果。

外觀特徵｜高 1 至 2 公尺，全株有毛，葉互生，花藍色或白色，漿果球形，成熟後為黃色。

藥材及產地｜以根、葉、果實入藥。原產於非洲，亞洲也有分佈。

相關研究｜臨床試驗正在評估黃水茄萃取物凝膠完全清除外生殖器疣的效力。

有效成分｜茄邊鹼 solamargine，分子量 868.06 克 / 莫耳

抗癌種類及研究

• 肝癌

台灣高雄醫學大學「黃水茄糖生物鹼茄邊鹼對人類肝癌細胞凋亡抗癌活性評估」，2000 年 12 月 15 日《生化藥理學》期刊。說明了黃水茄對人類肝癌細胞的抗癌作用機制。

• 乳癌

台灣高雄醫學大學「茄邊鹼誘導細胞凋亡並使乳癌細胞對順鉑敏感化」，2007 年 11 月《食品與化學毒理學》期刊。誘導乳癌細胞凋亡。

• 肺癌

台灣義守大學「茄邊鹼在人類肺癌細胞增強癌細胞對 TNFS 敏感性的作用」，2004 年 11 月 5 日《FEBS 通信》期刊。對人類肺癌細胞顯示細胞毒性。

其他補充

有毒。茄邊鹼可開發成抗癌藥物。此照片拍攝於南投竹山台灣民間藥用植物園。

白英
Solanum lyratum

子宮頸癌

肝癌
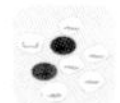
血癌
鼻咽癌

骨肉瘤

胃癌
結腸癌

科　　別｜茄科，茄屬，多年生草質藤本，又名白毛藤。

外觀特徵｜長可達 4 公尺。根條狀，莖蔓生，花淡黃白色，漿果球形，成熟後暗紅色。

藥材及產地｜全草可入藥。產於中國甘肅、陝西、山西等地，日本、朝鮮、台灣、中南半島也有分佈。

相關研究｜有抗炎活性。

有效成分｜去氫催吐蘿芙木醇 dehydrovomifoliol，分子量 222.28 克 / 莫耳

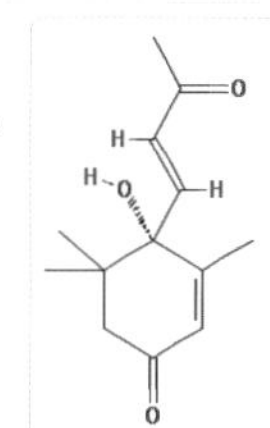

抗癌種類及研究

• 血癌、鼻咽癌、結腸癌

中國煙台大學「白英新的倍半萜類衍生物及其細胞毒性」，2013 年 10 月 29 日《亞太天然物研究期刊》。對血癌、鼻咽癌、結腸癌細胞有顯著細胞毒性。

• 骨肉瘤

台灣中國醫藥大學「白毛藤萃取物對骨肉瘤細胞誘導細胞週期阻滯和凋亡的影響」，2013 年《營養與癌症》期刊。透過凋亡途徑，殺死骨肉瘤細胞。

• 胃癌

中國南昌大學「白毛藤萃取物誘導人類胃癌細胞凋亡研究」，2009 年 2 月《中藥材》期刊。抑制胃癌細胞增生。

• 子宮頸癌

中國湖南大學「白英總皂苷在 HeLa 細胞透過誘導細胞凋亡的抗增生活性」，2008 年 11 月《藥學》期刊。對子宮頸癌細胞有抗增生作用。

• 肝癌、胃癌、肉瘤

中國瀋陽藥科大學「白毛藤乙醇萃取物抗腫瘤作用初步研究」，2006 年 3 月《中國中藥雜誌》。抑制肝癌、胃癌細胞及小鼠肉瘤。

去氫催吐蘿芙木醇有潛力開發成抗癌藥物。

龍葵
Solanum nigrum

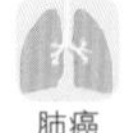
肺癌

結腸癌

肝癌
攝護腺癌

子宮頸癌

乳癌
黑色素瘤

血癌

科　　　別｜茄科，茄屬，又名烏甜菜，一年生草本植物。

外觀特徵｜高 30 至 120 公分，莖直立，多分枝，心形葉互生，夏季開白色小花，球形漿果，成熟後紫黑色。

藥材及產地｜以全草入藥。廣泛分佈於亞歐大陸，美洲和澳洲也可發現。

相關研究｜抗氧化，抗炎，保肝，利尿和解熱。

有效成分｜茄邊鹼 solamargine，分子量 868.06 克 / 莫耳

龍膽酸 gentisic acid，分子量 154.12 克 / 莫耳

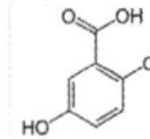

抗癌種類及研究

• 肺癌

中國廣州中醫藥大學「針對信號傳導和轉錄激活，茄邊鹼抑制人類肺癌細胞生長並誘導凋亡」，2014 年 8 月《腫瘤生物學》期刊。抑制非小細胞肺癌生長。

• 結腸癌

中國上海中醫藥大學「龍葵對人類結腸癌細胞的作用」，2013 年 6 月《中藥材》期刊。抑制結腸癌細胞增生、黏附、遷移和侵入。

• 肝癌

中國南京農業大學「龍葵茄邊鹼誘導人類肝癌細胞凋亡」，2011 年 12 月 31 日《民族藥理學期刊》。透過半胱天冬酶活化，誘導細胞凋亡，抑制肝癌細胞增生。

• 攝護腺癌

美國凱斯西儲大學「富含多酚的龍葵萃取物在人類攝護腺癌細胞的細胞週期阻滯和誘導凋亡」，2012 年 2 月《國際分子醫學期刊》。導致攝護腺癌細胞凋亡，但不影響正常的攝護腺上皮細胞。

• 子宮頸癌

中國燕山大學「龍葵水萃取物透過調節小鼠免疫反應和誘導腫瘤細胞凋亡，抑制子宮頸癌生長」，2008 年 12 月《植物療法》期刊。可對抗子宮頸癌。

• 乳癌

台灣國立台灣大學「龍葵萃取物和葉水萃取物及其主要黃酮類化合物的化學成分誘導乳癌細胞自噬」，2010 年 8 月 11 日《農業與食品化學期刊》。葉子含高濃度龍膽酸、木犀草素、芹菜素、山柰酚和香豆酸，對乳癌細胞誘導細胞凋亡，可治療乳癌。

• 黑色素瘤

台灣中山醫學大學「龍葵水萃取物在體外和體內抑制小鼠黑色素瘤細胞轉移」，2010 年 11 月 24 日《農業與食品化學期刊》。龍葵顯著抑制細胞遷移和侵入，可用於治療轉移性黑色素瘤。

• 血癌

印度傑匹資訊科技學院「龍葵對人類血癌細胞株的抗增生作用」，2012 年 9 月《印度藥學期刊》。萃取物抑制血癌細胞生長。

其他補充

漿果和葉均可食用。茄邊鹼及龍膽酸可開發成抗癌藥物。鄉下田間四處可見龍葵，小時候喜愛摘其紫黑色漿果吃，微甜。

苦苣菜
Sonchus oleraceus

胃癌

肝癌
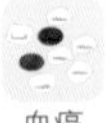
血癌

科　　別	菊科，苦苣菜屬，一或二年生草本植物，又名苦菜。
外觀特徵	高 50 至 100 公分，根紡錘狀，莖中空，葉有苦味，花黃色，瘦果橢圓形，成熟後紅褐色。
藥材及產地	以全草入藥。原產於歐洲，主要分佈在中國、朝鮮、日本及東南亞等地。
相關研究	有降血糖，抗氧化，抗炎，解熱作用，也有類似抗憂鬱效果。
有效成分	萃取物

抗癌種類及研究

阿草伯藥用植物園 提供

• 肝癌、血癌

中國西北工業大學「中國兩種傳統藥用植物苦苣菜和叉子圓柏熱水萃取物的抗腫瘤作用」，2016 年 6 月 5 日《民族藥理學期刊》。具有抗肝癌和血癌效果，可開發成新抗癌藥物。

• 胃癌

韓國國立江原大學「苦苣菜萃取物的抗氧化和細胞毒性」，2007 年《營養研究與應用》期刊。對胃癌細胞生長有抑制活性。

其他補充

期望不久能純化出活性抗癌化合物。
目前國際上只有兩篇苦苣菜抗癌報告。

苦豆子

Sophora alopecuroides

子宮頸癌　結腸癌

科別	豆科，槐屬，灌木。
外觀特徵	枝有毛，羽狀複葉，互生，小葉灰綠色，開蝶形黃色花，莢果串珠狀，種子淡黃色。
藥材及產地	以全草入藥。分佈於中國內蒙古、新疆、西藏等地。
相關研究	有抗幽門螺旋桿菌作用，對慢性結腸炎也有保護功效。
有效成分	槐定鹼 sophoridine， 分子量 248.36 克 / 莫耳

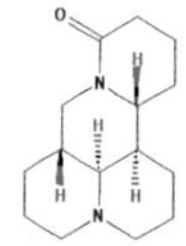

抗癌種類及研究

• 子宮頸癌

中國新疆大學「苦豆子種子分離出的新凝集素具有抗真菌和抗增生活性」，2012 年 7 月《生物化學與生物物理學報》。抑制人類子宮頸癌細胞。

• 結腸癌

中國南方醫科大學「苦豆子總生物鹼對 SW480 細胞和小鼠移植腫瘤的影響」，2011 年 7 月《中藥材》期刊。對人類結腸癌細胞和小鼠異種移植腫瘤具抗腫瘤作用。

其他補充

槐定鹼有潛力開發成抗癌藥物。

苦參
Sophora flavescens

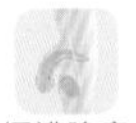

攝護腺癌　肺癌　乳癌　卵巢癌

胃癌 結腸癌　骨肉瘤 骨髓瘤　肝癌 膽囊癌　胰臟癌　血癌

科　　別｜豆科，槐屬，多年生草本植物。

外觀特徵｜高 1 至 2 公尺，根圓柱狀，莖直立，羽狀複葉，花蝶形，淡黃白色。

藥材及產地｜以根入藥。分佈於中國、俄羅斯、日本等地。

相關研究｜具有發展成新的抗胰島素抵抗藥物的潛力。

有效成分｜苦參鹼 matrine，分子量 248.36 克 / 莫耳

次苦參素 kuraridin，分子量 438.51 克 / 莫耳

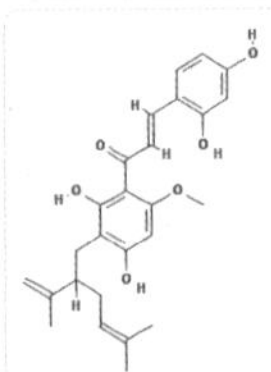

抗癌種類及研究

• 結腸癌

中國湖北理工學院「苦參鹼對人類結腸癌 HT29 細胞增生及抗腫瘤作用機制」，2013 年 9 月《腫瘤學通信》期刊。可當成結腸癌新治療藥劑。

• 乳癌

中國煙台中醫藥醫院「苦參鹼透過信號傳導途徑，有效抑制乳癌細胞增生」，2013 年 8 月《腫瘤學通信》期刊。可用作治療乳癌的有效候選藥物，值得進一步研究。

• 肺癌

中國蘇州大學「苦參鹼誘導的活性氧物種和 p38 激活導致非小細胞肺癌細胞中半胱天冬酶依賴性細胞凋亡」，2013 年 11 月《腫瘤學報告》期刊。可用於治療非小細胞肺癌。

• 胰臟癌

中國溫州醫學院「氧化苦參鹼對胰臟癌的抗血管新生作用，透過抑制血管內皮生長因子信號通路」，2013 年 8 月《腫瘤學報告》期刊。對胰臟癌具潛在的抗腫瘤作用。

• 血癌

中國復旦大學「苦參鹼透過粒線體途徑誘導人類急性骨髓性血癌細胞凋亡的作用」，2012 年《公共科學圖書館一》期刊。可作為血癌化學治療劑。

• 胃癌

中國吉林大學「苦參中分離的次苦參素和降苦參酮在人類胃癌細胞誘導粒線體介導的細胞凋亡」，2011 年《亞太癌症預防期刊》。化合物具細胞毒性，誘導胃癌細胞凋亡。

• 膽囊癌

中國浙江大學「苦參鹼對膽囊癌 GBC-SD 細胞增生和凋亡的作用」，2012 年 6 月《植物療法研究》期刊。抑制膽囊癌細胞增生，誘導週期阻滯和凋亡。

• 攝護腺癌

中國西安交通大學「苦參鹼抑制增生並誘導雄激素非依賴性攝護腺癌 PC-3 細胞凋亡」，2012 年 3 月《分子醫學報告》期刊。對攝護腺癌細胞有抗腫瘤作用。

• 骨肉瘤

中國浙江大學「苦參鹼透過信號通路誘導人類骨肉瘤細胞在體外和體內半胱天冬酶依賴性細胞凋亡」，2012 年 2 月《癌症化學療法與藥理學》期刊。抑制骨肉瘤細胞增生，誘導細胞凋亡。

• 肝癌

中國黑龍江八一農墾大學「苦參鹼對肝癌細胞增生和體外腫瘤相關蛋白的表達」，2010 年 3 月《藥物生物學》期刊。對肝癌細胞顯示抗癌活性。

• 骨髓瘤

中國溫州醫學院「苦參鹼透過激活粒線體途徑誘導人類多發性骨髓瘤細胞凋亡」，2010 年 7 月《血癌與淋巴瘤》期刊。抑制骨髓瘤細胞增生。

• 卵巢癌、肺癌

美國維吉尼亞聯邦大學「苦參根類黃酮三葉豆紫檀苷的抗炎和抗增生活性」，2009 年 6 月 10 日《農業與食品化學期刊》。抑制卵巢癌和肺癌細胞。

中國對苦參抗癌研究相當投入。

槐樹

Sophora japonica

胰臟癌

科　　別｜豆科，槐屬，落葉喬木。

外觀特徵｜高 8 至 25 公尺，樹皮灰色，具縱裂，羽狀複葉，互生，花黃白色，莢果串珠狀。

藥材及產地｜花、花蕾、種子、枝葉、皮入藥。原產於中國，在台灣、日本、韓國等地皆有種植。

相關研究｜可改善接觸性皮膚炎，有顯著的抗炎活性。

有效成分｜氧化苦參鹼 oxymatrine，分子量 264.36 克 / 莫耳

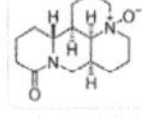

抗癌種類及研究

- 胰臟癌

中國溫州醫學院「氧化苦參鹼透過抑制血管內皮生長因子信號通路，對胰臟癌有抗血管新生作用」，2013 年 8 月《腫瘤學報告》期刊。透過抑制血管新生，對胰臟癌有抗腫瘤作用。

其他補充

槐樹氧化苦參鹼有潛力開發成抗癌藥物。驪山華清池，導遊要大家在槐樹下集合。兵馬俑一號坑旁的老槐稱為國槐。楊繼德是兵馬俑的發現者，當初打井發現陶俑碎片，現在在禮品店裡寫毛筆。唐代長安城牆東西長約 10 公里，南北長約 9 公里，面積 84 平方公里，是當時世界最大的城市。城牆有些歪，走在上面，聽到雞叫及唱秦腔的聲音。鐘樓夜裡亮著燈光，大雁塔、小雁塔佇立在雨中。

陝西博物館兵馬俑

廣豆根
Sophora subprostrata

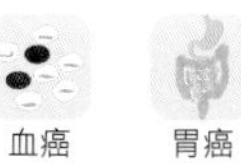

科　　別	豆科，槐屬，灌木，又名山豆根。
外觀特徵	高 1 至 2 公尺，羽狀複葉互生，小葉卵形，花蝶形，黃白色，莢果連珠狀。
藥材及產地	以根入藥。主產於廣西。
相關研究	抗眼睛發炎，比皮質類固醇安全，也可作為鎮痛劑。
有效成分	廣豆根素 sophoranone，分子量 460.60 克 / 莫耳 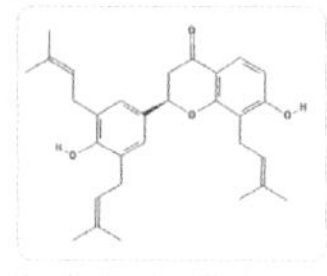 苦參鹼 matrine，分子量 248.36 克 / 莫耳 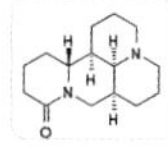

抗癌種類及研究

• 血癌、胃癌

日本昭和大學「從傳統中藥廣豆根萃取的廣豆根素，透過活性氧物種形成及粒線體通透性轉換孔開放，誘導人類血癌 U937 細胞凋亡」，2002 年 6 月《國際癌症期刊》。從根純化出的廣豆根素，具強大血癌細胞凋亡誘導活性。特定濃度下抑制 50%胃癌細胞生長。

1. 廣豆根素及苦參鹼有潛力開發成抗癌藥物。
2. 1970 年已有廣豆根抗癌報告，但無科學摘要。苦參鹼是廣豆根主要活性成分之一，近年來，其抗腫瘤活性引起了廣泛關注。

雞血藤

Spatholobus suberectus

乳癌

結腸癌

科別	豆科，密花豆屬，木質藤本植物，又名密花豆。
外觀特徵	複葉，小葉寬橢圓形，開白色蝶形花，莢果舌狀，種子生於莢果頂部。
藥材及產地	以藤莖入藥。主產於中國雲南、廣西、廣東等地。
相關研究	萃取物可用於治療過度骨吸收所造成的骨疾病，也具有抗血小板，抗病毒作用。
有效成分	萃取物

抗癌種類及研究

- 乳癌、結腸癌

中國香港大學「雞血藤透過誘導細胞凋亡和細胞週期阻滯，抑制癌細胞生長」，2011 年 1 月 27 日《民族藥理學期刊》。能有效抑制乳癌、結腸癌細胞生長。

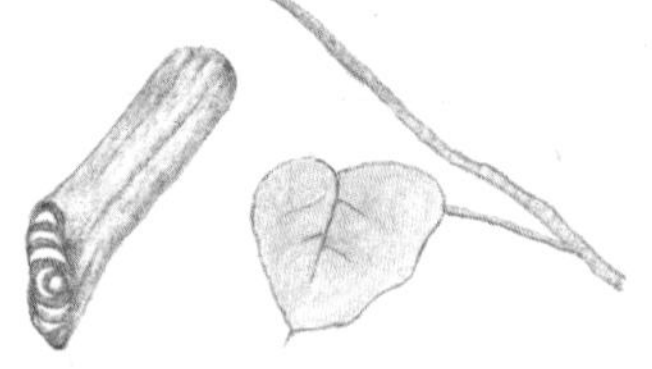

其他補充

應深入探尋雞血藤萃取物中的抗癌活性分子。香港大學於 2013 年及 2016 年又接連發表了兩篇雞血藤抗乳癌論文，可說是研究此藥用植物的重鎮。香港大學，簡稱港大，位於香港薄扶林，為公立研究型大學，成立於 1911 年殖民時期，當時是英國在東南亞唯一的大學。

香港灣仔

地構葉
Speranskia tuberculata

科　別	大戟科，地構葉屬，多年生草本植物，又名透骨草。
外觀特徵	高 15 至 50 公分，根莖淡褐色，莖直立，叢生，有灰白柔毛，葉互生，花黃色。
藥材及產地	以全草入藥。分佈於中國東北、華北及陝西等地。
相關研究	目前只有 3 篇國際研究論文，敘述其生物鹼化學結構。
有效成分	萃取物

抗癌種類及研究

• 乳癌

美國佛羅里達農工大學「在人類乳癌細胞抗有絲分裂作用的天然物高通量篩選」，2014 年 6 月《植物療法研究》期刊。地構葉有效對抗人類乳癌細胞。

其他補充

1. 應進一步找出地構葉萃取物中的抗癌活性分子。本篇論文採用與美國國家癌症研究所相似的植物篩選技術。
2. 美國國家癌症研究所天然物部門（Natural Products Branch），其主要職責是獲取陸地和海洋環境裡的粗天然物，經過萃取後以 NCI60 癌細胞株或其他院外單位的計劃做篩選。此天然物的萃取物儲存所及設施位於弗雷德里克國家癌症研究實驗室。

苦馬豆
Sphaerophysa salsula

膠質瘤

乳癌

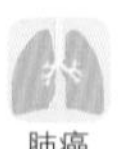
肺癌

科　　　別	豆科，苦馬豆屬，多年生草本植物。
外觀特徵	高 20 至 60 公分，直立莖具分枝，全株有灰白色短毛，羽狀複葉，花紅色，莢果卵形，種子褐色。
藥材及產地	以全草、根及果實入藥。分佈在中國內蒙、甘肅、河北等地。
相關研究	有抗氧化活性。
有效成分	環菠蘿烷

抗癌種類及研究

- 膠質瘤、乳癌、肺癌

中國浙江藥品檢驗所「苦馬豆環菠蘿烷三萜類化合物的細胞毒性」，2009 年 1 月《天然物通訊》期刊。對膠質瘤、乳癌、肺癌細胞表現出最強的細胞毒性。

其他補充

應進一步找出苦馬豆中的抗癌活性化合物。目前抗癌報告只有此篇。苦馬豆別名包括羊卵蛋、羊尿泡、紅花土豆子、苦黑子等。

瑞香狼毒
Stellera chamaejasme

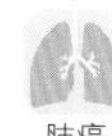
肺癌

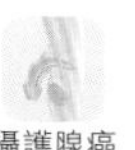
攝護腺癌

血癌

胃癌

科　　別｜瑞香科，狼毒屬，多年生草本植物，又名狼毒。

外觀特徵｜高 20 至 40 公分，莖叢生，根粗壯，圓錐形，單葉互生，開黃或白色花，果實圓錐形。

藥材及產地｜以根入藥。分佈於中國東北、華北、西藏等地。

相關研究｜所含化合物可發展為抗愛滋病候選藥物。

有效成分｜新狼毒素 neochamaejasmin A，分子量 542.48 克 / 莫耳

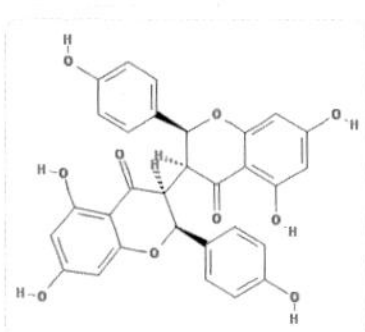

格尼迪木任 gnidimacrin，分子量 774.89 克 / 莫耳

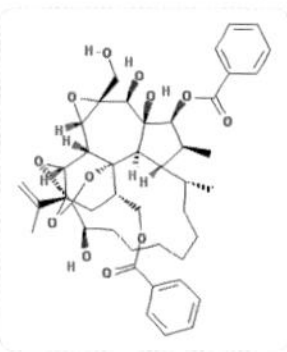

抗癌種類及研究

• 肺癌

中國首都醫科大學「狼毒萃取物對人類肺癌細胞株的體外抑制和促凋亡作用」，2012 年 9 月《中醫藥雜誌》。抑制肺癌細胞，誘導細胞凋亡。

• 攝護腺癌

中國香港中文大學「新狼毒素在人類攝護腺癌細胞誘導細胞週期阻滯和凋亡」，2008 年 5 月《天然物期刊》。抑制人類攝護腺癌細胞，阻斷細胞週期進程，啟動凋亡機制。

• 血癌，胃癌

河北醫科大學「瑞香狼毒格尼迪木任的抗腫瘤活性」，1995 年 1 月《中華腫瘤雜誌》。對血癌、胃癌細胞有抗癌活性。

其他補充

劇毒。新狼毒素與格尼迪木任需進一步探討抗癌作用及毒性，可優化其結構。

百部
Stemona tuberosa

乳癌
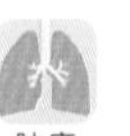
肺癌

肝癌

甲狀腺癌

科　　別｜百部科，百部屬，多年生草本植物，又名對葉百部。

外觀特徵｜塊根紡錘狀，莖能攀援上升，葉卵形，初春開淡綠色花。

藥材及產地｜以乾燥塊根入藥。分佈於日本及中國江西、安徽、江蘇等地。

相關研究｜有抗炎作用，也有鎮咳和中樞呼吸抑制效果。

有效成分｜阿魏酸甲酯 methyl ferulate，分子量 208.21 克 / 莫耳

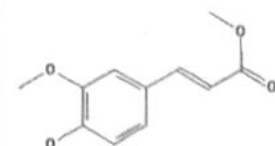

抗癌種類及研究

• 乳癌、肺癌、肝癌

越南河內國立教育大學「從百部根中分離的三個新菲，一個新二苯乙烯類化合物和它們的細胞毒性」，2013 年 9 月 9 日《天然物研究》期刊。對表皮樣癌、乳癌、肺癌和肝癌細胞具有中度毒性。

• 甲狀腺癌

奧地利格拉茨醫科大學「新的植物萃取物對甲狀腺髓樣癌的細胞活性」，2004 年 3 月《抗癌研究》期刊。對化療耐藥性甲狀腺髓樣癌有抗癌作用。

其他補充

阿魏酸甲酯有潛力開發成抗癌藥物。

地不容

Stephania epigaea

肝癌

大腸癌
肺癌

食道癌
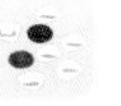
血癌

乳癌

科　　別｜防己科，千金藤屬，多年生草質藤本植物。

外觀特徵｜可達數公尺長，塊根碩大，葉互生，開紫色小花。

藥材及產地｜以塊根入藥。分佈在中國雲南、四川等地，是中國特有植物。

相關研究｜目前國際上對此植物僅有 2 篇研究論文發表。

有效成分｜千金藤素 cepharanthine，分子量 606.70 克 / 莫耳

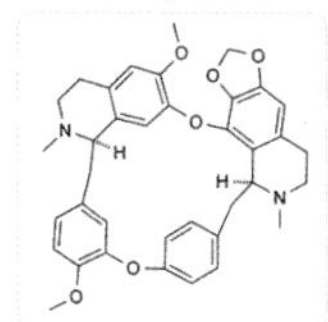

抗癌種類及研究

- 肺癌、食道癌，血癌、乳癌、肝癌、大腸癌

中國昆明植物研究所「地不容的細胞毒性雙苄基異喹啉生物鹼」，2013 年 5 月 24 日《天然物期刊》。在體外具有抗肺癌、食道癌、血癌、乳癌、肝癌和大腸癌細胞的活性。

阿草伯藥用植物園 提供

其他補充

有毒。千金藤素可開發成抗癌藥物。別名：地烏龜、金線吊烏龜。香港衛生署中醫藥事務部對地不容的警語：本品有毒，孕婦禁服，體弱者慎服。不能過量。內服宜炮製。中毒原因：超量服用或誤服。

粉防己
Stephania tetrandra

血癌

口腔癌

腦瘤

胃癌
結腸癌

肝癌
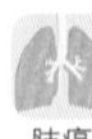
肺癌

乳癌

攝護腺癌

科　　別｜防已科，千金藤屬，多年生藤本植物。

外觀特徵｜可長達 3 公尺，塊根呈圓柱狀，葉卵形，春夏開小花，核果紅色。

藥材及產地｜以塊根入藥，是 50 種基本中藥之一。分佈於台灣及中國浙江、廣東、海南等地。

相關研究｜有抗高血糖效果，也具有強效的抗炎和抗纖維化效果。

有效成分｜粉防己鹼 tetrandrine，分子量 622.74 克 / 莫耳

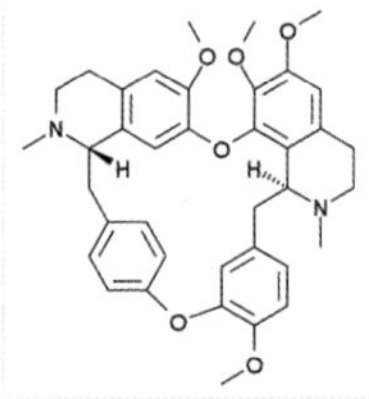

抗癌種類及研究

阿草伯藥用植物園 提供

• 口腔癌

台灣中國醫藥大學「粉防己鹼誘導人類口腔癌程序性細胞死亡，透過活性氧產生、半胱天冬酶依賴性途徑及細胞自噬」，2016 年 1 月 29 日《環境毒理學》期刊。誘導口腔癌細胞凋亡。

• 攝護腺癌

北德州大學「粉防己鹼造成粒線體介導的攝護腺癌細胞凋亡，涉及激酶誘導蛋白酶體降解」，2014 年 10 月 15 日《生化藥理學》期刊。選擇性抑制攝護腺癌細胞生長。

• 腦瘤

中國哈爾濱醫科大學「粉防己鹼透過抑制特定蛋白對腦膠質瘤細胞惡性表型的作用」，2014 年 3 月《腫瘤生物學》期刊。抑制腦膠質瘤細胞遷移、侵入和增生。

• 胃癌

中國江蘇大學「粉防己鹼在人類胃癌 BGC-823 細胞誘導粒線體介導的細胞凋亡」，2013 年 10 月 1 日《公共科學圖書館一》期刊。在體外和體內對胃癌細胞誘導細胞凋亡，可用於胃癌治療。

• 肝癌

中國香港中文大學「粉防己鹼透過半胱天冬酶途徑和細胞週期阻滯抑制肝癌細胞生長」，2013 年 6 月《腫瘤學報告》期刊。抑制肝癌細胞增生。

• 肺癌

韓國東貴大學「粉防己鹼在人類肺癌 A549 細胞誘導細胞週期阻滯和凋亡」，2002 年 12 月《國際腫瘤學期刊》。抑制肺癌細胞生長，可作為癌症化學預防劑。

• 乳癌

中國哈爾濱醫科大學「防己諾林鹼透過誘導細胞凋亡抑制乳癌細胞增生」，2011 年《化學與藥學通報》期刊。含粉防己鹼和防己諾林鹼，抑制乳癌細胞增生。

• 結腸癌

美國國家癌症研究所「粉防己鹼在人類結腸癌細胞中，透過誘導細胞週期蛋白依賴性激酶及下調蛋白活性和降解，誘導早期週期阻滯」，2004 年 12 月 15 日《癌症研究》期刊。粉防己鹼從粉防己的根分離而得，能抑制結腸癌細胞。

• 血癌

台灣馬偕紀念醫院「粉防己鹼誘導人類血癌 U937 細胞凋亡」，1998 年 1 月《抗癌藥物》期刊。粉防己鹼抑制血癌細胞生長。

粉防己鹼極有潛力開發成抗癌藥物，對抗多種癌症。

馬錢子
Strychnos nux-vomica

科　　別｜馬錢科，馬錢屬，喬木，又名番木鱉。

外觀特徵｜高5至25公尺，葉橢圓形，花白色，漿果圓形，成熟時呈黃色，含有種子。

藥材及產地｜以種子入藥。產於南亞和東南亞等地，福建、台灣、廣東等地皆有栽培。

相關研究｜未發現其他功效報導。

有效成分｜馬錢子鹼 brucine，分子量 394.46 克 / 莫耳

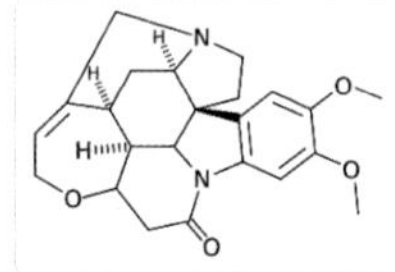

抗癌種類及研究

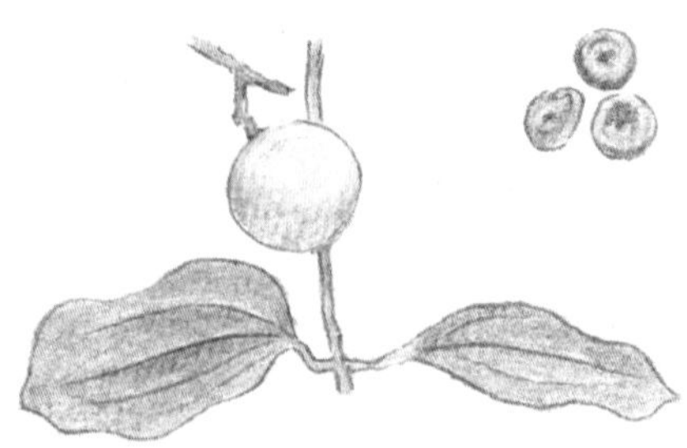

• 肝癌

中國南京中醫藥大學「馬錢子種子馬錢子鹼對人類肝癌細胞的凋亡作用透過粒線體途徑介導」，2006年 5 月《毒理科學》期刊。馬錢子鹼顯示最強的毒性，導致肝癌細胞凋亡。

• 多發性骨髓瘤

印度海得拉巴大學「馬錢子根萃取物對人類多發性骨髓瘤 RPMI 8226 細胞株的抗增生和細胞毒性作用」，2009 年 2 月《食品與化學毒理學》期刊。以劑量和時間依賴性方式抗多發性骨髓瘤增生。

其他補充

劇毒。馬錢子被列入中國衛生部公佈的保健食品禁用物品名單，香港政府管制的毒劇中藥，含馬錢子鹼（番木鱉鹼）。

閻浮樹
Syzygium cumini

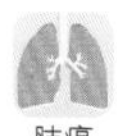
肺癌

子宮頸癌

科　　別	桃金娘科，蒲桃屬，多年生落葉喬木，又名烏木、海南蒲桃。
外觀特徵	高可至8公尺，葉橢圓形，對生，白花有香味，漿果大如鳥蛋，熟時為紫黑色，酸澀。
藥材及產地	種子可作藥用。原產於印度，在亞洲南部、中國東南一帶也有分佈。
相關研究	每日連續口服閻浮樹乙醇和水萃取物，能顯著減少空腹血糖水平。
有效成分	萃取物

抗癌種類及研究

• 肺癌

美國路易斯維爾大學「閻浮樹（印度黑莓）富含花青素 / 鞣花單寧萃取物的抗氧化和抗增生活性」，2012年5月《營養與癌症》期刊。對人類肺癌表現出顯著抗增生活性。

• 子宮頸癌

印度癌症研究小組「閻浮樹抑制子宮頸癌細胞株生長和誘導凋亡：一個初步研究」，2008年《癌症醫學》期刊。抑制子宮頸癌細胞生長。

1 中藥典籍未發現有記載閻浮樹的抗癌作用。依佛經大智度論記載，印度為閻浮樹茂盛之地，故得閻浮提之名。

2 泰國曼谷瑪希度大學描述悉達多王子小時候在閻浮樹下冥思，樹蔭的影子保留在正午的狀態，不會隨著太陽移動而改變。這位王子即是佛教創始人釋迦牟尼。

風鈴木
Tabebuia avellanedae

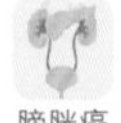
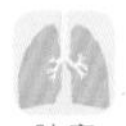

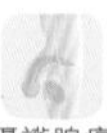
膀胱癌　肺癌　結腸癌　攝護腺癌

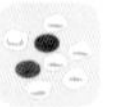

黑色素瘤　口腔癌　血癌　肝癌

科　　別｜紫葳科，風鈴木屬，喬木。

外觀特徵｜高 10 至 20 公尺，開粉紅色花。

藥材及產地｜根、樹皮、葉可入藥。原產於南美洲熱帶雨林，從墨西哥至阿根廷皆有分佈。

相關研究｜有抗炎，抗憂鬱，抗潰瘍，止痛，減重，防脂肪肝作用。

有效成分｜拉帕醌 β-lapachone，分子量 242.26 克 / 莫耳

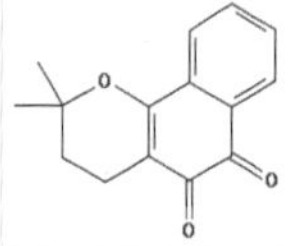

抗癌種類及研究

• 黑色素瘤

韓國全北大學「拉帕醌透過特異性蛋白抑制人類惡性黑色素瘤細胞增生」，2016 年 2 月《腫瘤學報告》期刊。顯著誘導細胞凋亡和抑制黑色素瘤細胞。

• 口腔癌

韓國全北大學「拉帕醌在口腔鱗狀細胞癌誘導細胞週期阻滯和凋亡」，2015 年《國際腫瘤學期刊》。拉帕醌可成為抗口腔癌候選藥物。

• 血癌

韓國濟州國立大學「拉帕醌在血癌細胞降低細胞生存力和端粒酶活性：抑制端粒酶活性」，2010 年 6 月《藥用食物期刊》。拉帕醌有直接的細胞毒性作用，並使血癌細胞喪失端粒酶活性。

• 肝癌

韓國東義大學「風鈴木拉帕醌透過誘導特定蛋白和激活半胱天冬酶，導致肝癌 HepG2 細胞凋亡」，2006 年夏季《藥用食物期刊》。拉帕醌為肝癌的潛在化學預防劑。

• 膀胱癌

韓國科學研究院「拉帕醌對膀胱癌細胞誘導生長抑制和凋亡，經由調節蛋白家族和激活半胱天冬酶」，2006 年 3 月《實驗腫瘤學》期刊。誘導膀胱癌細胞凋亡。

• 肺癌

韓國東義大學「拉帕醌透過誘導細胞凋亡和抑制端粒酶活性抑制人類肺癌 A549 細胞生長」，2005 年 4 月《國際腫瘤學期刊》。發現拉帕醌抗肺癌的可能分子機制。

• 結腸癌

韓國東義大學「拉帕醌誘導人類結腸癌細胞凋亡與激活半胱天冬酶有關」，2003 年 11 月《抗癌藥物》期刊。抗結腸癌細胞。

• 攝護腺癌

韓國東義大學「拉帕醌抑制人類攝護腺癌細胞生長」，2003 年 3 月 31 日《生物化學與分子生物學期刊》。拉帕醌對攝護腺癌有抗增生作用。

樹皮經乾燥、粉碎，做成帶苦味的茶，稱為拉帕茶。在「黃色花海」一文中，根據種苗改良場所述，風鈴木有黃花、洋紅、紫紅等種類，其中黃花風鈴木最好照顧，病蟲害少，是環保署列名的空污防治計劃樹種，可見於台中以南。

哈佛大學帕迪教授研究風鈴木，發現抗癌活性成分拉帕醌。美國人最愛草。社區、院子、學校、公路旁，每處能長草的地方都灑水施肥割草，細心照顧。草在美國文化中佔據了重要的一部分，把草養好或許是一種榮耀。推著割草機，突然聞到熟悉的芥科植物氣味，原來不知何時掉落芝麻菜（arugula）種子，長出一小叢。它通常用來做沙拉，配上杏仁，淋上蔓越莓口味醬汁，相當清爽。

螃蟹草（crab grass）春夏時期入侵草地，迅速蔓延，一直要到天氣轉涼才乾枯消失。但是土裡的種子，隔年春天仍會萌芽，兇猛生長，跟癌細胞一樣。癌症可以化療，也可以手術。用螺絲起子挖掉是對付螃蟹草的精確外科手術。

波士頓高中校園

小白菊
Tanacetum parthenium

子宮頸癌
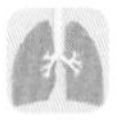
肺癌
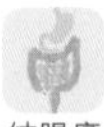

結腸癌

骨髓母細胞瘤

淋巴瘤
血癌
乳癌
膀胱癌
黑色素瘤

肝癌

科　　　　別｜菊科，菊蒿屬，多年生草本植物，又名短舌匹菊。

外 觀 特 徵｜高 50 公分，叢生，葉子具柑橘香味，花朵則類似雛菊。

藥材及產地｜以花入藥。原生長於歐亞大陸，特別是在巴爾幹半島、土耳其及高加索地區。

相 關 研 究｜用於發熱，偏頭痛，類風濕關節炎，胃痛，牙痛，蚊蟲叮咬，不育與月經問題。

有 效 成 分｜小白菊內酯 parthenolide，分子量 248.32 克 / 莫耳

抗癌種類及研究

• 肝癌

中國四川大學「小白菊內酯誘導肝癌細胞自噬死亡」，2014 年 7 月《四川大學學報》。抑制肝癌增生，對肝癌治療有幫助。

• 乳癌

波蘭羅茲醫科大學「小白菊內酯和新合成類似物在兩種乳癌細胞株的細胞凋亡介導的細胞毒性作用」，2013 年 2 月《分子生物學報告》期刊。有抗乳癌活性。

• 淋巴瘤

中國廈門大學「小白菊內酯在伯基特淋巴瘤誘導細胞凋亡和細胞溶解的細胞毒性」，2012 年 9 月《分子醫學報告》期刊。對淋巴瘤細胞有細胞毒性。

• 膀胱癌

中國浙江大學「小白菊內酯在體外誘導人類膀胱癌細胞凋亡和細胞週期阻滯」，2011 年 8 月 9 日《分子》期刊。小白菊內酯可能是治療膀胱癌的新治療劑。

• 黑色素瘤

波蘭羅茲醫科大學「小白菊的一種倍半萜內酯，小白菊內酯，在體外對人類黑色素瘤細胞的抗癌活性」，2010 年 2 月《黑色素瘤研究》期刊。是治療黑色素瘤的候選藥物。

- **乳癌、子宮頸癌**

美國克萊姆森大學「小白菊和金色小白菊萃取物對三種人類腫瘤細胞株的抗增生活性」，2006 年春季《藥用食物期刊》。對乳癌和子宮頸癌細胞有抑制活性。

- **血癌**

美國羅徹斯特大學「小白菊：除掉血癌的根源」，2005 年 9 月《生物療法專家意見》期刊。誘導血癌幹細胞凋亡，對正常血細胞沒有明顯影響。

- **肺癌、骨髓母細胞瘤、結腸癌**

波蘭醫科大學「小白菊對三種人類腫瘤細胞株和人類臍靜脈內皮細胞的抗增生活性」，2007 年 3 月《藥理學報告》期刊。小白菊內酯抑制肺癌、骨髓母細胞瘤、結腸癌細胞，證實其抗增生潛力。

其他補充

使用歷史悠久，是希臘和歐洲早期的傳統民間醫藥。小白菊內酯可開發成抗癌藥物。小白菊常用來預防偏頭痛，也當成裝飾植物。它傳播迅速，幾年間可涵蓋廣大區域。

菊蒿

Tanacetum vulgare

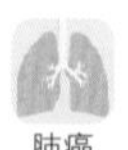

科　　　別	菊科，菊蒿屬，多年生草本植物，又名艾菊。
外觀特徵	高 30 至 150 公分，莖直立，上部分枝，葉橢圓形，花黃色。
藥材及產地	以莖和花入藥。分佈於中國、歐洲、北美等地。
相關研究	民間用作驅蟲藥，是消滅血吸蟲的潛在化合物來源。
有效成分	萃取物

抗癌種類及研究

- 結腸癌、乳癌、肺癌

加拿大薩斯喀徹溫大學「蒼耳的蒼耳素和二氫蒼耳素為潛在的抗癌藥物」，2007 年 11 月《加拿大生理學與藥理學》期刊。菊蒿對結腸癌、乳癌、肺癌細胞表現出最高的細胞毒性。

其他補充

需從菊蒿萃取物中確認抗癌活性化合物。

蒲公英
Taraxacum officinale

科　　別	菊科，蒲公英屬，多年生草本植物，又名西洋蒲公英，黃花地丁。
外觀特徵	高 10 至 25 公分，根長，深入土裡，花亮黃色，由小花瓣組成，果實成熟似白色絨球，易被風吹散，藉以傳播種子。
藥材及產地	以全草入藥。分佈於世界溫帶地區。
相關研究	有抗氧化和抗炎活性。
有效成分	萃取物

抗癌種類及研究

- 乳癌、攝護腺癌

美國新墨西哥州技術學院「蒲公英水萃取物對乳癌和攝護腺癌細胞生長和侵入評估」，2008 年 5 月《國際腫瘤學期刊》。蒲公英葉的粗萃取物抑制乳癌和攝護腺癌細胞侵入。

- 肝癌

韓國慶熙大學「蒲公英透過腫瘤壞死因子和介白素分泌，在 HepG2 細胞誘發細胞毒性」，2004 年 1 月 16 日《生命科學》期刊。對肝癌細胞有細胞毒性。

其他補充

1. 需進一步從蒲公英萃取物中確認抗癌活性化合物。蒲公英在草地、路旁、岸邊皆可見，因繁殖力強，被視為野草。葉子可生吃或熟食，如湯或沙拉。在美國超市當成蔬菜販賣。

2. 南投中興新村開業三年的烘焙簡餐店 The Pot & Pan，老闆是年輕的加拿大人。點了美式咖啡和青醬麵包，黑膠唱片播放英文老歌，書架上放著美國 19 世紀詩人惠特曼的《草葉集》。翻到其中一頁，裡面有《第一朵蒲公英》短詩，「簡單、清新、純潔，冬季結束後出現，如同未曾沾染時尚、商業、政治那些矇騙技巧，從蔭蔽草地上有陽光之處—天真、金色、平靜如黎明，春天的第一朵蒲公英顯示了令人信賴的臉龐。」

The First Dandelion.

Simple and fresh and fair from winter's close emerging,
As if no artifice of fashion, business, politics, had ever been,
Forth from its sunny nook of shelter'd grass—innocent, golden,
calm as the dawn,
The spring's first dandelion shows its trustful face.

1888

太平洋紫杉

Taxus brevifolia

血癌

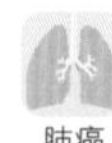
肺癌

卵巢癌

乳癌

黑色素瘤

科　　別	紅豆杉科，紅豆杉屬，常綠喬木，又名短葉紅豆杉。
外觀特徵	高 10 至 15 公尺，直徑 0.5 公尺。
藥材及產地	樹皮入藥。原產於北美太平洋岸，從阿拉斯加至加州，分佈在太平洋海岸山脈。
相關研究	所含的紫杉醇是微管穩定劑，有潛力開發成阿茲海默治療藥物。
有效成分	紫杉醇 paclitaxel，分子量 853.90 克 / 莫耳 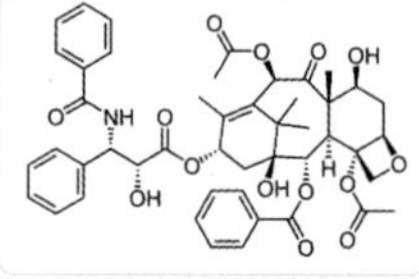

抗癌種類及研究

• 卵巢癌、乳癌、黑色素瘤、血癌、肺癌

美國德州大學安德森癌症中心「紫杉醇對未經治療的晚期非小細胞肺癌患者的臨床 II 期研究」，1993 年 3 月 3 日《國家癌症研究院期刊》。對卵巢癌、乳癌、惡性黑色素瘤、急性髓細胞性血癌、肺癌具有抗癌活性。

其他補充

太平洋紫杉生長在美國西岸，樹皮可提煉抗癌藥物紫杉醇。從西雅圖沿著海岸往南，哥倫比亞河在奧瑞岡北部流入太平洋。大西部探索旅行，開了六千公里的車。亞利桑那沙漠路邊買了一條綠松石打磨的，一隻隻小動物串起的項鍊。「我媽花三天做的，」印第安人說。橫跨懷俄明草原後，終於進入蒙大拿密佈的針葉林。

美國獨立與拓荒精神，橫渡德拉瓦河（攝自紐約大都會美術館）

T

太平洋紫杉 *Taxus brevifolia*

紅豆杉
Taxus chinensis

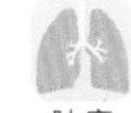
肺癌

攝護腺癌

科別	紅豆杉科，紅豆杉屬，常綠喬木，又名中國紅豆杉。
外觀特徵	高可達 30 公尺，葉條形，葉底有氣孔帶，花淡黃，果實紅色。
藥材及產地	以種子入藥。分佈在中國甘肅南部、湖北西部及四川等地。
相關研究	揮發性成分有降血壓效果。
有效成分	萃取物

抗癌種類及研究

- 肺癌

中國浙江大學「紅豆杉的水萃取物在人類肺癌 A549 細胞誘發細胞凋亡及其分子機制的實驗研究」，2011 年 9 月《中國中西醫結合雜誌》。顯著抑制肺癌細胞增生。

- 攝護腺癌

中國東北林業大學「新的親水性紫杉醇衍生物木糖基脫乙醯在人類攝護腺癌 PC3 細胞經由粒線體依賴性途徑引發細胞凋亡」，2008 年 7 月《國際腫瘤學期刊》。抗癌成分比紫杉醇具高水溶性，抗攝護腺癌細胞，誘導凋亡。

可生產紫杉醇，目前有國家法律和國際法律特別保護。江蘇高考試題曾描述「紅豆杉是我國珍貴瀕危樹種。南京中山植物園於上世紀 50 年代從江西引進一些幼苗種植於園內。」南京鍾山具靈氣。去中山陵的公路兩旁沒有人行道，路口站了一個賣鱉的人，手裡提著一隻沾滿泥巴的鱉。陵園種植黑松、楓香、紅豆杉等樹木。紅豆杉葉子傳統上用來填充枕頭，其揮發性物質被推測能改善睡眠品質，穩定血壓，並有利尿作用。

南京中山陵

訶子
Terminalia chebula

視網膜母細胞瘤　結腸癌　乳癌　骨肉瘤　攝護腺癌

科　　別	使君子科，訶子屬，落葉喬木。
外觀特徵	高可達 30 公尺，直徑達 1 公尺，果實小，類似堅果，仍青綠時採摘，然後醃漬。
藥材及產地	以成熟果實入藥。原產於印度和尼泊爾，東到中國雲南，南至斯里蘭卡，馬來西亞和越南。
相關研究	有抗高血脂，保肝，增強胰島素介導的葡萄糖攝取，預防高血壓，消炎，抑制 C 型肝炎病毒等作用。
有效成分	訶子鞣酸 chebulagic acid，分子量 954.66 克 / 莫耳 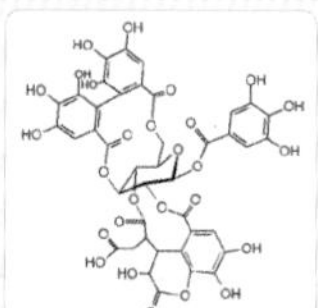

抗癌種類及研究

- **視網膜母細胞瘤**

印度海得拉巴大學「訶子的訶子鞣酸引起週期阻滯，誘導視網膜母細胞瘤細胞凋亡」，2014 年 8 月《BMC 補充替代醫學》期刊。有抗視網膜母細胞瘤增生作用。

- **結腸癌**

印度海得拉巴大學「訶子的訶子鞣酸是環氧酶雙重抑制劑，誘導 COLO-205 細胞凋亡」，2009 年 7 月 30 日《種族藥理學期刊》。誘導結腸癌細胞凋亡。

- **乳癌、骨肉瘤、攝護腺癌**

芬蘭圖爾庫大學「訶子粗萃取物的酚類化合物對癌細胞生長的抑制作用」，2002 年 8 月《種族藥理學》期刊。對乳癌、骨肉瘤、攝護腺癌細胞能抑制增生和誘導細胞死亡。

訶子鞣酸雖然分子量大，但或許可開發成抗癌注射藥劑。

華東唐松草
Thalictrum fortunei

肝癌
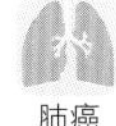
肺癌

胃癌
結腸癌

科　　別	毛茛科，唐松草屬，多年生草本植物。
外觀特徵	植株無毛，莖高 20 至 70 公分，基生葉，有長柄，聚繖花序，瘦果。
藥材及產地	全草入藥。分佈於中國江西、安徽、江蘇等地。
相關研究	目前並無其他功效的報導。
有效成分	三萜

抗癌種類及研究

- 肝癌、結腸癌、肺癌、胃癌

中國廣東中醫藥研究院「唐松草三萜誘過凋亡通路誘導 BEL-7402 細胞凋亡」，2011 年 11 月 15 日《分子》期刊。對人類肝癌、結腸癌、非小細胞肺癌和胃癌具有抗腫瘤效果。

其他補充

需再深入探討其抗癌作用。至今只有兩篇研究報告，皆由廣東中醫藥研究院發表。

北美香柏
Thuja occidentalis

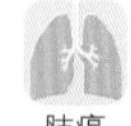
肺癌

黑色素瘤

乳癌

腦瘤

科　　別	柏科，崖柏屬，常綠針葉樹，又名香柏。
外觀特徵	高 10 至 20 公尺，扇形樹枝，葉鱗狀，毬果淡褐色。
藥材及產地	枝、葉可入藥。原產北美，分佈於美國及中國。
相關研究	能抗菌。
有效成分	黃酮醇 flavonol 的化學結構骨架 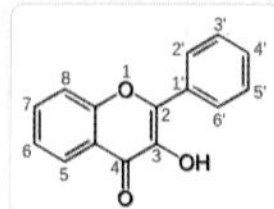

抗癌種類及研究

• 腦瘤

智利南方大學「北美香柏的側柏酮分餾部分在膠質母細胞瘤細胞促凋亡和抗血管新生特性」，2016 年 5 月《神經腫瘤學期刊》。能抗腦瘤中最惡性的膠質母細胞瘤。

• 乳癌

美國佛羅里達農工大學「天然物在人類乳癌細胞的抗有絲分裂作用高通量篩選」，2014 年《植物療法研究》期刊。北美香柏樹枝萃取物具強力抗乳癌細胞有絲分裂活性。

• 肺癌

印度卡利亞尼大學「北美香柏葉乙醇萃取物中分離的黃酮醇阻滯細胞週期，在 A549 細胞針對核 DNA 誘導活性氧非依賴性細胞凋亡」，2013 年 11 月 23 日《細胞增生》期刊。黃酮醇誘導細胞凋亡，抑制小鼠肺腫瘤增長，具有抗非小細胞肺癌潛力。

• 黑色素瘤

印度卡利亞尼大學「北美香柏側柏酮的抗癌潛力：對 A375 細胞的體外研究證據」，2011 年《依據證據的補充與替代醫學》期刊。誘導惡性黑色素瘤細胞凋亡，具有抗癌潛力。

需找出其活性化合物。

飛龍掌血
Toddalia asiatica

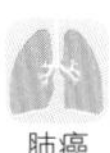
血癌　肺癌

科　　別	芸香科，飛龍掌血屬，木質藤本植物。
外觀特徵	高 2 至 5 公尺，莖木栓質且多刺，三出複葉，小葉片橢圓形，帶柑橘香味，花黃綠色，橙色果實味道似橘皮。
藥材及產地	以全株入藥。原產於亞洲和非洲。
相關研究	具有抗微生物，抗真菌，鎮痛，抗炎，抗血小板凝集作用。
有效成分	飛龍掌血素 toddaculin，分子量 274.31 克 / 莫耳 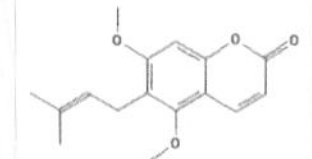

抗癌種類及研究

• 血癌

阿根廷生物與醫學實驗研究所「飛龍掌血天然香豆素飛龍掌血素，誘導 U-937 血癌細胞分化和凋亡」，2012 年 6 月 15 日《植物醫藥》期刊。顯示細胞分化和細胞凋亡雙重作用，可開發為新穎抗血癌藥。

• 肺癌

日本琉球大學「飛龍掌血琳苯並菲啶衍生物的腫瘤選擇性細胞毒性作用」，2010 年 3 月《癌症化學療法與藥理學》期刊。抑制肺癌異種移植模式。

手掌誤觸莖上的刺可能流血，故名「掌血」。飛龍掌血素有潛力開發成抗癌藥物，這張照片攝於竹山台灣民間藥用植物園。

香椿

Toona sinensis

肝癌

口腔癌

卵巢癌

胃癌
結腸癌

攝護腺癌

肺癌
乳癌

血癌

科　　別	楝科，香椿屬，落葉喬木。
外觀特徵	高可達 25 公尺，樹皮暗褐色，嫩芽帶紫紅色，有特殊香味。開白色小花，果實金黃色。
藥材及產地	以葉、果實、樹皮和根入藥。原產於東亞和東南亞。
相關研究	抗糖尿病，鎮痛，抗敗血症，抗微生物，抗炎。
有效成分	沒食子酸 gallic acid，分子量 170.12 克 / 莫耳 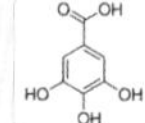

抗癌種類及研究

• 胃癌、攝護腺癌、肺癌、乳癌

中國貴州大學「香椿成分對人體癌細胞的抗增生活性和凋亡誘導機制」，2013 年 2 月《國際癌細胞》期刊。對胃癌、攝護腺癌、肺癌、乳癌細胞有抑制活性。

• 血癌

台灣亞洲大學「沒食子酸與香椿葉萃取物在體外和體內對人類前骨髓性血癌 HL-60 的活性」，2012 年 10 月《食品與化學毒理學》期刊。對血癌有抗增生作用。

• 結腸癌、肝癌、乳癌

中國天津農業大學「香椿葉萃取物的抗氧化及抗增生作用」，2012 年 1 月《中南大學學報醫學版》期刊。抑制結腸癌、肝癌和乳癌細胞增生。

• 口腔癌

台灣大仁科技大學「香椿葉萃取物的主要成分沒食子酸對口腔鱗狀細胞癌的抗腫瘤效應」，2010 年 11 月 16 日《分子》期刊。沒食子酸抗口腔癌。

• 卵巢癌

台灣義守大學「香椿葉萃取物誘導人類卵巢癌細胞凋亡，在小鼠異種移植模式中抑制腫瘤生長」，2006 年 8 月《婦科腫瘤學》期刊。能夠抑制卵巢癌細胞增生，沒有顯著腎毒性，肝毒性或骨髓抑制。

其他補充

在中國和台灣，嫩葉廣泛當成蔬菜，花具蔥味，一般認為紅色嫩葉比綠色葉子味道要好。

蒺藜
Tribulus terrestris

黑色素瘤

科　　別	蒺藜科，蒺藜屬，開花植物。
外觀特徵	小堅果或「種子」很堅硬，附有 2 到 3 個鋒利的刺，像山羊或牛的頭，這些刺相當鋒利，能穿刺自行車輪胎或割草機輪胎。
藥材及產地	以根、莖葉、花、種子入藥。原產於歐洲溫帶和熱帶地區，亞洲南部，非洲和澳大利亞。主產於河南、河北、山東、陝西等地。
相關研究	具有抗菌和抗真菌活性。
有效成分	蒺藜螺甾皂苷 terrestrosin D，分子量 1049.15 克 / 莫耳

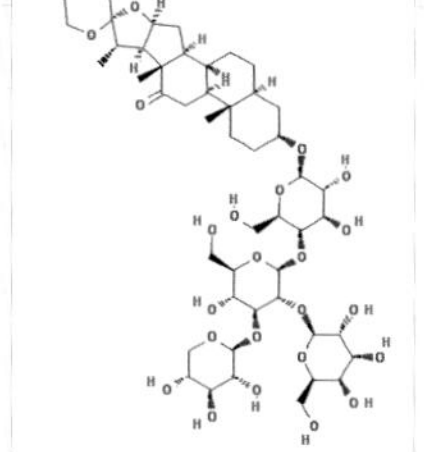

抗癌種類及研究

- **攝護腺癌**

日本高知醫學院「蒺藜的蒺藜螺甾皂苷在體外和體內抑制人類攝護腺癌細胞生長和血管新生」，2014 年《病理生物學》期刊。有抗腫瘤和抗血管新生活性。

- **肝癌**

韓國忠南國立大學「蒺藜水萃取物透過下調信號在肝癌細胞誘導細胞生長停滯和凋亡」，2011 年 6 月《種族藥理學》期刊。可用作肝癌患者的抗癌劑。

- **腎癌**

中國華東師範大學「蒺藜皂苷對腎癌細胞株的研究」，2005 年 8 月《中國中藥雜誌》。在體外可顯著抑制腎癌細胞生長，部分透過細胞凋亡機制。

- **乳癌**

中國華東師範大學「蒺藜皂苷在體外對乳癌細胞株的抑制作用」，2003 年 2 月《中藥材》期刊。對乳癌細胞有抑制作用。

蒺藜螺甾皂苷有潛力開發成抗癌藥物。

栝樓

Trichosanthes kirilowii

結腸癌
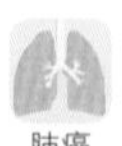
肺癌

乳癌

肝癌

科　　別	葫蘆科，栝樓屬，多年生草質藤本植物，又名瓜簍。
外觀特徵	長可達 10 公尺，塊根圓柱狀，莖攀援，卷鬚腋生，葉互生，近圓形，花白色，裂片 5。瓠果近球形，熟時橙黃色，光滑，種子多數。
藥材及產地	以根、果實、種子入藥。根稱為天花粉，是 50 種基本中藥之一。分佈於河南、山東、河北、山西、陝西等地。
相關研究	抗單純皰疹病毒，抗炎，抗愛滋病毒，抗糖尿病。
有效成分	葫蘆素 cucurbitacin，分子量 514.65 克 / 莫耳

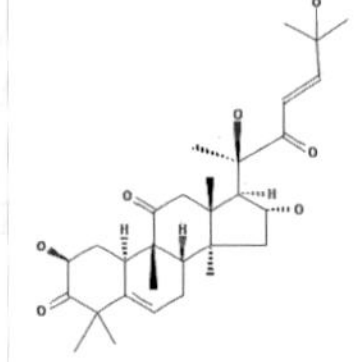

抗癌種類及研究

- 結腸癌

中國山西大學「從栝樓萃取的絲氨酸蛋白酶在人類結腸癌細胞透過粒線體途徑誘導細胞凋亡」，2016 年 2 月《食品與功能》期刊。誘導凋亡，有治療結腸癌潛力。

- 肺癌

中國上海中醫醫院「栝樓果實透過有絲分裂細胞週期阻滯，抑制非小細胞肺癌細胞生長」，2015 年《美國中藥期刊》。是非小細胞肺癌治療的有效天然物。

- 乳癌

中國香港中文大學「天花粉蛋白經由細胞凋亡，抑制兩個乳癌細胞株和裸鼠乳癌細胞增生」，2012 年《公共科學圖書館一》期刊。誘導乳癌細胞凋亡。

- 肝癌

日本職業與環境衛生大學「栝樓分離出的葫蘆素在體外誘導人類肝癌細胞凋亡」，2009 年 4 月《國際免疫藥理學》期刊。葫蘆素是抗肝癌候選藥物。

葫蘆素有望開發成抗癌藥物。英語稱栝樓為中國黃瓜。

葫蘆巴

Trigonella foenum-graecum

攝護腺癌

結腸癌

淋巴瘤

甲狀腺癌

乳癌

科　　別	豆科，葫蘆巴屬，一年生草本植物。
外觀特徵	高 30 至 80 公分，全株有香氣，莖直立，葉由三片橢圓小葉組成，白色花冠蝶形，莢果內有黃色種子 10 至 20 粒。
藥材及產地	以種子入藥。分佈於阿富汗、巴基斯坦、印度等地，印度是最大生產國。
相關研究	抗糖尿病，也具有抗氧化、抗過敏、抗炎、止痛作用。
有效成分	薯蕷皂素 diosgenin，分子量 414.62 克 / 莫耳

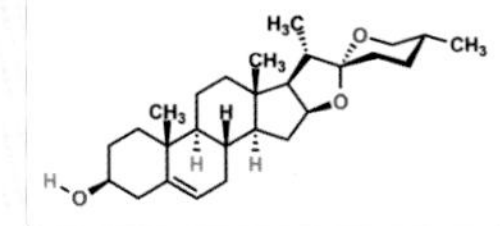

抗癌種類及研究

- 淋巴瘤、甲狀腺癌、乳癌

沙烏地阿拉伯費薩爾國王專科醫院「胡蘆巴的選擇性細胞毒抗癌特性和蛋白質組學分析」，2014 年 3 月《BMC 補充與替代醫學》期刊。對淋巴瘤，甲狀腺癌，乳癌細胞有選擇性細胞毒性，對正常細胞則無。

- 攝護腺癌

台灣嘉南藥理科技大學「薯蕷皂苷抑制人類攝護腺癌 PC-3 細胞遷移和侵入，透過降低基質金屬蛋白酶表達」，2011 年《公共科學圖書館一》期刊。證實葫蘆巴薯蕷皂苷對攝護腺癌細胞有抑制作用。

- 乳癌

阿拉伯沙特國王大學「天然食用香料胡蘆巴透過細胞凋亡途徑殺死人類乳癌 MCF-7 細胞」，2011 年《亞太癌症預防期刊》。可輔助乳癌患者治療。

- 結腸癌

美國健康基金會癌症中心「葫蘆巴的類固醇皂苷薯蕷皂苷誘導人類結腸癌 HT-29 細胞凋亡」，2004 年 8 月《癌症流行病學生物標記與預防》期刊。抑制大鼠結腸癌發生，有潛力成為新型的結腸癌預防劑。

其他補充

薯蕷皂素可開發成抗癌藥物。乾燥或新鮮的葉子作為香草，種子作為香料，新鮮葉子和芽可作為蔬菜。

延齡草

Trillium tschonoskii

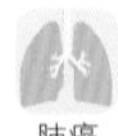
肺癌

大腸癌

科　　別	黑藥花科，延齡草屬，多年生草本植物。
外觀特徵	高 15 至 50 公分，菱狀卵形葉三片，頂生白花，黑紫色漿果。
藥材及產地	以根莖入藥。分佈於中國、朝鮮、日本及印度等地。
相關研究	有抗炎作用。
有效成分	巴黎皂苷七

抗癌種類及研究

• 肺癌

中國第四軍醫大學「巴黎皂苷七抑制人類肺癌 A549 細胞遷移和侵入」，2015 年 6 月《植物療法研究》期刊。抗肺癌轉移。

• 大腸癌

中國第四軍醫大學「巴黎皂苷七透過信號通路，抑制大腸癌細胞生長」，2014 年 1 月 22 日《生化藥理學》期刊。可能是潛在的大腸癌治療劑。

其他補充

未發現中藥典籍有記載延齡草的抗癌作用。其活性化合物巴黎皂苷七可開發成抗癌藥物。

昆明山海棠
Tripterygium hypoglaucum

科別	衛矛科，雷公藤屬，藤本灌木，中國特有植物，又名斷腸草。
外觀特徵	高 1 至 4 公尺，葉革質，長卵形，花綠色，翅果。
藥材及產地	以根入藥。分佈在貴州、四川、雲南等地。
相關研究	能抗單純皰疹病毒 1 型。
有效成分	生物鹼

抗癌種類及研究

• 結腸癌

中國重慶第三軍醫大學「昆明山海棠總生物鹼在體外和體內抑制腫瘤生長」，2014 年《民族藥理學期刊》。抑制小鼠結腸癌異種移植模式，透過誘導細胞凋亡，有效抑制體外和體內腫瘤生長，可開發為潛在的抗癌劑。

其他補充

全株有毒，民間稱為斷腸草，有「牛羊吃後痛斷腸，不死皮毛也脫光」之說。具有致突變性。建議民眾勿自行使用。

雷公藤
Tripterygium wilfordii

卵巢癌
子宮頸癌
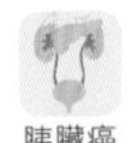
胰臟癌
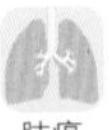
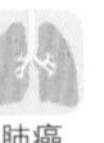
肺癌

腦瘤

乳癌
黑色素瘤
血癌
攝護腺癌

肝癌

科　　別	衛矛科，雷公藤屬，落葉蔓性灌木。
外觀特徵	高 1 至 3 公尺，小枝棕紅，葉互生、橢圓形，花白色，翅果。
藥材及產地	以根入藥。主要分佈於東亞地區，包括日本、朝鮮、台灣及中國。
相關研究	有抗炎和免疫調節作用。
有效成分	雷公藤甲素 triptolide， 分子量 360.40 克 / 莫耳

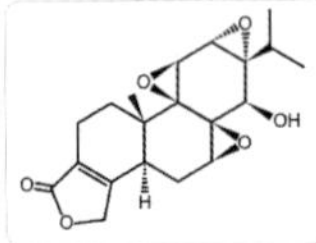

抗癌種類及研究

• 肝癌、腦瘤、乳癌、肺癌

中國瀋陽藥科大學「雷公藤根的貝殼杉烷和松香烷二萜類化合物及其細胞毒性評估」，2016 年 6 月 15 日《生物有機與藥物化學通信》期刊。活性成分對肝癌、腦瘤、乳癌、肺癌細胞有顯著細胞毒性。

• 乳癌

美國蒙特克萊爾州立大學「雷公藤甲素在乳癌 MCF-7 細胞誘導溶酶體介導的細胞程序性死亡」，2013 年 9 月 5 日《國際婦女健康期刊》。誘導乳癌細胞凋亡，有潛力成為抗癌治療劑。

• 黑色素瘤

台灣亞東紀念醫院「雷公藤甲素經由抑制細胞週期蛋白，誘導週期阻滯，並經由半胱天冬酶和粒線體依賴性信號途徑，誘導人類黑色素瘤細胞凋亡」，2013 年 3 月《腫瘤學報告》期刊。可抑制黑色素瘤細胞。

• 血癌

美國埃默里大學「雷公藤甲素透過信號途徑，誘導急性淋巴性血癌細胞凋亡」，2013 年 2 月《分子癌症治療藥物》期刊。表現出抗血癌作用。

• 攝護腺癌

中國西北農林科技大學「雷公藤甲素下調特異性蛋白酶表達，抑制攝護腺癌細胞增生」，2012 年《公共科學圖書館一》期刊。抑制攝護腺癌細胞生長，誘導細胞死亡，也顯著抑制異種移植的攝護腺癌腫瘤。

• 卵巢癌

中國第四軍醫大學「雷公藤甲素透過壓制基質金屬蛋白酶和上調鈣黏蛋白，抑制卵巢癌細胞侵入」，2012 年 11 月 30 日《實驗與分子醫學》期刊。是治療卵巢癌並減少轉移的候選藥物。

• 胰臟癌、子宮頸癌

美國俄亥俄州立大學「雷公藤甲素誘導細胞凋亡的機制：半胱天冬酶活化和雷公藤甲素羥基必要性的影響」，2006 年 5 月《分子醫學期刊》。抑制胰臟癌和子宮頸癌細胞生長，誘導凋亡。

有毒。雷公藤甲素可開發成抗癌藥物。

開口箭
Tupistra chinensis

肉瘤

子宮頸癌

鼻咽癌

血癌
肝癌

肺癌

乳癌

胃癌
結腸癌

科　　　別	天門冬科，開口箭屬，多年生草本植物。
外 觀 特 徵	葉叢狀，似玉米葉，花序上密生小花，白色略帶青綠，果穗形狀如玉米。
藥材及產地	以根莖入藥。分佈於台灣、中國四川、廣西、雲南等地。
相 關 研 究	有抗氧化和抗菌活性。
有 效 成 分	卡烯內酯 cardenolide，分子量 342.51 克 / 莫耳

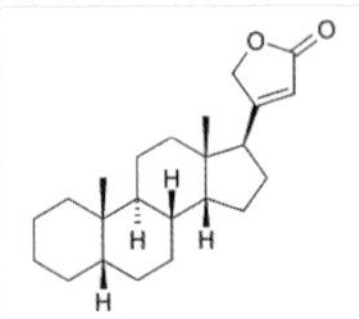

抗癌種類及研究

- **血癌、肝癌、肺癌、乳癌、結腸癌**

中國廣西大學「開口箭根莖的細胞毒性卡烯內酯和皂苷」，2012 年 12 月《植物療法》期刊。對血癌、肝癌、肺癌、乳癌、結腸癌細胞有強大的細胞毒性作用。

- **肉瘤**

中國南方醫科大學「開口箭皂苷在體外抑制小鼠肉瘤 S-180 細胞增生和小鼠移植腫瘤的生長」，2007 年 2 月《南方醫科大學學報》。在體內和體外抑制肉瘤增生，誘導細胞凋亡，干擾細胞週期進程。

- **子宮頸癌、血癌**

中國長江三峽大學「開口箭根莖萃取的細胞毒性非對映異構類固醇皂苷」，2006 年 10 月《化學與藥學通報》期刊。在體外顯著抑制子宮頸癌和血癌細胞。

- **胃癌、鼻咽癌**

台灣高雄醫學大學「開口箭新黃烷，螺甾皂苷元，孕格寧及其細胞毒性」，2003 年 2 月《天然物期刊》。抑制胃癌和鼻咽癌細胞。

對咽喉疼痛或慢性咽喉炎患者效果很好，故也稱作「開喉箭」。卡烯內酯有潛力開發成抗癌藥物。

娃兒藤
Tylophora ovata

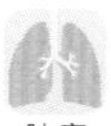

胃癌　肝癌　神經母細胞瘤　乳癌　肺癌

科　　別	夾竹桃科，娃兒藤屬，多年生草本或直立小灌木。
外觀特徵	葉對生，聚繖花序，花冠 5 深裂。
藥材及產地	以莖、葉入藥。分佈於印度、緬甸、越南、台灣及中國。
相關研究	具抗炎作用。
有效成分	娃兒藤鹼 tylophorine，分子量 393.47 克 / 莫耳 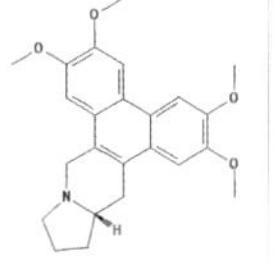

抗癌種類及研究

- 胃癌、肝癌、神經母細胞瘤、乳癌、肺癌

台灣國家衛生研究院「娃兒藤生物鹼生物活性」，2011 年 11 月《植物醫藥》期刊。能抑制胃癌、肝癌、神經母細胞瘤、乳癌、肺癌細胞生長。

另一個品種 Tylophora indica 也有抗癌作用，所含的娃兒藤鹼經調控信號傳遞路徑，能抗血管新生，因此可開發成抗癌藥物。

土半夏

Typhonium blumei

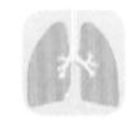
肺癌

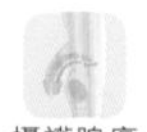
攝護腺癌

乳癌

科　　別	天南星科，犁頭尖屬，多年生草本植物，又名犁頭草。
外觀特徵	球形塊莖，單葉根生，具有長葉柄，花序柄單一，淡綠色，圓柱形，佛焰苞管部綠色，漿果卵圓形。
藥材及產地	以塊根入藥。分佈於中國、台灣等地。
相關研究	有消腫、解毒、消炎活性。
有效成分	菜油固醇 campesterol，分子量 400.69 克 / 莫耳 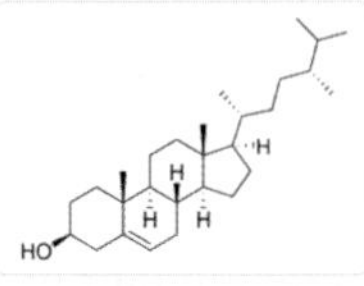
	谷甾醇 β-sitosterol，分子量 414.72 克 / 莫耳 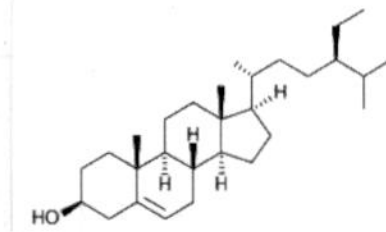

抗癌種類及研究

• **肺癌、攝護腺癌、乳癌**

台灣義守大學「土半夏萃取物透過細胞週期阻滯和誘導凋亡抑制人類肺癌 A549 細胞增生」，2011 年 5 月《民族藥理學期刊》。對肺癌、攝護腺癌、乳癌細胞具毒性，所含的菜油固醇、谷甾醇顯示最大抗增生活性。

其他補充

有毒。土半夏與半夏為不同屬植物。菜油固醇與谷甾醇可開發成抗癌藥物。

犁頭尖

Typhonium divaricatum

乳癌

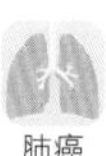
肺癌

科　別	天南星科，犁頭尖屬，多年生草本植物。
外觀特徵	塊莖橢圓形，褐色，葉具長柄，心狀戟形，先端漸尖，佛焰苞下部綠色，苞片深紫色，漿果卵圓形。
藥材及產地	以塊莖或全草入藥。分佈在印尼、泰國、台灣及中國等地。
相關研究	有抗病毒活性。
有效成分	凝集素

抗癌種類及研究

• 乳癌、肺癌

中國四川大學「犁頭尖塊莖的新甘露糖結合凝集素與抗病毒活性和人類腫瘤細胞株的抗增生作用」，2007 年 5 月 31 日《生物化學與分子生物學期刊》。能抑制乳癌和肺癌細胞。

阿草伯藥用植物園 提供

其他補充

有毒。需進一步探討其抗癌活性化合物。1992 年在《馬來西亞醫學期刊》上有一則報告，敘述犁頭尖對淋巴瘤細胞的抑制作用。

獨角蓮
Typhonium giganteum

肝癌

科　　　別	天南星科，犁頭尖屬，多年生草本植物。
外觀特徵	塊莖橢圓形，葉根生，戟狀，1 至 4 片，佛焰苞紫色，漿果。
藥材及產地	以塊莖入藥，中藥名「白附子」。熱帶亞洲，南太平洋和澳大利亞特有，在中國分佈於湖北、江蘇、福建等地。
相關研究	透過激活特定離子通道，對腦缺血具有神經保護作用。
有效成分	萃取物

抗癌種類及研究

• 肝癌

中國東北林業大學「獨角蓮塊莖萃取物透過活性氧介導的粒線體途徑，誘導人類肝癌細胞凋亡」，2011 年 9 月 28 日《分子》期刊。萃取物抑制肝癌細胞，阻滯細胞週期並誘導凋亡。

其他補充

有毒。香港政府管制的毒劇中藥。獨角蓮的葉片幼小時內捲如獨角狀，似「小荷才露尖尖角」，故名。

鉤藤

Uncaria rhynchophylla

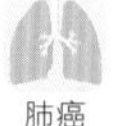

肝癌　肺癌　卵巢癌

攝護腺癌　乳癌　胰臟癌

科　別	茜草科，鉤藤屬，常綠藤本植物，又名魚鉤藤，在美洲稱為貓爪。
外觀特徵	高 10 至 15 公尺，鉤在葉子的基部向下彎曲，隱藏在樹葉下，從下方可看到。
藥材及產地	以乾燥帶鉤莖枝入藥。分佈於中國陝西、安徽、雲南等地，美洲亞馬遜雨林也有分佈。
相關研究	能有效改善帕金森症，抑鬱及失眠等症狀也減少。所含的異鉤藤鹼可消除大腦內引致帕金森症的異常蛋白。
有效成分	鉤藤鹼 rhynchophylline，分子量 384.46 克 / 莫耳 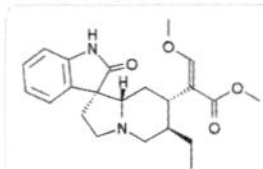

抗癌種類及研究

• 肺癌、肝癌、卵巢癌

中國南京中國藥科大學「鉤藤的兩個新鄰苯醌」，2016 年 3 月《中國天然藥物期刊》。顯著抑制肺癌、肝癌、卵巢癌細胞增生。

• 攝護腺癌、乳癌、胰臟癌

美國加州大學舊金山分校「十二種中國藥材體外抗癌活性」，2005 年 7 月《植物療法研究》期刊。鉤藤有效抑制攝護腺癌、乳癌、胰臟癌細胞。

鉤藤鹼有潛力開發成抗癌藥物。

王不留行
Vaccaria segetalis

乳癌
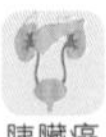
胰臟癌
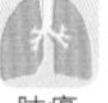
肺癌

攝護腺癌

血癌

科　　別	石竹科，王不留行屬，一年生草本植物，又名麥藍菜。
外觀特徵	高達 70 公分，莖分枝，灰綠色，無毛。葉子對生，初夏開淡紅色小花。
藥材及產地	以乾燥成熟種子入藥。原產於歐亞大陸，分佈於歐洲、亞洲及中國。
相關研究	未發現有其他功效的報導。
有效成分	王不留行次皂苷 vaccaroside，分子量 1135.24 克 / 莫耳

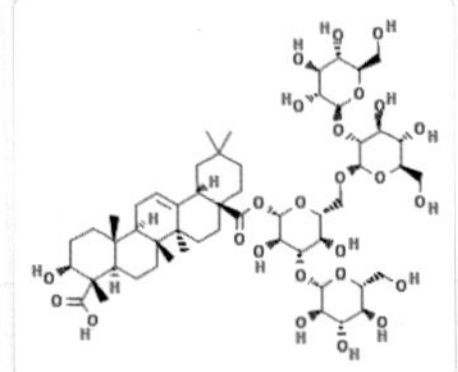

抗癌種類及研究

• 肺癌、攝護腺癌、血癌

中國上海藥物研究所「王不留行細胞毒性三萜皂苷」，2008 年 1 月《亞洲天然物研究期刊》。所含化合物顯示肺癌、攝護腺癌、血癌細胞毒性。

• 肺癌、攝護腺癌、乳癌、胰臟癌

美國加州大學舊金山分校「十二種中國藥材體外抗癌活性」，2005 年 7 月《植物療法研究》期刊。王不留行有效抑制肺癌、攝護腺癌、乳癌和胰臟癌細胞。

其他補充

中國科學院上海藥物研究所專利「從中藥王不留行中分離獲得的三萜類化合物及它們的用途」。公開了從中藥王不留行中分離獲得的六個三萜皂苷類化合物：王不留行次皂苷等。經體外抗腫瘤實驗表明，該類化合物對攝護腺癌、血癌和肺癌細胞株具有明顯的抑制作用。

蜘蛛香

Valeriana jatamansi

卵巢癌

結腸癌

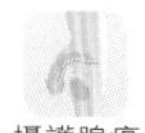
攝護腺癌

科　　別	忍冬科，纈草屬，多年生草本植物。
外觀特徵	高 30 至 70 公分，葉片心形，花小，白或淡紅色。
藥材及產地	以根莖、全草入藥。分佈在印度、中國貴州、西藏、四川等地。
相關研究	有抗氧化活性。
有效成分	纈草醚酯

抗癌種類及研究

• 攝護腺癌、結腸癌

中國上海第二軍醫大學「蜘蛛香纈草醚酯三個分解產物及其細胞毒性」，2015 年 5 月《亞洲天然物研究期刊》。對攝護腺癌、結腸癌有選擇性細胞毒性。

• 卵巢癌

中國上海生命科學研究院「蜘蛛香作為人類卵巢癌細胞新治療劑：體外和體內的活性和機制」，2013 年 5 月《當前癌症藥物標靶》期刊。是潛在的卵巢癌治療劑。

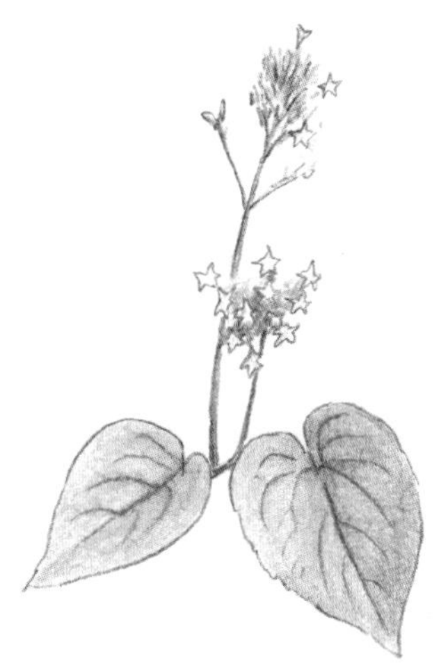

其他補充

中國科學院在其網站的科普文章中，介紹蜘蛛香，稱其為苗藥經典。因為主根粗大，鬚根分佈於周圍，形似蜘蛛，而且氣味芳香，因此得名。蜘蛛香主要分佈地為貴州。

毛蕊花

Verbascum thapsus

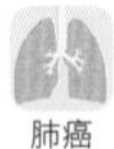

科　　別	玄參科，毛蕊花屬，二年生雙子葉植物。
外觀特徵	可長至 2 公尺以上，全株密被星狀毛，基生葉，花黃色，聚於莖幹。
藥材及產地	以全草入藥。原產於歐洲、北非和亞洲，後引進美洲和澳洲。
相關研究	有驅蟲，抗病毒，抗炎，解痙作用。
有效成分	木犀草素 luteolin， 分子量 286.24 克 / 莫耳 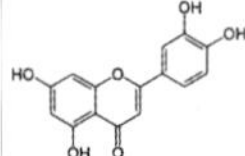

抗癌種類及研究

• 肺癌

中國昆明植物研究所「毛蕊花地上部分化學成分抗血管新生和抗增生活性」，2011 年 5 月《藥學研究檔案》期刊。木犀草素能抗細胞增生，誘導肺癌細胞凋亡。

其他補充

木犀草素也常見於其他植物葉中，如芹菜、百里香、蒲公英等。木犀草素可開發成抗癌藥物。

馬鞭草
Verbena officinalis

肝癌

血癌

科　　別	馬鞭草科，馬鞭草屬，多年生草本植物。
外觀特徵	高 30 至 120 公分，葉緣鋸齒形，穗狀花序，頂生或腋生，狀似馬鞭，夏秋開淡紫色唇形花。
藥材及產地	以全草入藥。原產於歐洲，在台灣及中國華東、華南等地都有分佈。
相關研究	有抗氧化，抗真菌，抗炎活性。
有效成分	檸檬醛 citral，分子量 152.24 克 / 莫耳 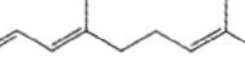

抗癌種類及研究

• 肝癌

中國新鄉醫學院「馬鞭草萃取物在活體內抗腫瘤活性研究」，2013 年 4 月《非洲傳統補充替代醫學期刊》。在小鼠體內有抗肝癌腫瘤作用。

• 血癌

義大利薩勒諾大學「馬鞭草精油及其成分檸檬醛為慢性淋巴性血癌細胞凋亡誘導劑」，2009 年 10 月《國際免疫病理學與藥理學期刊》。檸檬醛精油有促血癌凋亡活性，直接激活半胱天冬酶 3。

其他補充

檸檬醛可開發成抗癌藥物。鄉下有許多馬鞭草，像鞭子一樣，常會折來玩，當時不知其名。台北喜來登飯店浴室裡擺著含有馬鞭草精油的法國洗髮精。一直以來，它以不同形式出現在人們身邊。

南非葉
Vernonia amygdalina

乳癌

科　　別	菊科，斑鳩菊屬，小灌木，又名扁桃斑鳩菊。
外觀特徵	高 2 至 5 公尺，葉橢圓形，樹皮粗糙，因有苦味，英語稱為苦葉。
藥材及產地	以葉入藥。原產於南非，台灣民間多有栽培。
相關研究	有抗氧化，抗炎，鎮痛，抗瘧原蟲作用。
有效成分	萃取物

抗癌種類及研究

• 乳癌

美國傑克遜州立大學「南非葉誘導乳癌 MCF-7 細胞凋亡和生長停滯」，2013 年 1 月《藥理學與藥學》期刊。葉萃取物可作為乳癌的抗癌候選藥物。

其他補充

1. 南非葉生長於南非，從馬來西亞、新加坡移植到中國，中藥典籍並無記載。葉可食用，是非洲一些國家的主食蔬菜。應深入探討南非葉萃取物中的抗癌活性化合物。
2. 佩替特博士（George R. Pettit）為亞利桑那州立大學有機化學教授，著有《來自動物、植物和微生物的抗癌藥物》一書。在哈佛擔任博士後研究時，他曾到實驗室來聊了一下，因為當時所用的分離自海洋生物的苔蘚蟲素（bryostatin 1）正是他所贈送的。另一個由他發現並合成的有名抗癌藥物為考布他汀（combretastatin），源自南非柳樹。「我一直認為，甚至當我還是小孩時，自然產生的物質—植物、動物、微生物，真的是尋找藥物的最佳所在，」他說。

香堇菜
Viola odorata

乳癌
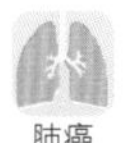
肺癌
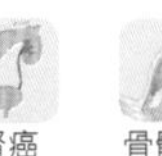
腎癌
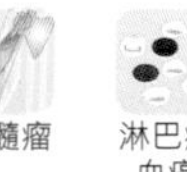
骨髓瘤
淋巴瘤
血癌

科　　別	堇菜科，堇菜屬，多年生草本植物，又名叢生三色堇。
外觀特徵	高 3 至 15 公分，無地上莖，枝匍匐，根莖較粗，淡褐色，密生結節，節處生根，花深紫色，芳香，蒴果球形。
藥材及產地	以全草入藥。原產於歐洲、非洲北部、亞洲西部。
相關研究	有抗慢性失眠，抗高血壓和血脂異常作用。
有效成分	環肽

抗癌種類及研究

• 血癌、肺癌、淋巴瘤、腎癌、骨髓瘤

瑞典烏普薩拉大學「環肽：一種新型的細胞毒性劑」，2002 年 4 月《分子癌症療法》期刊。香堇菜所含的環肽對血癌、肺癌、淋巴瘤、腎癌、骨髓瘤細胞顯示出強的細胞毒性。

• 乳癌

美國杜蘭大學「香堇菜環肽的抗癌及化學增敏能力」，2010 年《生物聚合物》期刊。對乳癌細胞有強大細胞毒性，但對正常內皮細胞無作用，顯示所含環肽對癌細胞的特異性，是耐藥性乳癌的潛在化學增敏及治療劑。

中藥典籍未發現有抗癌作用記載，香堇菜所含的環肽可開發成抗癌藥物。

槲寄生

Viscum album

肝癌　胰臟癌　頭頸癌

科　　別	槲寄生科，槲寄生屬，半寄生灌木。
外觀特徵	生長在其他樹木的樹枝上，莖有叉狀分枝，葉子對生，球形漿果，呈半透明，黃色或橙紅色。
藥材及產地	莖和葉可入藥。原產於歐洲、西亞和南亞。
相關研究	是天然抗氧化劑和抗菌劑。
有效成分	萃取物

抗癌種類及研究

• 肝癌

韓國國立韓京大學「槲寄生熱水萃取物在人類肝癌細胞透過細胞週期阻滯介導的抗癌作用」，2015 年《亞太癌症預防期刊》。能抑制肝癌細胞增生，但對正常肝細胞無細胞毒性。

• 頭頸癌

巴西聖保羅大學「槲寄生在頭頸部鱗狀癌細胞株的細胞毒性作用」，2013 年 11 月《腫瘤學報告》期刊。萃取物被當作頭頸癌輔助治療。

• 胰臟癌

德國特拉格臨床研究所「槲寄生萃取物治療局部晚期或轉移性胰臟癌：隨機臨床試驗的總生存期」，2013 年 12 月《歐洲癌症期刊》。延長胰臟癌患者的生存期。

德國進行的臨床試驗，顯示槲寄生能延長胰臟癌患者生命。期待早日找出萃取物中的活性抗癌化合物。中國科學院成都生物研究所報導了「槲寄生植物促進生物多樣性」，認為槲寄生能提供果實和花蜜，以及鳥類和昆蟲的棲息場所，也透過落葉分解，使土壤養分肥沃，進而促進生物多樣性。

黃荊
Vitex negundo

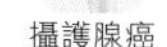

攝護腺癌　乳癌

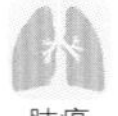

肝癌　胰臟癌　肺癌　卵巢癌 子宮頸癌

科　　別	馬鞭草科，牡荊屬，灌木或小喬木。
外觀特徵	高可至 4 公尺，小枝呈四棱形，掌狀複葉，花淡紫色，外有柔毛，球形核果。
藥材及產地	莖、葉、種子和根可入藥。主要分佈於非洲、南亞、東亞、東南亞等地。
相關研究	有抗菌，抗炎，支氣管擴張作用。
有效成分	牡荊素 vitexin，分子量 432.38 克 / 莫耳 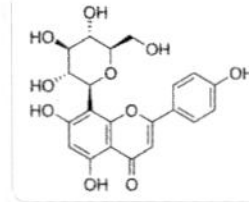
	貓眼草黃素 chrysoplenetin，分子量 374.34 克 / 莫耳 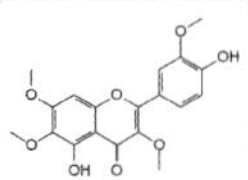

抗癌種類及研究

• 肝癌

中國中南大學「牡荊素抑制肝癌細胞生長和血管新生」，2014 年 2 月《國際分子醫學期刊》。牡荊素是潛在的肝癌治療候選藥物。

• 胰臟癌、肺癌、卵巢癌、攝護腺癌

日本富山大學「黃荊的貓眼草黃素被確認是胰臟癌細胞株和 39 種人類癌細胞株潛在的細胞毒性劑」，2011 年 12 月《植物療法研究》期刊。對胰臟癌、肺癌、卵巢癌和攝護腺癌細胞最敏感。

• 乳癌、攝護腺癌、肝癌、子宮頸癌

中國中南大學「自然衍生的木脂素類化合物牡荊素誘導細胞凋亡，抑制腫瘤生長」，2009 年 8 月 15 日《臨床癌症研究》期刊。在腫瘤異種移植動物模式，對乳癌、攝護腺癌、肝癌和子宮頸癌有抗腫瘤活性。

其他補充

牡荊素與貓眼草黃素有潛力開發成抗癌藥物。昔日貧窮婦女以黃荊枝條做成髮簪，稱為「荊釵」，因此古人謙稱自己妻子為「拙荊」。黃荊枝條堅韌不易斷裂，古時用來製作刑杖，「負荊請罪」用的即是黃荊。

單葉蔓荊
Vitex rotundifolia

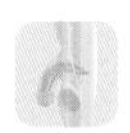
攝護腺癌

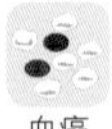
血癌

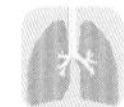
肺癌

膠質細胞瘤

胃癌
結腸癌

科　　別	馬鞭草科，牡荊屬，多年生藤狀植物。
外觀特徵	莖匍匐，單葉對生，夏季開花，圓形果實成串狀。
藥材及產地	以乾燥果實入藥。分佈於中國、台灣、日本、印度等地。藥材住產於山東、福建。
相關研究	有抗炎作用。
有效成分	紫花牡荊素 vitexicarpin，分子量 374.34 克 / 莫耳 蔓荊呋喃 rotundifuran，分子量 362.50 克 / 莫耳 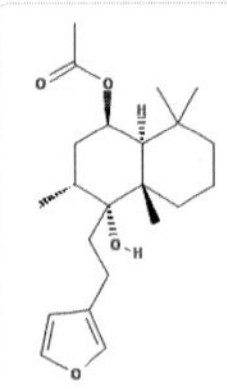

抗癌種類及研究

阿草伯藥用植物園 提供

• 肺癌

中國湖南師範大學「紫花牡荊素透過下調蛋白抑制肺癌 A549 幹細胞樣細胞的更新和侵入」，2014 年 1 月《生物化學與生物物理學報》。紫花牡荊素消除癌症幹細胞，可能是治療肺癌的候選化合物。

• 膠質瘤

中國人民解放軍成都軍區總醫院「紫花牡荊素透過細胞凋亡和細胞週期停滯，誘導人類膠質瘤細胞死亡」，2013 年《細胞生理與生化》期刊。具抗腦癌的潛力。

• 胃癌、結腸癌

韓國海事大學「鹽沼植物單葉蔓荊黃酮對人體癌細胞的抗增生作用」，2013 年 10 月《天然物通訊》期刊。對胃癌和結腸癌細胞有抑制作用。

• **攝護腺癌**

中國遼寧師範大學「紫花牡荊素透過週期阻滯誘導人類攝護腺癌 PC-3 細胞凋亡」，2012 年《亞太癌症預防期刊》。可成為攝護腺癌治療藥物。

• **肺癌、大腸癌**

日本九州東海大學「從蔓荊果實分離的新二萜」，2002 年 4 月《天然物期刊》。紫花牡荊素對人類肺癌和大腸癌細胞具有相當大的生長抑制活性。

• **血癌**

韓國圓光大學「蔓荊的蔓荊呋喃誘導人類骨髓性血癌細胞凋亡」，2001 年 9 月《植物療法研究》期刊。可作為潛在的血癌化學預防和治療劑。

1. 中、日、韓對此中藥都發表了抗癌論文，主成分紫花牡荊素（又名 casticin）更是令人期待，因為它能除掉肺癌幹細胞。未來癌症研究要有新突破，需要發現能消滅癌症幹細胞的化合物，這樣才能將癌症斬草除根。

2. 癌症幹細胞可在腫瘤或血癌中發現，是一種具有產生所有類型癌細胞的能力，並有幹細胞特性的癌細胞。1990 年代末期，加拿大科學家約翰迪克博士在急性骨髓性血癌中發現，是目前癌症研究的焦點。它透過幹細胞自我更新和分化過程，產生不同類型的腫瘤。

蟛蜞菊
Wedelia chinensis

鼻咽癌
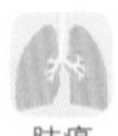
肺癌
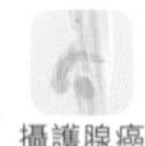
攝護腺癌

科　別	菊科，蟛蜞菊屬，多年生草本植物。
外觀特徵	矮小，莖匍匐地面，花黃色。
藥材及產地	以全草入藥。原產地為南美洲，後引進台灣。分佈於中國、日本、印尼及中南半島等地。
相關研究	有抗菌，抗炎作用。
有效成分	萃取物

W

抗癌種類及研究

• 鼻咽癌

中國南方醫科大學「蟛蜞菊透過誘導細胞週期阻滯抑制鼻咽癌 CNE-1 細胞生長」，2013 年《美國中醫藥期刊》。能抗鼻咽癌細胞。

• 肺癌

印度卡倫雅大學「蟛蜞菊精油在體外和體內對肺癌小鼠的抗氧化活性」，2012 年《亞太癌症預防期刊》。精油可預防肺癌發展。

• 攝護腺癌

台灣中央研究院「蟛蜞菊萃取物減弱雄激素受體活性和裸鼠攝護腺癌原位生長」，2009 年 9 月 1 日《臨床癌症研究》期刊。可成為攝護腺癌的輔助藥物。

台灣常見的消炎藥草。「栽培野草，本土蟛蜞菊變寶」報導：台南市藥草產銷班從事有機藥草栽培，前年底接獲中研院技轉的生技公司第一筆大宗有機蟛蜞菊訂單，因為蟛蜞菊成分對男性攝護腺具有保健作用。「有用的就是寶，沒用的就是草」，蟛蜞菊隨便種隨便活，不需費心照顧，一個月可採收一次。

蒼耳
Xanthium sibiricum

肝癌

肺癌

胃癌

科別	菊科，蒼耳屬，一年生草本植物。
外觀特徵	高 20 至 90 公分，闊葉互生，葉緣齒狀，夏秋開花，果實為紡錘形，有鉤刺，極易附著在衣褲或動物皮毛。
藥材及產地	以全草入藥，果實為蒼耳子。分佈於中國、東亞、俄羅斯、北美等地。
相關研究	有抗菌作用。
有效成分	蒼耳素 xanthatin，分子量 246.30 克 / 莫耳 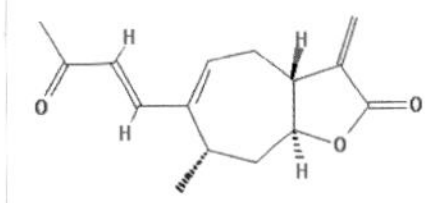

抗癌種類及研究

- 肝癌、肺癌

中國成都生物研究所「蒼耳地上部分倍半萜內酯的細胞毒性」，2013 年 5 月《植物醫藥》期刊。對肝癌和肺癌有顯著細胞毒性。

- 胃癌

中國南京中醫藥大學「蒼耳素在人類胃癌細胞誘導細胞週期阻滯和凋亡」，2012 年 6 月《植物醫藥》期刊。對胃癌細胞具抗增生和促凋亡作用，有治療胃癌的潛力。

其他補充

有毒。蒼耳素可開發成抗癌藥物。《蒼耳》這本書是眼淚女王欒小米的里程碑之作，湖南少年兒童出版社發行。

文冠果
Xanthoceras sorbifolia

科　　別｜無患子科，文冠果屬，落葉灌木或小喬木。

外觀特徵｜高 2 至 5 公尺，小枝紅褐色，無毛，羽狀複葉，花白色，基部紫紅色，脈紋明顯，有 5 個花瓣。

藥材及產地｜以莖、枝葉、果皮入藥。分佈於中國西北部至東北部。藥材主產於內蒙古。

相關研究｜有酪氨酸酶抑制和抗氧化活性。

有效成分｜文冠果柄苷 xanifolia，分子量 1115.25 克 / 莫耳

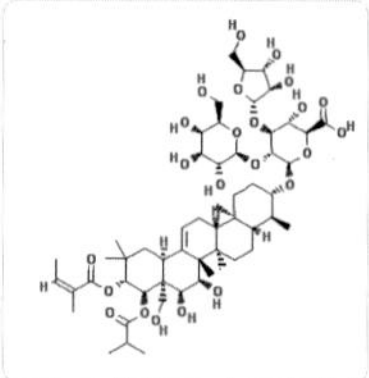

抗癌種類及研究

- 卵巢癌

美國貝勒醫學院「文冠果外皮醯化三萜皂苷的細胞毒性」，2008 年 7 月《天然物期刊》。顯示對人類卵巢癌細胞有抑制活性。

- 子宮頸癌、黑色素瘤

中國瀋陽藥科大學「文冠果外皮的兩個新三萜類化合物」，2005 年 11 月《植物醫藥》期刊。顯著抑制子宮頸癌和黑色素瘤細胞。

其他補充

文冠果的成分及萃取方法在中國已被申請專利，未來有潛力成為抗癌藥物。在 11 種癌細胞中，根據對文冠果提取物的敏感程度分為 4 組：1. 最敏感：卵巢癌細胞；2. 敏感：膀胱和骨癌細胞；3. 中等敏感：前列腺，白血病，肝，乳房和腦癌細胞和 4. 不太敏感：結腸，子宮頸和肺癌細胞。

美洲花椒
Zanthoxylum americanum

血癌

科　　別	芸香科，花椒屬，芳香灌木或小喬木。
外觀特徵	高可至 10 公尺，羽狀複葉，花黃綠色，漿果由紅轉藍黑。
藥材及產地	以根、果實入藥。原產於美國及加拿大，類似四川花椒。
相關研究	能抗真菌。
有效成分	二花瓣 dipetaline，分子量 326.4 克 / 莫耳

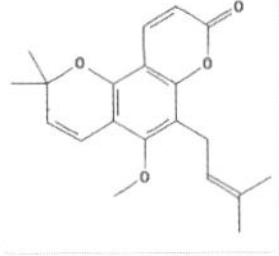

抗癌種類及研究

• 血癌

美國羅格斯大學「美洲花椒萃取物具細胞毒性的香豆素和木脂素」，2001 年 8 月《植物療法研究》期刊。在不同程度上都能抑制人類血癌細胞。

阿草伯藥用植物園 提供

其他補充

北京化學工業出版社出版的《中藥原植物化學成分手冊》提到，二花瓣具有細胞毒性，能阻斷胸苷進入血癌細胞，進而抑制 DNA 合成。美洲花椒也含花椒內酯，此化合物可經化學合成取得。

玉簾

Zephyranthes candida

胰臟癌

血癌
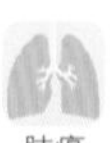
肺癌

肝癌

結腸癌

科　　別	石蒜科，蔥蓮屬，多年生草本植物，又名蔥蓮、蔥蘭。
外觀特徵	地下鱗莖，線形葉，花白色，花瓣6片，花莖中空，花單生於頂部，蒴果近球形，種子黑色，扁平。
藥材及產地	以全草入藥。分佈於南美及中國廣東、江蘇、浙江等地
相關研究	能抑制脊髓灰質炎病毒。
有效成分	石蒜生物鹼

抗癌種類及研究

• 胰臟癌

中國華中科技大學「新石蒜生物鹼抑制胰臟癌細胞增生」，2014 年 11 月《毒理學與應用藥理學》期刊。在胰臟癌細胞中有強烈細胞毒性，但在正常細胞無顯著作用。

• 血癌、肺癌、肝癌、結腸癌

中國華中科技大學「玉簾全植物的細胞毒性生物鹼」，2012 年 12 月《天然物期刊》。能抑制血癌、肺癌、肝癌、結腸癌細胞增生。

其他補充

香港浸會大學中醫藥學院記載玉簾的抗腫瘤作用。石蒜生物鹼有潛力開發成抗癌藥物。

工具與索引

中式雞尾酒、臨床試驗與毒性

中式雞尾酒

四物湯可說是中藥湯劑中大家最熟悉的一種，主要用於婦女調經補血。當然男性也可服用，並不限於女性。以下列舉的這些湯劑古方，可說是中國式的雞尾酒，能分別對抗包括肺癌、肝癌、結腸癌、胃癌、乳癌、黑色素瘤、胰臟癌、攝護腺癌、子宮頸癌、膀胱癌、血癌等癌細胞，因此是很好的雞尾酒療法。

表 1. 中式抗癌雞尾酒

湯劑	中藥	對抗癌症種類
四物湯	當歸、川芎、白芍、熟地黃	肺癌、子宮頸癌、胰臟癌、膀胱癌、肝癌、大腸癌、子宮頸癌
四君子湯	人參、白朮、茯苓、甘草	肺癌、肝癌、結腸癌、胃癌、乳癌、黑色素瘤、胰臟癌、攝護腺癌
八珍湯	四物湯＋四君子湯	肺癌、肝癌、結腸癌、胃癌、乳癌、黑色素瘤、胰臟癌、攝護腺癌、子宮頸癌、膀胱癌
十全大補湯	八珍湯＋黃耆＋肉桂	肺癌、肝癌、結腸癌、胃癌、乳癌、黑色素瘤、胰臟癌、攝護腺癌、子宮頸癌、膀胱癌、血癌
黃芩湯	黃芩、甘草、大棗、芍藥	結腸癌、子宮頸癌、膀胱癌、食道癌、骨髓瘤、乳癌、攝護腺癌、肝癌、胰臟癌、血癌、胃癌、肺癌

2002年加州大學舊金山分校研究員發現，有15種極具抗乳癌潛力的中藥。此研究以5種代表不同HER2/Neu和雌激素受體表達的乳癌細胞，當作體外實驗的測試對像，從71種抗癌中藥篩選出能抑制這些乳癌細胞株的最佳15種，因為它們能抑制75-100%的癌細胞生長。可當成乳癌雞尾酒療法的一種。

表 2. 具潛力的 15 種抗乳癌中藥及學名對照

中藥	學名
知母	Anemarrhena asphodeloides
艾葉	Artemisia argyi
沒藥	Commiphora myrrha
蛇莓	Duchesnea indica
枇杷葉	Eriobotrya japonica
皂莢	Gleditsia sinensis
女貞子	Ligustrum lucidum
茜草	Rubia cordifolia
石見穿	Salvia chinensis
九節茶	Sarcandra glabra
半枝蓮	Scutellaria barbata
蒲公英	Taraxacum officinale
栝樓	Trichosanthes kirilowii
鉤藤	Uncaria rhynchophylla
王不留行	Vaccaria segetalis

臨床試驗

目前進入臨床試驗的中藥並不多，但相信未來會有更多具潛力的中藥從發現階段進入開發階段，在人體上確認安全性及有效性。以下為幾個臨床試驗中的主要中藥及其成分。

表 3. 已進行抗癌臨床試驗的中藥

中藥名稱	學名	臨床試驗
喜樹	Camptotheca acuminata	喜樹鹼類似物，臨床 II 期
長春花	Catharanthus roseus	長春新鹼，臨床 II 期
薑黃	Curcuma longa	薑黃素，臨床 II 期
黃芩	Scutellaria baicalensis	黃芩湯 PHY906，輔助化療，臨床 I 期
半枝蓮	Scutellaria barbata	臨床 II 期
乳薊	Silybum marianum	水飛薊素，臨床 II 期

太平洋紫杉	Taxus brevifolia	紫杉醇，臨床 II 期
雷公藤	Tripterygium wilfordii	雷公藤甲素，臨床 I 期
槲寄生	Viscum album	萃取物，隨機臨床試驗

具毒性的抗癌藥用植物

本書裡的抗癌植物，包含一些有毒物種，讀者必須對它們的毒性有一定了解，謹慎使用，以免傷害健康。

許多抗癌藥物由天然來源獲得。一些有毒中藥具有顯著的抗癌作用，儘管臨床上有毒性，卻可提供科學家有利的線索。針對增加抗腫瘤活性和減少副作用，其活性成分可當成先導化合物，藉此開發出安全又有效的藥劑。

表 4. 有毒抗癌植物

中藥名稱	學名	毒性
雞母珠	Abrus precatorius	劇毒
澤瀉	Alisma orientalis	全株有毒
尖尾姑婆芋	Alocasia cucullata	全株有毒
鴉膽子	Brucea javanica	有小毒
牛角瓜	Calotropis gigantea	有毒
喜樹	Camptotheca acuminata	毒性強
長春花	Catharanthus roseus	全株有毒
三尖杉	Cephalotaxus fortunei	枝葉有毒
海芒果	Cerbera manghas	全株有毒
白屈菜	Chelidonium majus	有毒
芫花	Daphne genkwa	有毒
常山	Dichroa febrifuga	全株有毒
八角蓮	Dysosma versipellis	有毒
台灣山豆根	Euchresta formosana	有毒
甘遂	Euphorbia kansui	香港政府管制的毒劇中藥
大戟	Euphorbia pekinensis	全草有毒
鉤吻	Gelsemium elegans	劇毒

銀杏	Ginkgo biloba	種子有毒，葉有小毒
大尾搖	Heliotropium indicum	有毒
金印草	Hydrastis canadensis	可能有毒，大劑量可致死亡
天仙子	Hyoscyamus niger	香港政府管制的毒劇中藥
石蒜	Lycoris radiata	整株有毒
日本厚朴	Magnolia obovata	有毒
川楝	Melia toosendan	有毒
蝙蝠葛	Menispermum dauricum	有毒
厚果崖豆藤	Millettia pachycarpa	有毒，俗稱魚藤，毒魚用
木鱉果	Momordica cochinchinensis	有毒
花櫚木	Ormosia henryi	有毒
七葉一枝花	Paris polyphylla	有毒
駱駝蓬	Peganum harmala	有毒
商陸	Phytolacca acinosa	有毒
虎掌	Pinellia pedatisecta	有毒
半夏	Pinellia ternata	香港政府管制的毒劇中藥
美洲鬼臼	Podophyllum peltatum	全株有毒
楓楊	Pterocarya stenoptera	有毒
掌葉大黃	Rheum palmatum	有毒
蓖麻	Ricinus communis	有毒
黃水茄	Solanum incanum	有毒
瑞香狼毒	Stellera chamaejasme	劇毒
地不容	Stephania epigaea	有毒
馬錢子	Strychnos nuxvomica	劇毒，香港政府管制的毒劇中藥
昆明山海棠	Tripterygium hypoglaucum	全株有毒，致突變性
雷公藤	Tripterygium wilfordii	有毒
土半夏	Typhonium blumei	有毒
犁頭尖	Typhonium divaricatum	全株有毒
獨角蓮	Typhonium giganteum	香港政府管制的毒劇中藥
蒼耳	Xanthium sibiricum	有毒

藥用植物屬名科名對照表

部分藥用植物有不同的學名，本書沒有一一列出，而且極少部分的科名仍有歧異的情況。以下整理出來的中英文屬名科名對照表，適合讀者做文獻查找的參考，並對植物的來源屬性有一定的認識。

讀者可查詢香港浸會大學中醫藥學院的網站，藥用植物圖像數據庫，中藥材圖像數據庫，中草藥化學圖像數據庫，對其學名，圖像，化學結構有更多了解。對於科學研究人員，則可以根據植物科屬，做更深入的抗癌成分探索，這也是本書的主要目的之一。

表 410 種抗癌藥用植物屬名科名對照表

英文屬名	屬名	科名	植物名稱
Abrus	相思子屬	豆科	雞母珠
Abutilon	苘麻屬	錦葵科	磨盤草
Acacia	金合歡屬	豆科	兒茶，阿拉伯金合歡
Acalypha	鐵莧菜屬	大戟科	鐵莧菜
Acanthopanax	五加屬	五加科	五加，刺五加
Achillea	蓍屬	菊科	蓍
Achyranthes	牛膝屬	莧科	土牛膝
Acorus	菖蒲屬	菖蒲科	石菖蒲
Acronychia	山油柑屬	芸香科	山油柑
Actinidia	獼猴桃屬	獼猴桃科	軟棗獼猴桃，貓人參
Aeginetia	野菰屬	列當科	野菰
Agastache	藿香屬	唇形科	藿香
Aglaia	樹蘭屬	楝科	樹蘭
Agrimonia	龍牙草屬	薔薇科	龍牙草
Ajuga	筋骨草屬	唇形科	散血草
Akebia	木通屬	木通科	木通
Albizia	合歡屬	豆科	合歡
Alisma	澤瀉屬	澤瀉科	澤瀉
Alocasia	姑婆芋屬	天南星科	尖尾姑婆芋
Alpinia	山薑屬	薑科	高良薑，益智

Amomum	荳蔻屬	薑科	草果
Ampelopsis	蛇葡萄屬	葡萄科	白蘞
Andrographis	穿心蓮屬	爵床科	穿心蓮
Androsace	點地梅屬	報春花科	點地梅
Anemarrhena	知母屬	龍舌蘭科	知母
Angelica	當歸屬	傘形科	白芷，朝鮮當歸，明日葉，獨活，當歸
Anisomeles	金劍草屬	唇形科	魚針草
Annona	番荔枝屬	番荔枝科	番荔枝
Anoectochilus	金線蓮屬	蘭科	金線蓮
Aquilaria	沉香屬	瑞香科	土沉香
Ardisia	紫金牛屬	紫金牛科	硃砂根，百兩金，紫金牛
Artemisia	蒿屬	菊科	青蒿，艾草，茵陳蒿，牡蒿
Asimina	巴婆果屬	番荔枝科	巴婆樹
Aster	紫菀屬	菊科	紫菀
Astilbe	落新婦屬	虎耳草科	落新婦
Astragalus	黃耆屬	豆科	黃芪
Atractylodes	蒼朮屬	菊科	蒼朮，白朮
Azadirachta	蒜楝屬	楝科	印度楝
Bauhinia	羊蹄甲屬	豆科	羊蹄甲
Begonia	秋海棠屬	秋海棠科	南投秋海棠
Belamcanda	射干屬	鳶尾科	射干
Berberis	小蘗屬	小蘗科	黃蘆木
Betula	樺木屬	樺木科	白樺
Bidens	鬼針草屬	菊科	鬼針草
Bletilla	白芨屬	蘭科	白芨
Blumea	艾納香屬	菊科	艾納香，生毛將軍
Bolbostemma	假貝母屬	葫蘆科	土貝母
Boswellia	乳香屬	橄欖科	乳香樹
Brucea	鴉膽子屬	苦木科	鴉膽子
Bupleurum	柴胡屬	傘形科	紅柴胡
Caesalpinia	雲實屬	豆科	喙莢雲實，蘇木
Calendula	金盞花屬	菊科	金盞菊
Calotropis	牛角瓜屬	夾竹桃科	牛角瓜
Camellia	山茶屬	山茶科	山茶花

Camptotheca	喜樹屬	藍果樹科	喜樹
Cannabis	大麻屬	大麻科	大麻
Carica	番木瓜屬	番木瓜科	木瓜葉
Carpesium	天名精屬	菊科	天名精，金挖耳
Carthamus	紅花屬	菊科	紅花
Casearia	大風子科	大風子科	嘉賜木
Cassia	決明屬	豆科	望江南
Catharanthus	長春花屬	夾竹桃科	長春花
Cayratia	烏蘝莓屬	葡萄科	烏蘝莓
Centella	積雪草屬	傘形科	雷公根
Centipeda	石胡荽屬	菊科	石胡荽
Cephalotaxus	三尖杉屬	三尖杉科	三尖杉，柱冠粗榧
Cerbera	海芒果屬	夾竹桃科	海芒果
Chelidonium	白屈菜屬	罌粟科	白屈菜
Christia	蝙蝠草屬	豆科	蝙蝠草
Chrysanthemum	菊屬	菊科	菊花
Cichorium	菊苣屬	菊科	菊苣
Cimicifuga	升麻屬	毛茛科	興安升麻，升麻
Cinnamomum	樟屬	樟科	肉桂
Cirsium	薊屬	菊科	大薊
Cissampelos	錫生藤屬	防己科	錫生藤
Citrus	柑橘屬	芸香科	苦橙
Clausena	黃皮屬	芸香科	黃皮，過山香
Clematis	鐵線蓮屬	毛茛科	威靈仙，柱果鐵線蓮
Clerodendrum	大青屬	馬鞭草科	臭牡丹，海州常山
Clinacanthus	鱷嘴花屬	爵床科	憂遁草
Cnidium	蛇床屬	傘形科	蛇床
Codonopsis	黨參屬	桔梗科	四葉參，黨參
Coleus	香茶屬	唇形科	毛喉鞘蕊花
Collinsonia	二蕊紫蘇屬	唇形科	二蕊紫蘇
Commiphora	沒藥屬	橄欖科	沒藥
Coptis	黃連屬	毛茛科	黃連，三葉黃連
Cordyceps	蟲草屬	麥角菌科	冬蟲夏草
Coriolus	栓菌屬	多孔菌科	雲芝
Corydalis	紫堇屬	罌粟科	延胡索

Crataegus	山楂屬	薔薇科	山楂
Cryptocarya	厚殼桂屬	樟科	厚殼桂
Cudrania	拓屬	桑科	構棘
Cunninghamia	杉木屬	柏科	巒大杉
Cupressus	柏木屬	柏科	地中海柏木
Curculigo	仙茅屬	石蒜科	仙茅
Curcuma	薑黃屬	薑科	鬱金，薑黃，莪
Cyathula	杯莧屬	莧科	川牛膝
Cymbopogon	香茅屬	禾本科	香茅
Cynanchum	鵝絨藤屬	夾竹桃科	牛皮消，徐長卿
Cynodon	狗牙根屬	禾本科	鐵線草
Cyperus	莎草屬	莎草科	香附
Daphne	瑞香屬	瑞香科	芫花
Dendrobium	石斛屬	蘭科	石斛
Descurainia	播娘蒿屬	十字花科	播娘蒿
Dianthus	石竹屬	石竹科	石竹，瞿麥
Dichroa	常山屬	繡球花科	常山
Dioscorea	薯蕷屬	薯蕷科	黃藥子，叉蕊薯蕷，穿龍薯蕷，盾葉薯蕷
Diospyros	柿樹屬	柿樹科	柿葉
Dipsacus	川續斷屬	川續斷科	續斷
Dryopteris	鱗毛蕨屬	鱗毛蕨科	粗莖鱗毛蕨
Duchesnea	蛇莓屬	薔薇科	蛇莓
Dysosma	八角蓮屬	小蘗科	八角蓮
Eclipta	鱧腸屬	菊科	旱蓮草
Eichhornia	鳳眼藍屬	雨久花科	布袋蓮
Elaeagnus	胡頹子屬	胡頹子科	宜梧葉
Elephantopus	地膽草屬	菊科	地膽草
Eleutherococcus	五加屬	五加科	無梗五加
Emilia	一點紅屬	菊科	一點紅
Ephedra	麻黃屬	麻黃科	草麻黃
Epimedium	淫羊藿屬	小蘗科	淫羊藿
Equisetum	木賊屬	木賊科	木賊
Erigeron	飛蓬屬	菊科	一年蓬，短葶飛蓬
Eriobotrya	枇杷屬	薔薇科	枇杷葉

Ervatamia	狗牙花屬	夾竹桃科	狗牙花
Erythrina	刺桐屬	豆科	刺桐
Euchresta	山豆根屬	豆科	台灣山豆根
Eugenia	蒲桃屬	桃金娘科	丁香
Euonymus	衛矛屬	衛矛科	衛矛
Euphorbia	大戟屬	大戟科	月腺大戟，澤漆，飛揚草，甘遂，大戟
Eurycoma	東革阿里屬	苦木科	東革阿里
Evodia	吳茱萸屬	芸香科	吳茱萸
Fagopyrum	蕎麥屬	蓼科	苦蕎麥
Ferula	阿魏屬	傘形科	阿魏
Ficus	榕屬	桑科	無花果，細葉榕，薜荔，棱果榕
Flemingia	佛來明豆屬	豆科	千斤拔，佛來明豆
Flueggea	白飯樹屬	大戟科	白飯樹
Fritillaria	貝母屬	百合科	川貝母，平貝母
Galium	拉拉藤屬	茜草科	蓬子菜
Garcinia	藤黃屬	金絲桃科	山竹果皮，嶺南山竹子，大葉藤黃
Gardenia	梔子屬	茜草科	梔子
Gelsemium	胡蔓藤屬	馬錢科	鉤吻
Ginkgo	銀杏屬	銀杏科	銀杏
Glechoma	活血丹屬	唇形科	金錢薄荷
Gleditsia	皂莢屬	豆科	皂莢
Glehnia	珊瑚菜屬	傘形科	濱防風
Glochidion	算盤子屬	大戟科	毛果算盤子
Glossogyne	鹿角草屬	菊科	鹿角草
Glycyrrhiza	甘草屬	豆科	甘草
Graptopetalum	風車草屬	景天科	石蓮花
Gynostemma	絞股藍屬	葫蘆科	絞股藍
Hedychium	薑花屬	薑科	野薑花
Hedyotis	耳草屬	茜草科	白花蛇舌草
Helicteres	山芝麻屬	梧桐科	山芝麻
Heliotropium	天芥菜屬	紫草科	大尾搖
Hemidesmus	印度菝葜屬	夾竹桃科	印度菝葜

Hibiscus	木槿屬	錦葵科	木槿
Hippophae	沙棘屬	胡頹子科	沙棘
Houttuynia	蕺菜屬	三白草科	魚腥草
Humulus	葎草屬	大麻科	蛇麻
Hydrastis	金印草屬	毛茛科	金印草
Hydrocotyle	天胡荽屬	傘形科	天胡荽
Hylocereus	量天尺屬	仙人掌科	火龍果
Hyoscyamus	天仙子屬	茄科	天仙子
Hypericum	金絲桃屬	藤黃科	地耳草，貫葉連翹，元寶草
Ilex	冬青屬	冬青科	歐洲冬青，梅葉冬青，毛冬青
Impatiens	鳳仙花屬	鳳仙花科	鳳仙花
Imperata	白茅屬	禾本科	白茅
Inula	旋覆花屬	菊科	歐亞旋覆花，羊耳菊，旋覆花，土木香
Isatis	菘藍屬	十字花科	菘藍
Ixeris	苦蕒菜屬	菊科	兔兒菜
Jasminum	素馨屬	木犀科	茉莉
Juglans	胡桃屬	胡桃科	胡桃楸
Laggera	六棱菊屬	菊科	翼齒六棱菊
Lantana	馬鞭草屬	馬鞭草科	馬纓丹
Leonurus	益母草屬	唇形科	益母草
Ligusticum	藁本屬	傘形科	川芎
Ligustrum	女貞屬	木犀科	女貞
Lindera	山胡椒屬	樟科	香葉樹
Liquidambar	楓香樹屬	金縷梅科	楓香樹
Liriodendron	鵝掌楸屬	木蘭科	鵝掌楸
Liriope	山麥冬屬	百合科	闊葉山麥冬
Litchi	荔枝屬	無患子科	荔枝
Lithospermum	紫草屬	紫草科	紫草
Litsea	木薑子屬	樟科	山雞椒
Livistona	蒲葵屬	棕櫚科	蒲葵
Lobelia	半邊蓮屬	桔梗科	半邊蓮
Lonicera	忍冬屬	忍冬科	金銀花
Ludwigia	丁香蓼屬	柳葉菜科	水丁香
Luffa	絲瓜屬	葫蘆科	絲瓜子

Lycianthes	紅絲線屬	茄科	紅絲線
Lycium	枸杞屬	茄科	枸杞
Lysimachia	珍珠菜屬	報春花科	珍珠菜
Lycoris	石蒜屬	石蒜科	石蒜
Macleaya	博落回屬	罌粟科	博落回
Magnolia	木蘭屬	木蘭科	日本厚朴，洋玉蘭
Mahonia	十大功勞屬	小檗科	闊葉十大功勞
Mallotus	野桐屬	大戟科	白背葉
Malva	錦葵屬	錦葵科	冬葵
Marsdenia	牛奶菜屬	夾竹桃科	通光散
Maytenus	美登木屬	衛矛科	美登木
Melaleuca	白千層屬	桃金娘科	澳洲茶樹
Melia	楝屬	楝科	川楝
Melissa	蜜蜂花屬	唇形科	香蜂草
Menispermum	蝙蝠葛屬	防己科	蝙蝠葛
Mentha	薄荷屬	唇形科	野薄荷
Millettia	崖豆藤屬	豆科	厚果崖豆藤
Momordica	苦瓜屬	葫蘆科	木鱉果
Moringa	辣木屬	辣木科	辣木
Morus	桑屬	桑科	桑樹
Nelumbo	蓮屬	蓮科	蓮子心
Nigella	黑種草屬	毛茛科	黑種草
Notopterygium	羌活屬	傘形科	羌活
Nuphar	萍蓬草屬	睡蓮科	萍蓬草
Oenothera	月見草屬	柳葉菜科	月見草
Onchrosia	玫瑰樹屬	夾竹桃科	古城玫瑰樹
Origanum	牛至屬	唇形科	牛至
Ormosia	紅豆屬	蝶形花科	花櫚木
Oroxylum	木蝴蝶屬	紫葳科	木蝴蝶
Osmanthus	木樨屬	木樨科	桂花
Paeonia	芍藥屬	芍藥科	芍藥，牡丹
Palhinhaea	垂穗石松屬	石松科	垂穗石松
Panax	人參屬	五加科	人參，三七
Paris	重樓屬	黑藥花科	七葉一枝花
Patrinia	敗醬屬	忍冬科	墓頭回，白花敗醬草

Peganum	駱駝蓬屬	蒺藜科	駱駝蓬
Perilla	紫蘇屬	唇形科	紫蘇葉
Peucedanum	前胡屬	傘形科	前胡
Pharbitis	番薯屬	旋花科	牽牛子
Phellinus	木層孔菌屬	刺革菌科	桑黃
Phellodendron	黃蘗屬	芸香科	黃檗
Phyllanthus	葉下珠屬	葉下珠科	餘甘子
Physalis	酸漿屬	茄科	苦蘵
Phytolacca	商陸屬	商陸科	商陸
Picrasma	苦木屬	苦木科	苦木
Picrorhiza	胡黃連屬	玄參科	印度胡黃連
Pinellia	半夏屬	天南星科	虎掌，半夏
Pinus	松屬	松科	紅松，馬尾松
Piper	胡椒屬	胡椒科	蓽拔
Plantago	車前屬	車前科	車前草
Platycladus	側柏屬	柏科	側柏
Platycodon	桔梗屬	桔梗科	桔梗
Podophyllum	鬼臼屬	小蘗科	美洲鬼臼
Pogostemon	刺蕊草屬	唇形科	廣藿香
Polygala	遠志屬	遠志科	遠志
Polygonatum	黃精屬	假葉樹科	玉竹
Polygonum	蓼屬	蓼科	拳蓼，虎杖，何首烏，蓼藍
Polyporus	多孔菌屬	多孔菌科	豬苓
Poncirus	枳屬	芸香科	枳
Poria	茯苓屬	擬層孔菌科	茯苓
Prunella	夏枯草屬	唇形科	夏枯草
Psidium	番石榴屬	桃金孃科	番石榴葉
Psoralea	補骨脂屬	豆科	補骨脂
Pteris	鳳尾蕨屬	鳳尾蕨科	鳳尾草
Pterocarya	楓楊屬	胡桃科	楓楊
Pueraria	葛屬	豆科	葛
Pulsatilla	銀蓮花屬	毛茛科	白頭翁
Rabdosia	香茶菜屬	唇形科	毛葉香茶菜，冬凌草
Rehmannia	地黃屬	列當科	地黃
Rheum	大黃屬	蓼科	掌葉大黃

Rhinacanthus	靈芝草屬	爵床科	白鶴草
Rhodiola	紅景天屬	景天科	紅景天
Rhus	鹽膚木屬	漆樹科	鹽膚木
Ricinus	蓖麻屬	大戟科	蓖麻
Rosa	薔薇屬	薔薇科	刺梨，玫瑰花
Rubia	茜草屬	茜草科	茜草
Rubus	懸鉤子屬	薔薇科	茅莓
Ruta	芸香屬	芸香科	芸香
Salvia	鼠尾草屬	唇形科	華鼠尾草，藥用鼠尾草，丹參
Sanguinaria	血根草屬	罌粟科	血根草
Sanguisorba	地榆屬	薔薇科	地榆
Santalum	檀香屬	檀香科	檀香
Saposhnikovae	防風屬	傘形科	防風
Sarcandra	草珊瑚屬	金粟蘭科	草珊瑚
Saururus	三白草屬	三白草科	三白草
Saussurea	風毛菊屬	菊科	雪蓮，雲木香
Schisandra	五味子屬	木蘭科	五味子，翼梗五味子
Scilla	綿棗兒屬	風信子科	綿棗兒
Scrophularia	玄參屬	玄參科	玄參
Scutellaria	黃芩屬	唇形科	黃芩，半枝蓮
Securinega	白飯樹屬	大戟科	一葉萩
Sedum	景天屬	景天科	垂盆草
Selaginella	卷柏屬	卷柏科	石上柏，卷柏
Semiaquilegia	天葵屬	毛茛科	天葵
Serenoa	鋸葉棕屬	棕櫚科	鋸棕櫚
Silybum	乳薊屬	菊科	乳薊
Sinomenium	風龍屬	防已科	青風藤
Smilax	菝葜屬	菝葜科	菝葜，土茯苓，牛尾菜
Solanum	茄屬	茄科	黃水茄，白英，龍葵
Sonchus	苦苣菜屬	菊科	苦苣菜
Sophora	槐屬	豆科	苦豆子，苦參，槐樹，廣豆根
Spatholobus	密花豆屬	豆科	雞血藤
Speranskia	地構葉屬	大戟科	地構葉
Sphaerophysa	苦馬豆屬	豆科	苦馬豆
Stellera	狼毒屬	瑞香科	瑞香狼毒

Stemona	百部屬	百部科	百部
Stephania	千金藤屬	防己科	地不容，粉防己
Strychnos	馬錢屬	馬錢科	馬錢子
Syzygium	蒲桃屬	桃金娘科	閻浮樹
Tabebuia	風鈴木屬	紫葳科	風鈴木
Tanacetum	菊蒿屬	菊科	小白菊，菊蒿
Taraxacum	蒲公英屬	菊科	蒲公英
Taxus	紅豆杉屬	紅豆杉科	太平洋紫杉，紅豆杉
Terminalia	訶子屬	使君子科	訶子
Thalictrum	唐松草屬	毛茛科	華東唐松草
Thuja	崖柏屬	柏科	北美香柏
Toddalia	飛龍掌血屬	芸香科	飛龍掌血
Toona	香椿屬	楝科	香椿
Tribulus	蒺藜屬	蒺藜科	蒺藜
Trichosanthes	栝樓屬	葫蘆科	栝樓
Trigonella	葫蘆巴屬	豆科	葫蘆巴
Trillium	延齡草屬	黑藥花科	延齡草
Tripterygium	雷公藤屬	衛矛科	昆明山海棠，雷公藤
Tupistra	開口箭屬	天門冬科	開口箭
Tylophora	娃兒藤屬	夾竹桃科	娃兒藤
Typhonium	犁頭尖屬	天南星科	土半夏，犁頭尖，獨角蓮
Uncaria	鉤藤屬	茜草科	鉤藤
Vaccaria	王不留行屬	石竹科	王不留行
Valeriana	纈草屬	忍冬科	蜘蛛香
Verbascum	毛蕊花屬	玄參科	毛蕊花
Verbena	馬鞭草屬	馬鞭草科	馬鞭草
Vernonia	斑鳩菊屬	菊科	南非葉
Viola	堇菜屬	堇菜科	香堇菜
Viscum	槲寄生屬	桑寄生科	槲寄生
Vitex	牡荊屬	馬鞭草科	黃荊，單葉蔓荊
Wedelia	蟛蜞菊屬	菊科	蟛蜞菊
Xanthium	蒼耳屬	菊科	蒼耳
Xanthoceras	文冠果屬	無患子科	文冠果
Zanthoxylum	花椒屬	芸香科	美洲花椒
Zephyranthes	蔥蓮屬	石蒜科	玉簾

參考資料

科學文獻及化學結構資料庫

- PubMed：生命科學和生物醫學課題的免費搜索引擎，可線上檢索科學論文摘要。由美國國家衛生研究院醫學圖書館負責維護此資料庫，它於1997年6月免費向大眾開放。本書所依據的抗癌科學文獻皆來自於此，最新一筆資料為仙茅2016年8月的科學文獻。
- PubChem：化學分子及其生物測定活性資料庫，由美國國家醫學圖書館生物技術信息中心維護。本書描述的抗癌活性化合物皆取自於此或維基百科。

網路資料庫與參考書籍

- 維基百科：一個自由的、公開編輯且多語言的網路百科全書。2001年1月13日於網路上推出。它的名稱「wikipedia」取自核心技術「wiki」以及百科全書「encyclopedia」，由非營利維基媒體基金會負責營運。本書中有些植物條目仍未能在此平台發現，但是它的香港浸會大學植物及藥材連結提供額外的詳盡資料。
- 百度百科：定位為全球最大的中文百科全書，是百度公司推出的一部內容開放、自由的網路百科全書，2006年4月20日上線。「百度」二字源於宋朝詞人辛棄疾的「眾裡尋他千百度」，象徵對信息檢索技術的執著追求。本書400多種植物條目幾乎都可在此平台找到，提供豐富的圖片及內容。
- 史隆凱特琳癌症中心資料庫：紐約市癌症治療和研究機構，1884年由紐約腫瘤醫院成立，其線上資料庫提供許多中藥及歐美常用民間草藥的詳細資料，客觀詳實。例如，「十全大補湯，在小鼠中的研究表明，它具有抗腫瘤和抗轉移作用，且能防止阿茲海默症。」

- **阿草伯藥用植物園**：實體園區位於台灣彰化縣二林鎮。網路提供植物照片及簡述，介紹藥用植物875種，中藥植物96種，民間草藥743種，涵蓋範圍廣，是很好的中草藥網路學習平台。
- **全國中草藥彙編**：中國人民衛生出版社發行，此書分上、下二冊，共收中草藥2200種左右，各藥均按名稱、來源、形態、生境、栽培、採製、化學、藥理、性味功能、主治用法、附方製劑等順序編寫，並附以素描或彩色圖。全書內容充實，繪圖精緻，部分結合現代醫學科學知識，可供科研和臨床參考。
- **本草綱目**：全書收錄植物藥881種，附錄61種，共942種，分為草部、谷部、菜部、果部、木部五部。它是一部集16世紀以前中國本草學大成的著作。作者為明朝李時珍，以27年時間修改編寫完成，1596年在南京正式刊行。此著作從完稿至刻印，歷十多年，一直無書商承印。後得南京藏書家幫助，出錢刻印。可惜，李時珍未能看到此書問世。
- **神農本草經**：現存最早的中藥學專著，成書於秦漢時期，作者不詳。書內記載藥物共365種。清朝孫星衍將《神農本草經》考訂，成為現在通行本。本書把藥分為三品：無毒的稱上品，為君，毒性小的稱中品，為臣，毒性劇烈的稱下品，為佐使。
- **生藥單**：日本原島廣至著，改訂第2版。以植物學名字母順序排列，將日本藥局方收載的162種生藥加以闡述。其特色為將生藥相關的成分、藥理、生理、植物學、語源、歷史、地理、和名與學名等一一解說，號稱「雜學滿載」。

中文筆劃索引

工具與索引

十一劃

十二劃

十三劃

十四劃

十 五 劃

十 六 劃

十 七 劃

十 八 劃

十 九 劃

二 十 劃

二 十 一 劃

二 十 二 劃

二 十 四 劃

二 十 九 劃

抗癌種類索引

這裡把針對不同癌症的藥用植物整理成索引，讀者可以從特定癌症中找到相對應的抗癌植物。對癌症患者具極佳的參考價值，讓他們在傳統的手術、化學療法、放射線療法外，有適當的替代療法可以選擇。不過要注意的是，有些植物具有毒性或劇毒，應避免使用，並且徵詢醫師意見。

當面對癌症時，如果知道自然界有這麼多的抗癌武器，會比較不害怕，信心也會更強。這是作者們的願望，希望提供最新的抗癌科學研究結果，盡力達到一個無癌的世界。

衛生福利部公佈的103年十大癌症死亡率依序為 (1) 肺癌 (2) 肝癌 (3) 結腸直腸癌 (4) 乳癌 (5) 口腔癌 (6) 攝護腺癌 (7) 胃癌 (8) 胰臟癌 (9) 食道癌 (10) 子宮頸癌。雖然如此，但每年的次序可能會有些許變動，因此為了方便讀者查找，以下的索引會根據癌症腫瘤在人體的部位，從頭部腦瘤開始，往下至身體其他器官，依序排列，至於全身性的癌症，如血癌、淋巴瘤、黑色素瘤等，則安排在後面。每一種植物皆附有頁數，可立即翻查詳細資訊。畫底線表示具有毒性，需特別留意。

腦瘤（癌）/ 膠質瘤 / 神經膠質瘤 / 神經母細胞瘤

視網膜母細胞瘤

頭頸癌／鼻咽癌／喉癌

口腔癌

甲狀腺癌

食道癌

乳癌

工具與索引

肺癌

肝癌

膽囊癌

胰臟癌

工具與索引

胃癌

結腸直腸癌 / 大腸癌

腎癌

膀胱癌

攝護腺癌

子宮頸癌

子宮內膜癌

卵巢癌

血癌

淋巴瘤 / 骨髓瘤

黑色素瘤 / 皮膚癌

肉瘤 / 骨肉瘤 / 纖維肉瘤

國家圖書館出版品預行編目資料

最新科學抗癌藥用植物圖鑑 / 劉景仁 , 張建國 , 劉大智編著 . -- 初版 . -- 臺中市 : 晨星 , 2016.11
面；　公分 . --（健康與飲食 ; 103）

ISBN 978-986-443-169-4（平裝）

1. 藥用植物 2. 植物圖鑑

376.15025　　105013589

健康與飲食 103

最新科學抗癌藥用植物圖鑑

作者 劉景仁、張建國、劉大智
繪圖 劉景仁
主編 莊雅琦
編輯 張德芳
校對 劉景仁、張德芳
美術排版 曾麗香
封面設計 柳佳璋

創辦人 陳銘民
發行所 晨星出版有限公司
台中市 407 工業區 30 路 1 號
TEL:（04）23595820　FAX:（04）23550581
E-mail:health119@morningstar.com.tw
http://www.morningstar.com.tw
行政院新聞局局版台業字第 2500 號
法律顧問 陳思成律師
初版 西元 2016 年 11 月 20 日
郵政劃撥 22326758（晨星出版有限公司）
讀者服務專線 04-23595819#230

印刷 上好印刷股份有限公司

定價 699 **元**
ISBN 978-986-443-169-4

◆讀者回函卡◆

以下資料或許太過繁瑣，但卻是我們瞭解您的唯一途徑
誠摯期待能與您在下一本書中相逢，讓我們一起從閱讀中尋找樂趣吧！

姓名：＿＿＿＿＿＿＿＿　性別：☐ 男　☐ 女　生日：　／　／

教育程度：☐ 小學 ☐ 國中 ☐ 高中職 ☐ 專科 ☐ 大學 ☐ 碩士 ☐ 博士

職業：☐ 學生 ☐ 軍公教 ☐ 上班族 ☐ 家管 ☐ 從商 ☐ 其他＿＿＿＿＿＿＿＿

月收入：☐ 3萬以下 ☐ 4萬左右 ☐ 5萬左右 ☐ 6萬以上

E-mail：＿＿＿＿＿＿＿＿＿＿＿＿　聯絡電話：＿＿＿＿＿＿＿＿

聯絡地址：☐☐☐＿＿＿＿＿＿＿＿＿＿＿＿＿＿＿＿＿＿＿＿

購買書名： **最新科學抗癌藥用植物圖鑑**

・請問您是從何處得知此書？

☐書店 ☐報章雜誌 ☐電台 ☐晨星網路書店 ☐晨星健康養生網 ☐其他＿＿＿＿＿

・促使您購買此書的原因？

☐封面設計 ☐欣賞主題 ☐價格合理 ☐親友推薦 ☐內容有趣 ☐其他＿＿＿＿＿

・看完此書後，您的感想是？

＿＿＿＿＿＿＿＿＿＿＿＿＿＿＿＿＿＿＿＿＿＿＿＿＿＿＿＿＿＿

・您有興趣了解的問題？（可複選）

☐ 中醫傳統療法 ☐ 中醫脈絡調養 ☐ 養生飲食 ☐ 養生運動 ☐ 高血壓 ☐ 心臟病

☐ 高血脂 ☐ 腸道與大腸癌 ☐ 胃與胃癌 ☐ 糖尿病 ☐內分泌 ☐ 婦科 ☐ 懷孕生產

☐ 乳癌／子宮癌 ☐ 肝膽 ☐ 腎臟 ☐ 泌尿系統 ☐攝護腺癌 ☐ 口腔 ☐ 眼耳鼻喉

☐ 皮膚保健 ☐ 美容保養 ☐ 睡眠問題 ☐ 肺部疾病 ☐ 氣喘／咳嗽 ☐ 肺癌

☐ 小兒科 ☐ 腦部疾病 ☐ 精神疾病 ☐ 外科 ☐ 免疫 ☐ 神經科 ☐ 生活知識

☐ 其他＿＿＿＿＿＿＿＿＿＿＿＿＿＿＿＿＿＿＿＿＿＿＿＿＿＿＿＿

☐ 同意成為晨星健康養生網會員

以上問題想必耗去您不少心力，為免這份心血白費，請將此回函郵寄回本社或傳真至（04）2359-7123，您的意見是我們改進的動力！

晨星出版有限公司 編輯群，感謝您！

請填妥後對折裝訂，直接投郵即可，免貼郵票。

廣告回函
台灣中區郵政管理局
登記證第267號
免貼郵票

407

台中市工業區30路1號

晨星出版有限公司

請沿虛線摺下裝訂，謝謝！

填回函・送好書

填妥回函後附上 60 元郵票寄回即可索取

數量有限，送完為止

《自然才能治病》

地球上最有效的天然藥方

自然順勢療法才是治病王道！

醫生與藥廠最不想讓人知道的祕密

※ 贈書送畢，將以其他書籍代替，恕不另行通知。

※ 本活動僅限台灣地區（含外島），海外讀者恕不適用。

特邀各科專業駐站醫師，為您解答各種健康問題。

更多健康知識、健康好書都在晨星健康養生網。